U0205894

《 市政工程创新建设系列丛书
“十二五”国家重点出版物出版规划项目

城市给水排水新技术与市政工程生态核算

杨顺生 黄 芸 ◎ 著

西南交通大学出版社
·成 都·

图书在版编目（CIP）数据

城市给水排水新技术与市政工程生态核算 / 杨顺生，黄芸著. 一成都：西南交通大学出版社，2017.8
（市政工程创新建设系列丛书）
“十二五”国家重点出版物出版规划项目
ISBN 978-7-5643-4479-5

Ⅰ. ①城… Ⅱ. ①杨… ②黄… Ⅲ. ①给排水系统-城市规划-经济核算②市政工程-经济核算 Ⅳ. ①TU723.3

中国版本图书馆 CIP 数据核字（2015）第 318621 号

市政工程创新建设系列丛书
“十二五”国家重点出版物出版规划项目

城市给水排水新技术与市政工程生态核算

杨顺生　黄　芸　著

*

责任编辑　姜锡伟
封面设计　何东琳设计工作室
西南交通大学出版社出版发行
四川省成都市二环路北一段 111 号西南交通大学创新大厦 21 楼
邮政编码：610031 发行部电话：028-87600564
http: //www.xnjdcbs.com
四川煤田地质制图印刷厂印刷

*

成品尺寸：170 mm × 230 mm　　印张：14.75
字数：264 千
2017 年 8 月第 1 版　　2017 年 8 月第 1 次印刷
ISBN 978-7-5643-4479-5
定价：78.00 元

前言

从给排水和生态学的角度看，水的化学结构式 H—O—H 至少揭示了四层重要含义：其一，两端开放，中间封闭，实际反映了用水单位与上下游之间的关系——在人类社会初期，它表示“河水—锅碗瓢盆—河水”，当代则应理解为水源、水厂、用户、污水厂和接纳水体之间用管路连接，是地球水圈里人为建造的循环旁路，应善始善终。其二，水的物质载体功能，空间上开放与封闭的交替出现，表明自来水携带着矿物质出厂必须进入管网封闭输送，以防污染物混入，而废水也必须经由管网封闭输送，以防污染物流出渗入地下水。这是市政工程的重要内容，也是生态系统物质循环的组成部分，尤其是城镇化推进和大型污水厂的建设，改变了碳、氮、硫、磷、金属等元素的循环路径，也在潜移默化地影响着地球生物圈，这是进行生态核算的科学理由和伦理学基础。其三，结构式代表了给排水过程中最常见的设施——明渠流（上述结构式中的字母“H”）和管流（字母“O”），其输送能力和波动范围依据设计手册。结构式两端的明渠中的水可以外溢（河段涨水），中间的管道可能充满水，这两种情况我们越来越经常看到，无论哪种情况，直接后果都是城区内涝，这其实就是在气候异常的背景下，城市观海乃至污水倒灌的水力学原因。其四，从文化层面看，这个结构式还暗合了中国园林的精髓，即水所代表的灵气，便如苏州园林中小桥亭台与水中倒影构成的完整图式，如半圆形拱桥与倒影形成的完整圆形，或者亭台楼阁及其倒影，共同点是构成某种完整的“水陆交际线”。

在我国历史上，因为旱情年馑频发，治水更重要，给排水受到的重视程度要差一些。几千年来，人们推崇大禹，并用“吃水不忘打井人”表达对给水工作者的敬意，却很少有谁留意那些城市旱厕的清理者。我们是一个祖辈在土坷垃里刨食的民族，历史上农业生产对粪水的需求掩盖了排水者职业的重要性，人们即使承认其高尚，却也达不到治水给水者那个高度，上述结构图式所寓的“善始善终”只做了一半，就算是皇宫，也不例外。好在国人很早就养成了吃熟食的习惯，能有效切断疾病传染途径，几千年来，排水“系统”总体上简陋而平稳。现在行业内喊出了“每个人都是上游，也是下游”，是一个好的开端。

早期罗马人不清楚明渠流和管流的区别，认为“水往低处流”是绝对的，所以“逢水（谷）架桥”就成了其必然选择。他们通过给自己出难题的方式，铸就了多个给水工程奇迹，比如两千年前完成的给水项目，在 50 km 的长度上逢山绕行、遇水架桥，维持着万分之三的坡度，其中嘎尔输水渡槽（Pont du Gard），跨跃嘎尔冬河（Gardon），至今保存完好。当然，在创造奇迹的同时，也消耗了过多社会资源，根据文献记载，罗马城居民人数当时超过百万，人均用水量达 450 L/d（作为对比：现在德国人均耗水 130 L/d）。市政当局修建了 11 条输水明渠，加上市区的 1 360 多口水井，才能满足这个用水需求。为了维护给排水设施，每年需要大量的预算。在尼禄统治结束时，罗马帝国的债务达 400 亿赛斯特（Sesterzen），部分就与此有关，而那时一个普通从业人员的年收入是 1 000 赛斯特。其实，大科学家阿基米德那时已经将蜗杆泵从埃及引入希腊（欧洲今天仍然称其为“阿基米德蜗杆”），可以解决提升水位的问题。当罗马士兵野蛮杀害阿基米德的时候，大概不会想到这位大科学家可以解决很多实际问题，甚至进而加快历史的进程。古罗马移植了希腊文化，却没有学到后者的科学精神，否则也不至于在 276 年后那场大火中，眼睁睁看着罗马城化为灰烬。在土耳其南部古城阿斯喷多斯（Aspendos）发现的古迹显示，人们开始对倒虹吸管有一定认识并尝试应用，实践却并不成功，今天能见到的承压管古迹极其罕见，技术上的原因可能是密封问题没法解决。也是在这个地区，活水成了奢侈品，有精明的商人建造了“活水厕所”，生动体现了给水排水的紧密关联：活水从如厕者面前的小水槽流过，考虑到造纸术尚未出现，每个蹲位前有活水是非常实用和体面的事，活水在此经人左手变为污水。因为场所稀缺，达官贵人以此为时尚，许多重大的政治经济决策在这里完成，也因此将有流动水洗手的厕所变为全世界最早的腐败场所。

同样是给排水，尼禄之后的皇帝维斯帕申（Imperator Caesar Vespasianus Augustus）却在分散型排水设施上找到了发财的机会。当时罗马市政部门在很多公共场所设置了小便收集桶，制革和农业生产者将其取走，而且很抢手。受此启发，他发明了“尿税”，规定取尿者要交税。当他儿子提图斯（Titus）对此举有微词时，他捏着一枚硬币凑近其鼻子，说了那句至今广为流传的话：“钱不臭！”。这个不起眼的税却不可小看：维斯帕申一边收尿税，一边卖荣誉头衔，在十年任期里居然还清了前任留下的 400 亿赛斯特债务。维斯帕申的模式实现了经济、卫生和生态效益的结合，是给排水良性循环的一个里程碑，在随后的 1 800 年里被广泛借鉴，无论民间还是官方。在法语里，男用便池今天仍然沿用这位罗马皇帝的名字，叫作 Vespasiennes。

欧洲历史上的大疫事件使他们对水源污染有切肤之痛，意识到排水系统是重要的基础设施，因此规划排水设施都按千年大计，大城市基本上继承罗马人的传统，许多古代的排水设施今天仍然在发挥作用。但是有很多临河而建的小城市，没有管网，因此一些地区形成很特别的排泄习惯：简单地说，就是在封闭的阳台外墙上掏一个大窟窿，人可以将屁股伸到外边排便，粪便落到河里或者湖里。历史上有多次水源污染引发的大面积死亡，亦与此有关。由于粪便的价值一直存在，普通居民也用夜壶夜盆等，将粪污收集，卖给农民。在风调雨顺的欧洲，农业生产要容易得多，只要肥力充足，不愁收成。

工业革命开始后，技术进步使现代排水系统统一建设成为可能。19 世纪，英国建造了世界上第一套现代公共排水管网，城市卫生环境发生了革命性的改变。但是有趣的是：很多城市居民抗议这套系统，原因是粪污不能自己卖了，他们因此少了一笔收入。1828 年，沃勒（Friedrich Wöhler）合成了尿素；20 世纪初，哈博（Fritz Haber）和博世（Carl Bosch）发明了工业方法合成氨，是终结这种状况的根本原因。维斯帕申模式的原动力消失，此后城市排水遇到了资金障碍，直到今天仍然是市政部门的重要课题。

在德国历史上，曾经出现过与排水设施有关的事故，并且影响了历史的进程，这个事故发生在腓特烈大帝位于爱尔福特（Erfurt）的行宫排水系统。这位大帝是 12 世纪领导德国走上崛起之路的王者。德国人做事情认真仔细是有传统的，我们今天都知道德国产品质量可靠、耐用。这一点当然也体现在一些孤立大型建筑物的排水设施建设上——将大型粪池修建在房子地板下方，几十年清掏一次，既方便，又避免了那种恼人气味经常发生。由于材料和施工质量可靠，这种做法丝毫不影响日常生活质量，甚至皇室也采用这种方法。

12 世纪，腓特烈大帝统一了德国，他在爱尔福特的行宫自带一个大型粪池，就在豪华大厅的下方。因为大厅地板质量很好，剧毒的硫化氢竟然不能丝毫泄漏，因此没有异味示警！限于当时的知识水平，人们没有留意沼气很强烈地腐蚀了地板，也不去检查。悲剧由此发生：1183 年，腓特烈在此主持帝国大会时，地板突然垮塌，与会者大部分直接落入粪池！几十年没有清掏，满满一池子粪水，当场淹死了 100 多位高级官员和骑士。缺乏全面的排水知识，建筑质量又很高，反而屏蔽了预警功能，以致造成了重大损失。这件事情对腓特烈大帝打击很大，一直不能释怀，七年后他追随那些干将去了。腓特烈大帝死的方式相同，不过地方干净得多——于 1190 年在萨勒弗河淹死。

在我国历史上，因为水污染造成的大疫不算多，最近的一次发生在 1644 年，也影响了历史进程。粪池里淹死高官的事件要早得多，有文字记载的就有晋景公。《左传》记，晋景公上厕所的时候坠入粪池淹死了（将食，胀，如厕，坠而卒）。史料中用了“坠”，说明两个问题：第一，那时候的粪池位于蹲位正下方，当然不会有管网；第二，粪池相当深，具有一定的储存能力。由于中国的农耕文明开始得早，对粪污的使用轻车熟路，加上农业生产节气压力，粪便不可能积累几十年才清理。在很多地方，这种情形一直持续到 21 世纪初，随着旧城改造、雨污分流等市政措施的实施，排水系统实现了现代化。

然而，气候变化的脚步超过了很多人的预期，近几年，全球范围内降水的时空分布发生了剧烈的变化，例如德国就有不少城市七月份某一天的降雨量超过平年全月的量。这其实也是国内排水行业面临的问题：峰值远超管网的输送能力，于是出现了低影响开发（海绵城市）、恢复力城市等概念，目的无非是减少径流。纽约市在这方面做了非常成功的尝试，其路边渗水洼地能有效消减径流量，将部分降水直接导入地下，既补充地下水，又减轻了管网压力。当然要从根本上解决问题，还要从气候变化的策略入手，即：缓解和适应，具体到给排水行业，就是既要节能减排，又要考虑管网具备更大的缓冲能力，来消纳更大的峰值。四川柳江古镇的低影响开发建设，亦为国内方兴未艾的同类建设提供了新的样本。

我们今天遇到的所有环境污染问题，均源于产业生态与自然生态间的不协调。环保事业发展到今天，已经不仅限于治理达标，而要从生态角度对生产生活行为作出评估。因此，对市政工程各个环节不同物质的排放进行核算是有必要的，因为任何人为排放都会影响地球生物圈和水圈的运行。

本书从以上角度讨论给排水新技术和生态核算的基本概念，可作为高等院校、科研院所及设计部门的参考书。

作　者

2015 年 11 月

目录

绪论：市政工程与气候变化

1.1 市政工程的生态影响

现代生产生活方式和商业引导下的价值显性取向，极大地改变了生物圈的物质循环节奏和流动方向，甚至“无中生有”地创造了新的物质；人口和人均资源消耗的增加使人类社会冲破了传统的禁忌，开始动摇生态系统的根基——工业生态和自然生态极端不协调，是我们今天面临的所有污染问题的根本原因，无论所谓“健康的”还是“不健康的”生产过程，都或多或少、有意无意地为此做出了“贡献”。污染从“陆海空”袭来，自然会影响居民的健康，没有人能逃脱。传统中医里，一些地方特定的土壤可以治病，拿来就用，而今天则必须先评估、化验，以确定其安全性。对中国这么一个幅员辽阔、快速发展、法治尚不完善的社会，许多轻率决策造成的恶果将成为几代人的包袱，例如（地下）水体污染，温室气体、二噁英及重金属的无组织排放等。市政工程涉及以下设施：给水排水，大型垃圾处置设施，道路、桥梁，各种通信、能源设施等。

从全寿命周期的角度看，上述市政设施的建设和使用均涉及大量的污染物排放和能耗。在当前全球变暖的背景下，温室气体排放是第一关注点。无论从国际义务还是从我国自身利益出发，这种做法都是正确的。而其他核算内容均直接涉及环境质量和公众健康，其意义丝毫不亚于温室气体。《京都议定书》列出了 6 种温室气体：CO_2，CH_4，N_2O，PFC，HFC，SF_6。《京都议定书》附件Ⅱ上所列的 38 个发达国家具有量化的减排义务，我国没有量化的减排义务，不过我国政府向国际社会承诺到 2020 年，单位产值的温室气体排放量下降 45%。图 1.1.1 显示，到 2010 年，全球的温室气体排放量已超过 400 亿吨（二氧化碳当量），而根据 IPCC 资料，我国已经是全球第一大排放国（IPCC 2007 年报）[101]，占全球排放量的 20% 以上。2014 年，中美两国领导人宣布了两国各自 2020 年后应对气候变化的行动，认识到这些行动是向低碳经济转型长期努力的组成部分并考虑到 2 °C 全球温升目标。美国计划于 2025 年实现在 2005 年基础上减排 26%～28% 的全经济范围减排目标并将努力减排 28%。在 2015 年 12 月初举行的巴黎气候变化会议上，习近平总书记指出，我国的温室气体排放将在 2030 年达到峰值并计划到 2030 年非化石能源占一次能源消费比重提高到 20% 左右[102]（图 1.1.2）。

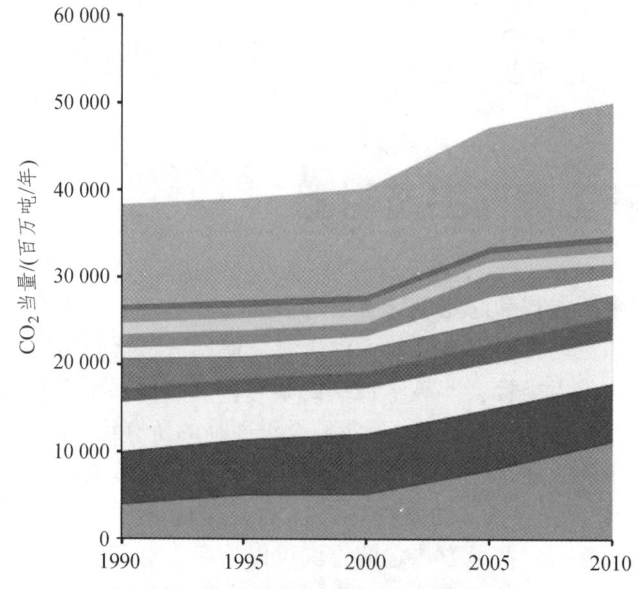

图 1.1.1　全球温室气体排放量发展情况

图 1.1.2　巴黎气候变化会议中国边会

1.2 生态核算的主要内容

（1）一次能源消耗，包括石油产品、天然气、煤炭和核燃料铀等。需要注意：石油、天然气和煤炭除了作为燃料外，还常常作为生产建材的原料，要分开计算，一般换算成单位为兆焦（MJ）。

（2）温室效应潜力，用 GWP（Global Warming Potential）表示。各种温室气体被换算成二氧化碳等代值，考察周期一般为 100 年。

（3）消耗（破坏）平流层臭氧潜力（Ozone Depletion Potential，ODP），换算成 R-11（一种消耗臭氧产品）等代值，指破坏平流层臭氧的能力。这些物质主要是卤化物（FCCH）和氮氧化物（NO_x）。平流层臭氧破坏会导致地面温度升高，而且必须特别考虑人和动植物对紫外线（UV-A，UV-B）的敏感性。

（4）酸雨潜力（Acidification Potential，AP）。土壤和水域酸化的原因主要是酸性物质进入大气，主要是硫酸和硝酸，使降雨和雾的 pH 值降到 5.6 和 4 以下。AP 一般用 SO_2（二氧化硫）等代值给出。AP 实际上是某种物质形成并输送氢离子的能力。一些温室气体和酸雨潜力相关联，参考物质是二氧化硫。

（5）营养化潜力（Eutrofication Potential，EP）。富营养化是指营养物质在某个地方的富集，有水体和陆相富营养化，均源自空气中的有害物质、废水和农业面源施肥。

富营养化的后果是藻类疯长，使进入深层水的阳光减少，光合作用减弱，生产的氧减少，加上藻类残体降解需要消耗氧，两个效应叠加，使水里溶解氧浓度降低，后果就是鱼类死亡，而且厌氧过程启动，生产出甲烷和硫化氢，水体由此“崩溃”。

土壤里营养成分过多会导致地下水里的硝酸盐浓度升高，并可能进入饮用水系统。硝酸盐只要剂量不大，对人体无害，但是亚硝酸盐是有毒的。

富营养化潜力一般用磷酸盐（PO_4^{3-}）等代值给出。

（6）近地臭氧潜力（Photochemical Ozone Creation Potential，POCP，光化学臭氧产生潜力）。和平流层臭氧不同，近地臭氧是一种有害的痕量气体，也是一种温室气体。对流层的臭氧被怀疑导致蔬菜等受损。较高浓度的臭氧对人体有害。近地臭氧的产生源自氮氧化物和碳氢化合物，它们一旦受到阳光照射，经过一系列复杂的光化学反应，就会生成多种活性高的物质，最重要的就是臭氧。仅仅有氮氧化物还不能形成高浓度的臭氧。不完全燃烧、燃料油的储存和转运、有机溶剂等均可产生臭氧。高浓度臭氧出现的条件：阳光明媚、空气湿度低、空气交换不畅通、碳氢化合物浓度高。

CO能将臭氧还原成氧和二氧化碳，而城市里汽车尾气含有大量的CO，因此最大的臭氧浓度不会发生在城市里或者尾气排放口附近，而发生在下风向郊外的多，甚至上千千米以外。这一点已经被美国的系统跟踪分析证实。在空气纯度高的地方，如森林，臭氧浓度反而高，原因就在于灰尘少，阳光紫外线穿透率高，几乎没有CO。

在生态核算时，POCP用乙烯等代值（C_2H_4等代值）给出。

（7）废弃物生产量，包括从矿石开采到桥梁拆除产生的所有废弃物，如洗矿废渣废液、拆除后建渣产量等，以千克计。废弃物分成三类：第一是剥离土层岩层和堆积物，如开矿边角料、表层岩土、灰分、矿渣、钢渣等；第二是生活垃圾类固体废弃物（固废），包括生活垃圾和工商经营垃圾；第三是特种固废，需要特殊处置和堆放的垃圾，如油漆污泥、电镀污泥、过滤粉尘、核电厂废料以及其他放射性废弃物。

（8）非生命资源消耗潜力（Abiotic Resource Depletion Potential，ADP），换算成元素锑（Sb）的消耗，指各种天然资源的消耗，包括矿石、原油、煤炭、矿物原料等。因为“非生命”，因此非生命资源是不可再生的原料。在自然界，更新周期大于500 a的原料均算作不可再生原料。

（9）对人类和生态系统的毒性潜力。

在这个毒性潜力分析中，我们一般区分水域毒性潜力（AETP）和陆域毒性潜力（TETP），同时区分急性、亚急性和慢性毒性潜力。化学形态、物理特性、排放地点等均可影响材料的毒性，对其考察总是考虑陆海空三域。计算模型具有以下特征：

① 雨水和空气低度交换；

② 毒性物质在环境里停留较长时间；

③ 中等风力；

④ 与系统外部有低度物质交换。

目前，具有代表性的基本假设是3%水面、60%天然土壤、27%耕地、10%的工业用地，25%的雨水渗入土壤。

毒性潜力计算一般使用的参照物质是1, 4-重氯苯（$C_6H_4Cl_2$），使用的单位是每千克排放量对应的1, 4-重氯苯等代值。

上述排放直接或间接促成雾霾形成，这一点在大城市尤其明显，图1.2.1是某大城市晴天和雾霾天能见度对比。

图 1.2.1 某大城市晴天和雾霾天对比（图片来自网络）

参考文献

[101] PARRY M L，CANZIANI O F，PALUTIKOF J P，et al. Climate Change 2007：Impacts，Adaption and Vulnerability//Contribution of Working Group Ⅱ to the Fourth Assessment Report of the Intergovernmental Panel on Climate Change. Cambridge：Cambridge University Press，2007：982.

[102] UN Organizing Commission of Paris Climate Change Conference//Paris Agreement. Paris，2015-12.

[103] UNEP 2013. Drawing Down N_2O to Protect Climate and the Ozone Layer. Kenya. Nairobi：United Nations Environment Programme （UNEP）.

2 市政污水厂的减排

2.1 市政污泥的碳汇价值及其利用前景

2.1.1 污泥问题的由来和利用现状

我国现在有 4 000 座污水厂在运行，每年处理 400 多亿立方米的污水，产生干泥近 4 000 万吨，并且以每年 10% 左右的速度增长。污泥正在成为我国污水处理界各种悲喜故事的主角，人们对污泥的看法也千差万别，涵盖了从“资源”到“负担”两种极端情况之间的所有可能。污泥问题实际上是浓缩了的污水问题，进水携带的化学需氧量（COD）有 80% 左右进入污泥，只有 20% 在污水处理过程中被降解或者随着出水排走。因此可以说，污泥问题解决不好，污水厂投资的环境效益就没有完全发挥出来[201, 202]。

无害化、稳定化、减量化并鼓励资源化是我国处理污泥的总原则。污泥的无害化、稳定化、减量化必然要求一定的投入，而且少有产出，这就势必增加污水厂的负担，从而抬高水价。而近几年这是十分敏感的事情，是污水厂运行方最为头痛的。资源化处理利用是一个发展方向，有的学者进行了探讨，实践中也有各种例子，其中厌氧消化是欧洲国家用得最多的形式。我国早期建造的一些污水厂一般也都有污泥厌氧消化设施，但在经历了若干厌氧消化不成功的教训，并考虑到我国城市污水的特点以后，目前国内许多新建的污水厂不再建造污泥厌氧消化池，而代之以直接脱水后处置。对污泥处理利用及处置的研究大多集中在如何进行无害化、减量化、稳定化处理，在资源化利用方面研究较多的是进行农用（作肥料）以及热解。

经上述“四化”处理后，污泥大多要最终处置。最终处置的方式有填埋、干化、焚烧等，技术水平和价格构成等因素的不同使各地处置成本的差异很大。

在《国民经济和社会发展第十三个五年规划纲要》中，环境保护、生态安全等被提到了一个前所未有的高度。可以预见，无论从资源充分利用的角度还是环境执法的角度，污泥处理处置以及利用都将比以往任何时候更加受重视，这是科学发展观的必然要求。

欧洲国家，如德国，其污泥的资源化处理利用已经成熟进行了几十年，积累了大量的经验，污泥的厌氧消化成为绝大多数污水厂的自觉选择。由于经济效益显著以及法规对污泥卫生学指标方面的要求，欧洲国家对污泥资源化利用的研究一直没有停止过，人们在现有的基础上不断探讨更新更高效的技术。随着研究的深入，人们对污泥的认识也在不断深入。

2.1.2 污泥的价值以及污水厂功能的拓展

2.1.2.1 发酵催化剂价值

奈斯等人发现，对污泥进行超声波处理后，大量微生物细胞被击破并释放出各种有用物质[203, 204]。污泥中有大量好氧微生物，来自前段污水处理工艺，属于微生物细胞增殖部分，须从污水处理系统中排出。这些好氧微生物细胞在污泥消化池中将被降解。这个厌氧消化过程一共有 4 个步骤，其中“瓶颈”因素是第一步，即水解步骤，直接原因是剩余污泥中大量存在的好氧微生物细胞和一些难降解物质的分子，它们很难被水解，需要很长时间才能完成水解过程，因此是时间上的控制因素。这和好氧微生物细胞的生态学特性有关，从微观上分析，微生物的细胞壁起一个屏障作用，使微生物可以适应各种有利和不利环境，即使在厌氧环境里，这些细胞壁也需要很长时间才能被突破，实践中一般按照（25 ~ 30）d 设计。但是在超声场内，这些细胞壁瞬间就被击破或撕裂，生命力消失，同时释放出细胞质和酶并且扩散开来，使更多的细胞对厌氧环境失去适应能力而被加速水解。同时被击破或撕裂的还有难降解物质分子，其可生化性大大改善，和细胞质一起被降解成简单物质，进入沼气，使沼气产量增加。研究发现，好氧微生物细胞内所包含的细胞质和酶是很好的碳源物质和催化剂，将好氧微生物细胞击破后和污泥混合，可以突破水解“瓶颈”，提高各种厌氧菌的活性和降解效率。从这个意义上说，污泥的作用不仅在于其本身的能源等价值，更在于它是酶的提供源，可以提高消化池内所有底料的降解速度，使产沼量成倍提高。

2.1.2.2 能源价值

污泥经过厌氧消化，其中可挥发物质被转化成沼气，利用沼气进行发电可以满足厂区生产的部分电力，不但可以减少对电网电力的依赖，而且可以减少温室气体排放。沼气发电系统运行中产生的大量余热可以代替厂里现有的空调系统，也可以作为污泥升温的热源，还可以改善职工的福利劳保。国外的实践表明，每 6 m^3 进水所携带的污染物，经消化产生的沼气可以发 1 kW · h 电（已扣除各种损失），而国内这方面的经验很少，绝大部分污水厂没有利用这部分能量，而是将污泥脱水后直接填埋，不但浪费了资源，而且会造成二次污染。其主要原因还是对污泥发酵技术了解和掌握不够。以德国为例，几乎所有的污水厂，包括很小的每天只处理几千吨的污水厂，均建造了污泥厌氧消化池，所产沼气驱动发电机组，电力可以满足厂区需要的三分之一到七成，极大地减少了对电网的依赖[205]。自从 20 世纪德国《可再生能源法》出台后，许多污水厂想方设法提高污泥消化效率，腾出池容积接纳各种生物质以提高沼气产量。目前已经有许多污水厂实现了能源自给有余，多余的电力送上网已取得联邦政府的电价补贴。例如，德国南部某污水厂，日处理污水 9 万立方米，但是其消化池接纳各种生物质，部分剩余污泥经超声处理后与这些生物质混合，日产沼气达 10 000 m^3 [206]。我国《国民经济和社会发展第十三个五年规划纲要》中也规定了到“十三五”末，单位 GDP 能耗要比“十二五”末下降近 30%。通过污泥消化产生沼气并加以利用，能使污水厂取得一个有利主动的地位。

2.1.2.3 肥料和循环经济价值

无重金属污染的熟污泥是优质的高效有机肥，除了氮磷钾外，还富含各种氨基酸和矿物成分，是高附加值农业生产必不可少的。目前在发达国家已经出现了一种趋势，即农民从谷物生产者向生物质以及能源生产者的转变。尽管其模式以沼气池模式为主，但是考虑到我国的管理队伍素质，适当接纳污水厂附近一定范围内的农作物秸秆是可行的，其好处不仅是增加了沼气产量，而且补充了污泥肥料中的钾肥成分。这就形成了以污泥消化为枢纽节点的循环经济模式：以污泥为主要原料或催化剂，通过投加更多的种植养殖业生物质（秸秆、畜禽粪尿等）将污泥处理系统变成一个有机肥稳定生产单元，整个过程没有废物产生。从生物质到污泥消化池，到熟污泥（有机肥），到田间，再到生物质，而生物质又可以投进污泥消化池增加沼气产量，物质在循环，价值在传递，能量在流动，从而形成一个技术含量非常高的循环经济模式。

2.1.2.4 疾病控制关隘价值

目前，污泥的处置方式一般是脱水后送到郊外的垃圾填埋场，各种病原和害虫卵等一同被送到农村地区。在城乡一体化以及社会主义新农村建设中，疾病控制体系的一体化是非常重要的方面，而厌氧发酵环境是一个高效可靠的灭菌装置，在消化污泥的同时可以杀死所有的病原和蛔虫卵（除了结核菌），甚至使所有的植物籽失去发芽能力（西红柿籽除外）[207]。这实际上切断了疾病向农村传播的一条重要途径。污泥中的有用成分从根本上维持着这个灭菌装置的稳定可靠运行。对于县城污水厂或者中心城镇的污水厂，这一作用非常重要。在这些地方，一般疾病传播的途径是没有任何阻碍的，各种病原在城乡之间通过人流物流自由传播。但是如果将养殖业废物废液、食品废料等和污泥一起在消化池中发酵处理，则可以阻断大部分疾病传播途径（图 2.1.1）。

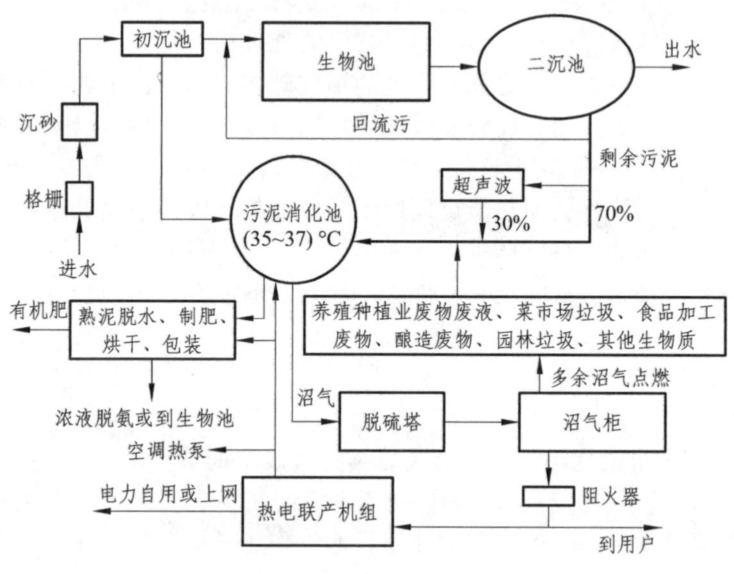

图 2.1.1 污泥的价值

2.1.2.5 城市生态学价值

从生态学上看，城市居民的日常生活和部分生产活动扮演着物质及产品消费者的角色，主要消费各种蛋白质和碳水化合物（生物质）等。消费过程中会有各种废物以及下脚料产生，如农贸市场垃圾、过期食品、剩饭剩菜、园林垃圾、河道淤泥、食品业废渣废液、养殖种植业废物废液等，其主要成分不外乎就是蛋白质、碳水化合物、脂肪等。一旦组织管理跟不上，就会扰民或影响市容，而如果将它们作为发酵原料投进污泥消化池，则会很快被转化降解，变成沼气和有机肥成分。这样就实现了变废为宝，甚至变害为宝。污水厂补上了城市生态中分解者这一重要的环节，使城市生态形成一个完整的“生产—消费—分解”链条。

2.1.2.6 企业经济学价值

一旦污泥资源得到充分利用，污水处理方可以在“增收”和“节支”两方面获益。

“增收”来自沼气和有机肥销售。一般污水厂污泥（干物质）每千克产沼能力在（0.2 ~ 0.9）m^3 之间，初沉污泥比二沉污泥产沼量大 1 倍左右。根据奈斯等人的研究，超声处理过的剩余污泥的催化作用，可以使污泥厌氧消化时间缩短到 12 d，同时沼气产量提高 30% 左右，消化污泥的干泥量减少 20% 左右。根据德国情况分析，污泥经过超声波处理后，每立方米消化池容积日产沼气量在（1 ~ 1.5）m^3 之间，生成的沼气越多，则污泥中剩余的需要处置的有机成分就越少。沼气经脱硫脱硅后可以直接销售，也可以采用热电联产机组在厂区发电，一般热电比在 53%∶33% 左右，另外 14% 损失。电力自用，减少了对电网的依赖，而热能可以给生污泥加热、维持消化池温度、烘干有机肥、供应厂区的中央空调等。如果沼气和机组容量大，也可以商业供热。

对于工作状态正常的厌氧消化池，其消化污泥有以下特征：① 颜色黝黑；② 有焦油或沥青味，但是无臭味；③ 用搪瓷器具泼出后器壁上立即出现水线（脱水性能好的标志）；④ 不落苍蝇[207]。具备这 4 个特征的熟污泥，其制成的肥料不但肥效好，而且卖相也好。

“节支”来自消化污泥脱水以及后续处置成本的节省。对于不生产污泥有机肥的污水厂，其污泥脱水后进行处置，常见的工艺是填埋、干化和焚烧。脱水的主要成本之一是絮凝剂的使用，而工作正常的厌氧消化池所产污泥脱水时需投加的絮凝剂要少得多。根据笔者与德国某污水厂厂长交谈，其污泥出罐后很快自动实现渣液分离，不用投加絮凝剂也可很容易脱水，而且泥饼含水率在 75% 以下。含水率是污泥最重要的参数，由表 2.1.1 可见，在干泥量相同的情况下，含水率为 80% 与 75% 的污泥体积之比是 100∶80，这意味着将含水率从 80% 降到 75% 可以减少 20% 的处置量，而且单位体积的絮凝剂费用也降低。如果脱水后进行干化或者焚烧，需要通过外加能源去除的水分量分别降到 74.3% 和 70.5%。厌氧消化是一个非常有力的生物过程，加上细胞酶的催化，许多难降解物质也被降解，包括各种胶体物质，这使得干化和焚烧工艺中传质速度更高，因此可以在4重意义上节省费用：①脱水性好，节省絮凝剂；②需要干化焚烧的污泥体积减小；③含水率降低使每立方米需要去除的水分减少；④干化焚烧时传质效率提高，使能耗减少。

表 2.1.1 不同含水率污泥处置量及能耗（相对值）

序号	1	2	3
含水率/%	85	80	75
外观状态	半流态	果冻状	固体
体积/%	133.3	100	80.0
填埋量/%	不	100	80.0
干化需去除水分量/%	142.8	100	74.3
焚烧需去除水分量/%	149.1	100	70.5

说明：① 表中污泥体积、填埋量、干化焚烧需去除水分量均以含水率80%的情况作为100%。
② 干化后剩余水分10%。
③ 焚烧需将含水率降到38%，此后依靠污泥的热值即可维持燃烧连续进行。
④ 填埋量一行“不”表示不宜填埋。

2.1.2.7 碳汇价值

沼气是可再生能源，利用沼气进行发电，不但可缓解电网压力，而且减少了温室气体排放，具有碳汇价值。自从2005年年初《京都议定书》正式生效以后，38个国家之间的碳汇交易以及这些国家和发展中国家之间的清洁发展机制（CDM）迅速开展并升温，欧盟市场上二氧化碳排放权价格在一年多时间里上涨了200%多。尽管《京都议定书》没有规定发展中国家的具体减排义务，但是作为世界第一大温室气体排放国，我国难以长期游离于减排义务之外。2015年11月30日至12月11日在法国巴黎召开的联合国气候变化大会上，习总书记代表我国明确表态减排。

2.1.3 需要解决的问题

我国的污水处理技术已经有了长足的发展，污泥的资源化利用是一个无法回避的问题，而且是可以解决的问题。目前，相关的法律和市场环境已经具备，需要解决的是管理和技术层面的问题。在人们对厌氧消化的应用慎之又慎的情况下，以下4个技术问题是首先必须解决的：

（1）污泥分解技术，特别是低能耗高效率的超声波技术。只有将污泥的催化剂作用充分发挥出来，污泥的价值才能充分体现，污水厂的功能才能拓展[208]。根据德国有关实验室对我国东西南北有代表性的几个污水厂污泥样本的分析，在提高污泥的催化作用和沼气产量方面，我国的城市污水厂大多污泥适合进行超声波处理[209, 210]。

（2）厌氧消化技术的攻关研究。中温污泥厌氧消化是国际上应用得非常成熟的发酵技术，国内也有若干例子，但总体上看，仍有技术环节需要攻关[211-214]。

（3）沼气利用设备的研发。目前，国内的热电冷联产机组性能仍无法和先进国家的设备相比，国外就有连续稳定运行三十多年的机组。稳定性、耐久性、可靠性是这类设备的三条命根子。无论发电自用还是上网，没有这三条其经济性都要大打折扣，并因此使整个污泥系统的投资效益大打折扣，以致失去吸引力[215]。

（4）脱硫技术的攻关。发达国家的技术可以实现一体化脱硫和提纯，使硫化氢浓度降到 7.6 mg/m^3 以内，而甲烷的含量在 96% 以上，这已经优于天然气的质量。对于有条件的污水厂，经过这种升值处理的沼气可以接入城市气网。

在这 4 个技术问题获得解决之前，管理层面的问题基本不可能解决。

2.1.4 前景预测

污泥在 7 个方面的价值实际上就是其经济社会环境效益的统一，这一点无论对于大城市还是区县乡镇污水厂同样重要。对于已经建造了污泥消化池的污水厂，只要解决污泥厌氧消化中的水解“瓶颈”问题，科学管理，其污泥消化池容积都会有富余。对于没有建造污泥消化池的污水厂，可以建造，以将当地污水厂污泥和养殖废物废液全部纳入污泥厌氧消化系统，进行规范的管理、处理、利用。这不仅是一个环境安全和资源合理利用的问题，同时也是食品安全问题，2005 年一些省份发生的猪链球菌疫情，就给我们敲响了警钟。如果再不及时地采取有效措施，长期有效地切断疾病的传播途径，随着养殖业的不断发展，更大的疫情随时可能发生，这会对当地人民的健康和经济发展造成更大的打击，而污水厂的污泥厌氧消化系统为阻断这一传播途径提供了非常理想的硬件手段。

种植业中仅仅以果实或传统可用部分作为生产目的的方式显然不完全合理，将生物质作为载体使之进入经济生活将形成一种非常高效的循环经济。

养殖业在农村收入中的作用越来越重要，然而，城郊和农村养殖废物（液）污染问题一直没有解决。原因有两个：一是绝大部分养殖户的养殖规模都不大，要求每个养殖户建造环保设施其经济能力难以承受；二是现有的沼气技术以及其他治理技术并不完全适合各地的情况，许多建设了环保设施却没有正常使用的例子就说明了这一点。以四川某县为例，调查显示，该县有 50 头存栏猪以上规模的养殖户近 500 户，户均 108 头，如果每户都建造环保设施，则需要投资上千万元，平时还要消耗电力等。无论是建造成本还是运行成本都非业主所能承受，但如果将这些废物废液送进污泥消化池发酵，就成了资源，各养殖户只需要将养殖废物废液送到污水厂污泥消化池或者配合收集即可，甚至可以探讨一种“粪水配额换取沼气配额”的模式，实现“多赢”。之所以将其和污泥一起发酵，主要原因是污泥的发酵催化剂作用，可以使发酵过程高效进行，并以此促进污泥另外 6 个价值的实现。该县每年产秸秆三十多万吨，也是很好的发酵原料，如果将部分秸秆和污泥等混合发酵，得到的沼气量会大大增加，可向污水厂或周围的居民提供清洁能源，同时减少秸秆可能引发的大气污染，而且还可以增加农民的收入。

在这种情况下，污水厂除了主业——处理污水之外，也就成了能源企业、有机肥企业和疾病控制的重要关隘，成为缓解局部能源紧张和促进城乡一体化方面一个非常重要而且无法替代的节点，这个节点实际上就是循环经济的发力点，而污泥消化池是其发动机。

2.2 污泥碳源用于市政污水厂减排

2.2.1 超声波的概念及其裂解污泥的原理

频率在 20 kHz 以上的声波叫作超声波，这是一个很宽的频段。不同频段的超声波对介质的作用差异很大，适合处理污泥的是低频超声波，频率在（20 ~ 100）kHz 之间。由于其声学特点，该频段的超声波可以在介质里产生强烈的成穴作用（cavitation），无数直径（100 ~ 150）μm 的微气泡不断形成并消失，其寿命一般在（400 ~ 500）μm（图 2.2.1）。微气泡消失的瞬间会产生“热点”（hot spot），是一个能量密度极大而范围很小的空间，其中的温度和压力可分别达到 5 200 K 和 50 MPa，并且伴随着极强的水力剪切力。在这个环境里，水分子也被电离成 H^+ 和 OH^-，而后者（羟基自由基）是强氧化剂。这些因素的综合作用，使难降解物质的稳定结构被摧毁，转化成易降解物质，剩余污泥中的微生物细胞被击破，释放出碳源和催化物质，这两种物质可以投加到污水及污泥处理工艺中，强化生物过程[203，204]。遇到生物池出现膨胀污泥的情况，利用超声波可以将丝状菌击碎，从而消除并预防再次出现膨胀污泥。

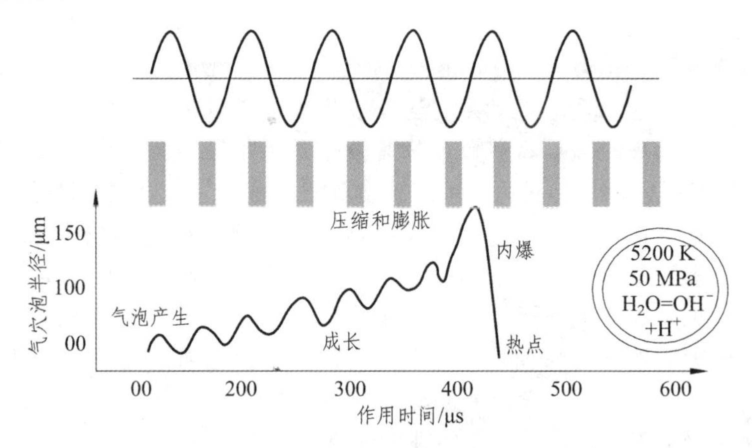

图 2.2.1 超声波产生的成穴作用

超声波对污泥的作用直接取决于能量输入。根据不同的情况，一般将超声波处理污泥分为低能量输入、中等能量输入和高能量输入。其对污泥的作用如下（图 2.2.2）：

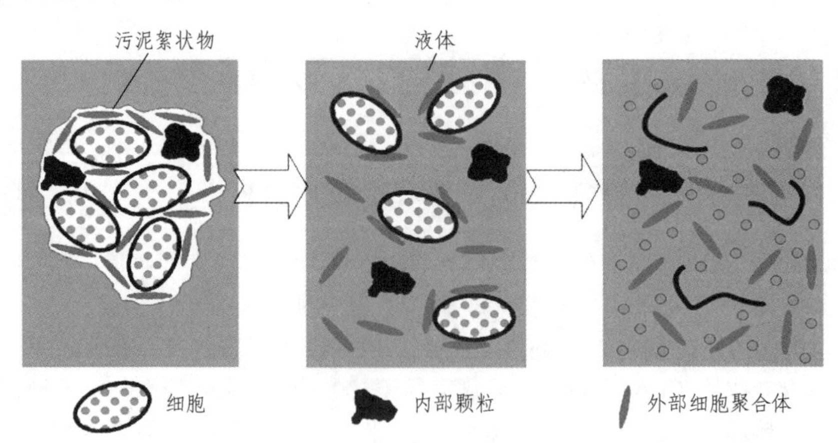

图 2.2.2 超声波对污泥的作用示意图

（1）低能量输入（能量输入 < 3 W·h/L）：菌胶团变小、空隙变大、颗粒尺寸变小；扩散和物质交换容易；EPS（蛋白质、碳水化合物、腐殖酸）释放。

（2）中等能量输入［能量输入在（3～10）W·h/L］：菌胶团和颗粒更小；细胞壁破损和被击破；细胞质溶入混合液，易降解的溶解性COD产生（蛋白质、氨基酸等）。

（3）高能量输入（能量输入＞10 W·h/L）：细胞击破继续发生。

由此可见，超声波对污泥的作用有三个方面：其一是将菌胶团打散，使其中的可利用物质暴露出来；其二是击破微生物细胞，使其内部物质释放出来，后者可作为碳源和催化剂；其三是将一些难降解物质转化成易降解物质。这几方面效果的本质都是释放碳源。这种方式释放出的碳源可以用溶解性COD（SCOD）衡量。SCOD的释放不但和能量输入有关，也和各厂的污泥特性有关。即使同样的能量输入，污泥特性不同，SCOD的释放也必然不同。

为了对不同污泥裂解处理的效果作比较，可引入一个无量纲的量A_{COD}，称为击破率。其计算公式如下：

$$A_{COD} = [(COD_{US} - COD_0)/(COD_{NaOH} - COD_0)] \times 100\% \tag{2.2.1}$$

式中 COD_{US}——超声波处理后溶解性COD的增加值，确定方法是：将超声波处理后的污泥样本在离心机上高速旋转0.5 h，其离心加速度达到 10 000g～40 000g（g为重力加速度），然后过滤（孔径0.45 μm），再测透过液中的COD值。

COD_{NaOH}——击破率的参照值，即某个污泥样本可以提供的SCOD的上限，确定方法是：向污泥样本中加入等体积的烧碱溶液，溶液浓度是1.0 mol/L，在20 °C的环境里静置22 h，然后确定COD值，方法同上。

COD_0——污泥样本中SCOD的初始值，确定方法同上。适合工程应用的击破率一般在2%～5%。击破率大于0.5%即开始对生物系统发挥作用。

上述击破率是超声处理后可以直接检测到的碳源释放量。事实上，裂解后的污泥回流到生物池以后，上文提到的生物酶就发挥催化作用，使多种原来不能被微生物利用的营养物转化成可利用的，主要形式是将固态或半溶解态营养物转化为溶解态。这些生物酶原来储存在微生物细胞内，而微生物有一种本能，就是根据遇到的营养物的特性释放出适量的生物酶，将营养物转化成溶解态，便于其利用。一旦微生物细胞被击破，这些生物酶便弥漫在生物池中，提前将营养物转化。这是一种很好的放大作用，通过这种方式转化的碳源比按照式（2.2.1）计算的值要大几倍到几十倍。因此，污泥经超声波处理并回流后，所产生的总的碳源浓度是：

$$C = COD_{US} \cdot (1 + \varepsilon) \tag{2.2.2}$$

式中：ε是上述转化倍数，一般在 8～50 之间。

2.2.2 超声波技术在国内外的研究和应用情况

由于超声波的这些作用，近几十年以来，其工程应用一直是国内外学者研究的热点，例如天津大学、汉堡工业大学等单位，在这方面进行了系统研究，并取得了重要成果[208, 212, 216, 217]。制约超声波技术应用的瓶颈因素是能耗问题，即设备的能量效率。尽管超声波裂解污泥的原理数十年前就已清楚，但是成本高的问题一直没有解决，成本因素主要是能耗高而产出有限。如何用有限的能量投入获得更多的有用物质是各国研究人员的核心目标，从工作方式（序批式、连续式等）、材料选择、频率选择、振子振幅到停留时间均属于研究范围。根据奈斯等人的研究和欧、美、日的工程实践，总体产出效果和污泥的黏滞性密切相关：黏滞性越大，超声场的范围越小，获得的有用物质就越少；反之，黏滞性越小，超声场的影响范围就越大。同时，污泥的黏滞性又和浓度直接相关，浓度越高，黏滞性越大。对于城市污水厂污泥而言，黏滞性一般以不超过 0.5 Pa · s 为宜，这个值对应的污泥浓度一般是 3%～6%，这也是一般重力浓缩所能达到的浓度。

季民的研究发现，超声波裂解的污泥投配到污泥厌氧消化池以后可以大大提高消化效率，停留时间缩短到 8 天左右，而且沼气产量并不减少，甚至增加。

超声波技术在德国 2001 年已经实现工程应用，随后每年均有新的应用实例报道。到目前为止，欧美国家已经有 300 个污水厂和沼气设施采用超声波技术，用途主要包括：强化生物脱氮除磷、补充内部碳源以改善污水可生化性、缩短污泥厌氧消化周期并增加沼气产量、污泥减量、消除膨胀污泥等。在污水厂的类型方面，有新建厂，也有老厂改造。除了污水厂，由于欧盟有关再生能源政策的引导，近些年超声波技术在以发电为目的的农业沼气项目中也得到了广泛应用，这正在促进欧盟农业人口从农业生产者向能源生产者转变。超声波设备在农业沼气设施中的用法是将部分沼液超声裂解后回流到沼气池，提高进料的产气率。在近年世界粮食市场价格明显走高的情况下，产气率正成为沼气项目经济性的关键指标。在沼气设施中，尽管超声波设备处理的是厌氧污泥，击破的是厌氧微生物，但是释放出来的细胞质和生物催化物质同样有提高微生物活性和降解效率的作用。可见无论是好氧过程还是厌氧过程所产污泥，超声波裂解后均可以发挥提高降解效率的作用。

2.2.3　裂解污泥在污水处理中的用途

2.2.3.1　裂解污泥在强化生物脱氮除磷中的应用（碳源）

生物脱氮和除磷是国内污水厂目前面临的主要问题之一，即使在生物学环境具备的情况下，也必须有相应的碳源提供。事实上，以国内同行目前的管理水平，他们在控制溶解氧浓度方面已经有着非常娴熟的办法和经验，制约因素是碳源。这一点已经非常清楚。如果不是价格和安全问题，使用工业碳源（如甲醇）脱氮除磷是一个很有效的办法：甲醇使用方便，剂量容易精确控制。但是下述两个原因限制了甲醇的普及使用：其一，目前市场上甲醇的价格还不是所有的污水厂都能承受的，投加甲醇的费用一般不是小数目，对于许多污水厂而言，没有这笔预算；其二，增加系统负荷和污泥产量，为保证效果，投加甲醇时一般要多投 30%，这部分还要通过生物过程降解掉，形成污泥。

反之，利用自产污泥裂解作碳源，则可以避免上述成本和污泥产量增加，相反会减少污泥量。在裂解污泥处理量上，一般不低于 30% 剩余污泥量，投加点应当在反硝化区的进水处（图 2.2.3）。这个比例可以将出水中总氮浓度降低（3 ~ 10）mg/L，如德国的滨德污水厂。

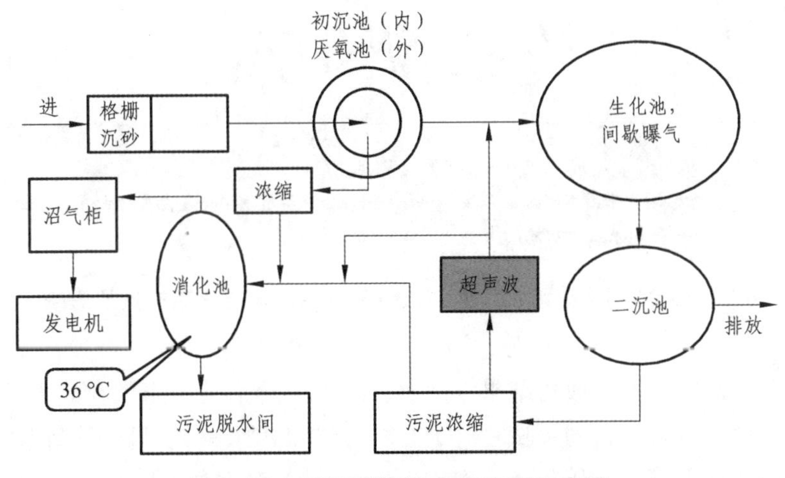

图 2.2.3　德国滨德污水厂流程示意图

图 2.2.4 显示了滨德污水厂 2005 年和 2006 年出水无机氮的对比，该厂 2006 年 2 月到 7 月做了超声波设备试运行。图中两条竖线分别代表 2006 年现场试运行开始和结束的时刻。左右两边的竖轴分别表示出水无机氮浓度和每天投加的裂解污泥，单位的中文符号分别是毫克/升和米^3/天。图中最低和中间的曲线分别是 2006 年和 2005 年的出水无机氮浓度，最高的曲线是每天投加的裂解污泥量。可以很清楚地看出，在超声波设备试运行期间，因为向反硝化区投加了污泥碳源，反硝化进行得更彻底，出水无机氮值明显低于 2005 年。而在试运行前和试运行后，两条曲线互相缠绕，分不出高低。

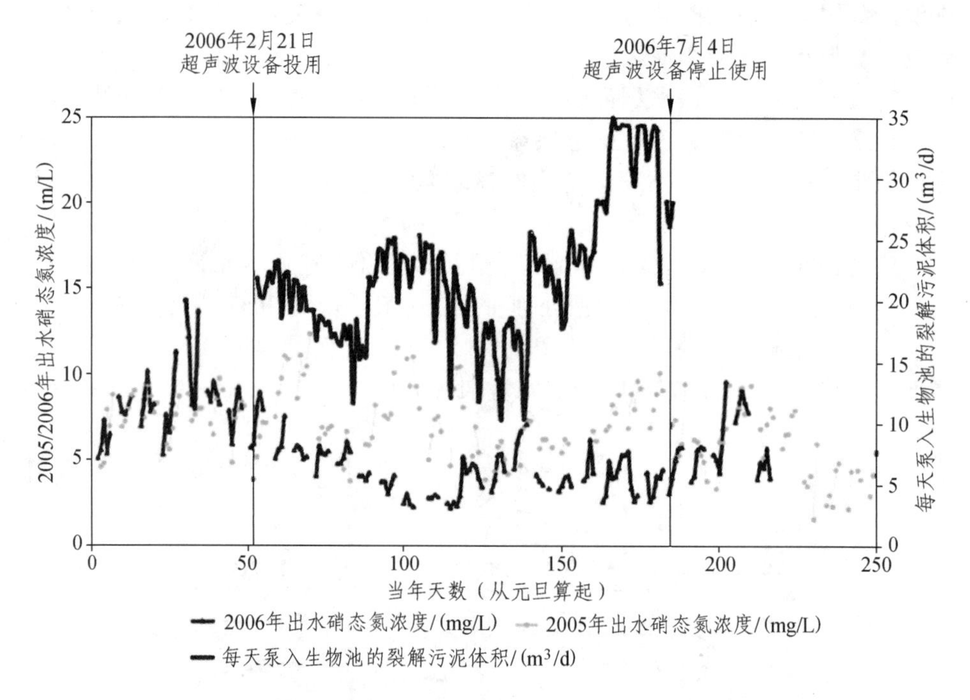

图 2.2.4 德国滨德污水厂超声波设备试运行对出水硝态氮的影响

在国内也取得了类似的结果，例如，2007 年最后一个季度在北方某污水厂利用超声波设备所做的中试（A^2O 工艺），结果出水总氮明显下降［图 2.2.5（a）］，而其他水质指标如总磷［图 2.2.5（b）］无变化。

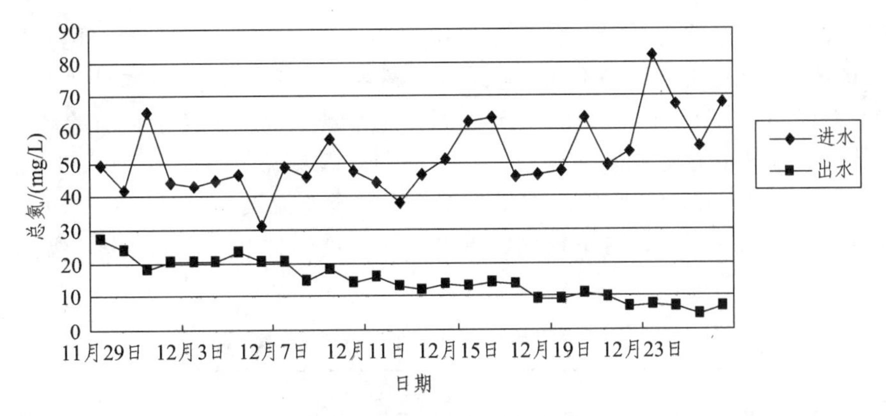

（a）总氮进出水变化曲线

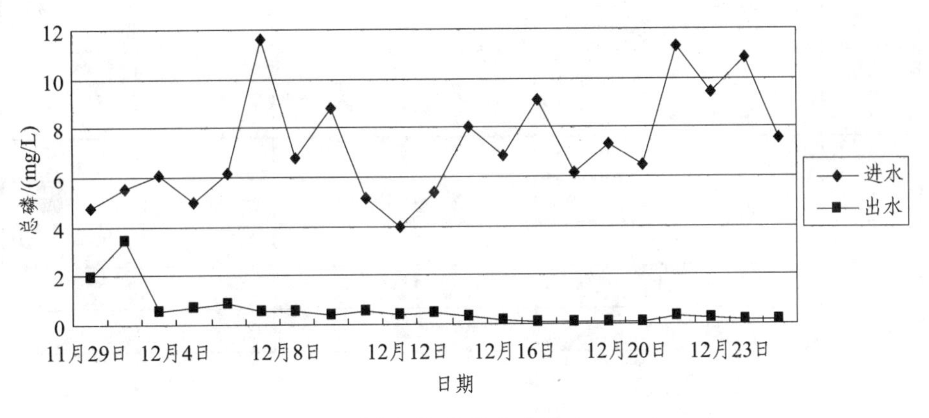

（b）总磷变化曲线

图 2.2.5 北方某污水厂超声波强化脱氮除磷中试结果

2.2.3.2 裂解污泥在污泥厌氧消化中的应用（催化剂）

污泥厌氧消化一共有 4 个阶段，其中限速步骤是水解段。常规厌氧工艺仅仅水解阶段一般要用 12 d 以上的时间，这是导致污泥厌氧消化时间长、消化池容积大的主要原因。水解过程是一个生物化学过程，借助水解菌的作用，复杂物质被转化成简单的易于被微生物降解的物质形式。污泥水解主要包括污泥所含有机质的水解和污泥中好氧微生物细胞的水解，尤其是后者是有生命的，对水解环境具有本能的抵抗和适应能力，要攻破其细胞壁十分不易。这些因素导致常规情况下，污泥水解不但时间长，而且水解程度有限。裂解污泥投加后，首先，其自身是裂解状态；其次，其所携带的物质有催化作用，使得污泥水解速度快、程度深。目前在欧洲，采用超声波裂解污泥的消化装置停留时间均不超过 12 d。另外，各厂污泥品质不同（主要是碳水化合物、蛋白质和脂肪之间的比例不同，有无重金属等因素），其水解过程以及产沼特性也不相同。表 2.2.1 和表 2.2.2 分别列出了常规条件下不同生物质的产沼能力以及常见种植养殖业废弃物的产沼半值期。需要说明的是：表中的半值期温度是按照 30 °C 为基础的。如果采用中温消化［温度为（35 ~ 37 °C）］，则其半值期要相应缩短，这不仅因为温度高微生物活性好，还因为这个温度是中温消化效率的极值点。

表 2.2.1　常见生物质产生沼气能力（30 °C）

序号	生物质	产沼能力/(L·kg^{-1})	半值期/d
1	菜市场垃圾	608	6
2	屠宰场废弃物	461	13
3	牛奶加工	975	4
4	啤酒厂废弃物	426	2
5	橙汁加工	482	5
6	香蕉叶（干）	413	18
7	猪　粪	257	13
8	麦　秆	348	12
9	土豆蔓	526	3
10	玉米秸秆	485	5
11	草	490	4

表 2.2.2　不同生物质的产沼能力（降解 ODS）　N·m^3/kg

生物质	碳水化合物	蛋白质	油脂/脂肪	污泥
产沼能力	0.6 ~ 0.7	0.7 ~ 0.8	1.3 ~ 1.4	0.8 ~ 1.0

表 2.2.1 中的生物质包含了表 2.2.2 中所有前三种物质，投加到污泥消化池以后，将按此规律增加沼气产量。根据国外已有实践经验，这类物质产沼气时转化率很高，最后的剩余物很少。

裂解污泥投加后，同样的污泥体积和消化环境，沼气产量可增加 20% ~ 100%，取决于投加比例。图 2.2.6 显示了广州某污水厂现场消化试验的结果。试验采用两个容积为 500 L 的消化罐，每天各加 15 L 浓缩污泥，其中 1 号罐投加 30% 的裂解污泥，2 号罐作为对照。可见试验罐比对照罐产量高 50% 以上。

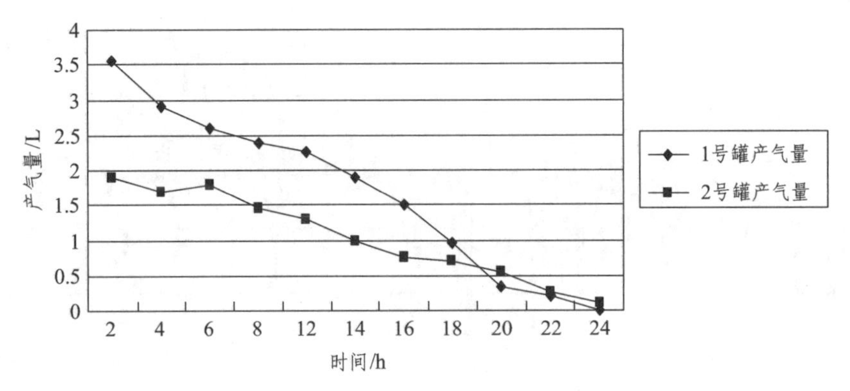

图 2.2.6 污泥厌氧消化产气量对比

类似的结果在国外一些污水厂和大型沼气设施中也能观察到。例如德国威塞尔市的沼气设施（图 2.2.7），采用超声波设备后，其沼气产量增加 19%。该设施的参数如下：两个沼气池，容积各 1 000 m^3；每日进料 27 t 玉米和 8 t 动物粪便；停留时间为 40 d；每小时产气量 220 m^3，甲烷含量为 55%；热电机组电功率为 500 kW。

值得一提的是，超声波裂解污泥厌氧消化所产沼气品质明显优于常规厌氧消化，品质优主要表现在：① 甲烷含量高；② 色度物质少，尤其是硅氧烷一类的物质少。后者对发电机组气缸的寿命影响极大，必须去除，否则会在燃烧过程中形成石英，导致气缸和活塞受损。总体上说，超声波裂解污泥有以下积极作用：沼气产量增加 30% 左右；沼气中甲烷含量增加 2%；沼气中色度物质减少；消化污泥中可挥发物质减少 9%～16%；污泥脱水性能改善 2%～5%。

（a）威塞尔市沼气设施的罐体

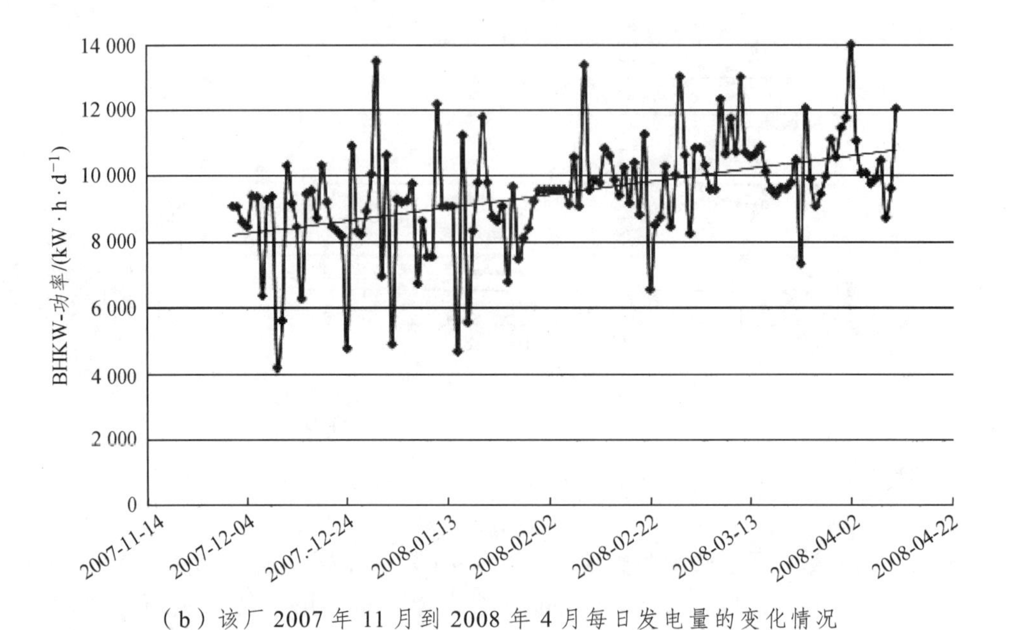

（b）该厂 2007 年 11 月到 2008 年 4 月每日发电量的变化情况

图 2.2.7　威塞尔市沼气设施采用超声波增加沼气产量

许多污泥消化或者农业沼气设施还有一个重要的功能和收益点就是生产高品质有机肥。厌氧消化进行得越彻底，就有越多的肥效物质转变为植物可吸收的形式，如氨基酸、氨等。超声波强化产沼气的过程也是强化这种转变的过程，因此所产有机肥肥效更好。

在流程布置上，超声波设备和罐体形成一个回路，即从沼气罐内抽取污泥处理后泵回沼气罐，每天处理 25 m^3 污泥（混合物质）。

2.2.4　裂解污泥在污泥减量中的应用

污泥源自进水携带的污染物，进厂后其出路有四个：① 形成初沉污泥（如果有初沉池的话）；② 被氧化（降解），变成二氧化碳和水；③ 形成生物污泥（即微生物增殖的部分）；④ 随出水排放。通过回流裂解污泥，生物池内菌群活性和降解效率大大提高，能够把更多的污染物转化成二氧化碳和水，宏观上就表现为污泥量的减少。这种机理是污水厂运行方希望的，但是通常情况下有许多污染物不能被降解，从而进入污泥，形成污泥产量，而投加裂解污泥的目的正是强化这种机理。以德国滨德污水厂为例子，该厂 2005 年和 2006 年污泥产量等数据对比见表 2.2.3。由表 2.2.3 可以看出，2006 年尽管进水量和污染物携带量均有增加，但由于超声裂解污泥的作用，该厂的产泥量和出水无机氮都在下降。

表 2.2.3 滨德污水厂采用超声波设备试运行各项指标 2005/2006 环比

年份	对比时段	处理量	生物池进水		厂出水	产泥量
		Q	COD	TN	无机氮	干泥量
		m^3/d	kg/d	kg/d	kg/d	t
2005	3 月 1 日—	12 834	3 838	494	93.6	267
2006	7 月 4 日	16 101	4 682	669	65.4	232

2.2.5 裂解污泥在消除膨胀污泥中的应用

膨胀污泥是污水厂常见的一种生物学故障，在好氧和厌氧工段均可出现，绝大多数情况下，其原因是丝状菌的大量繁殖。对于这种情况，超声波提供了非常高效的手段消除膨胀污泥，恢复污水或污泥处理的正常工况。以德国赛维塔尔污水厂为例，该厂曾经遇到非常严重的污泥膨胀问题，尝试多种方法后最终用超声波解决了问题（图 2.2.8 中的虚线，图 2.2.9）。其生产和超声波运行参数如下：

生物池进水量：$Q_B = 230\ m^3/h$；
污泥回流量：$Q_{RS} = 400\ m^3/h$；
泥龄：$\Theta = 32\ d$；
超声波处理的回流污泥：$Q_{US} = 3\ m^3/h$；
污泥在反应器内水力停留时间：$t_{US} = 30\ s$；
平均功率消耗：3.36 kW；
超声系统每天耗电：80.6 kW · h。

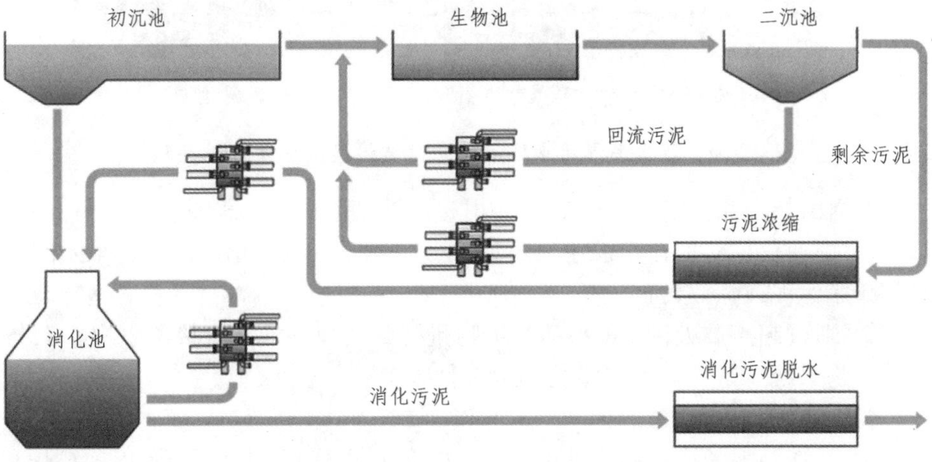

图 2.2.8 超声波设备在污水厂流程中可以布置的位置

（a）赛维塔尔污水厂的膨胀污泥

（b）超声波设备在赛维塔尔污水厂投用后膨胀污泥消失

图 2.2.9　赛维塔尔污水厂使用超声波设备前后生物池外观

根据国外近几年的实践经验，利用超声波消除膨胀污泥具有以下特点：

① 即使仅仅对回流污泥中很小的部分生物量（<1%）作超声处理也足以避免膨胀污泥或漂浮污泥；

② 通过超声波处理，一小部分生物量受到选择性的和直接的影响，导致整个生物系统（活性污泥）结构的永久性改变；

③ 丝状菌不再繁殖；

④ 活性污泥的生物多样性使系统的功能得以保持：出水水质（ISV，CSB，N）不会受到负面影响。

2.2.6 结 论

（1）利用超声波裂解污泥后获得的碳源，可以替代商品碳源投加到反硝化区强化生物脱氮除磷。这种方法不但可以减少乃至避免外购碳源、降低生产成本，而且减少污泥量，符合可持续发展要求。

（2）利用超声波裂解污泥可以增加沼气产量大约 30%，并改善其品质，减少有害物质的浓度，防止杂质危害发电机组。沼气量增加多少取决于泥质、投配比等。投配比越大，沼气产量增加越多。

（3）裂解污泥通过提高微生物活性增加污水处理深度，减少污泥量。

（4）超声波是消除和预防膨胀污泥的强有力手段，对很小一部分混合液进行处理即可达到消除和预防膨胀污泥的目的。

2.3 污水厂硅氧烷来源及其对沼气技术的制约

2.3.1 沼气中硅氧烷对发动机的影响

2.3.1.1 欧美热电机组行业对沼气品质的要求

污泥是我国排水行业面临的一大挑战，政策鼓励采用厌氧技术进行处置。欧美在此领域起步早，形成了完整的技术和市场体系，而今全球气候变暖使之获得了新的发展推力，也促进了人们对沼气中有害物质的深入认识和研究。20 世纪 90 年代以来，这方面最重要的成果就是对硅氧烷的调查和研究。今天，欧美各国沼气动力设备行业均已制定了行业或企业标准，以保障沼气品质、延长设备寿命。表 2.3.1 是德国热电联产机组行业提出的沼气品质指标[218]。

表 2.3.1 德国热电机组对沼气成分的要求

序号	参 数	界限值
1	甲烷含量	48% ~ 75%
2	氯和氟之和	≤20 mg/Nm³CH_4
3	硫化氢	≤250 mg/Nm³
4	硅	≤6 mg/Nm³
5	其他痕量物质	< 1 mg/Nm³
6	最大湿度	≤85%
7	最高温度	≤30 °C

注：Nm³ 是标准立方米的符号。

值得注意的是，表 2.3.1 指标对硅含量的要求比对硫化氢严格得多，这主要因为前者对发动机的危害是致命的：硅元素在沼气中以硅氧烷的形式存在，燃烧时形成二氧化硅，即坚硬而磨损性很强的石英，形成一层覆盖膜，其性质和玻璃类似，磨损表面，并形成隔热层和绝缘层，干扰各种传感器。在有的情况下，即使仅仅几个小时，即可在气缸盖上形成一层白色的石英沉积，覆盖火花塞、气缸内壁、活塞、阀门、催化器等［图 2.3.1（a）］，影响润滑膜工作和活塞散热。本来催化器的作用是去除尾气中的氮氧化物，被覆盖后无法工作，这样就使得尾气排放很容易超标。据统计，这类覆盖层很容易使发动机维护费增加（5 ~ 10）倍，保养间歇从（20 000 ~ 40 000）h 缩短到 14 000 h，一些情况下，发动机在工作（2 000 ~ 4 000）h 后就要保养。统计显示，在沼气含硅氧烷的情况下，如果发动机工作温度高、转速快，就有问题。双燃料发动机（转速低、温度低，用柴油点火）则对硅盐不敏感。硅氧烷浓度较低时，气缸壁上先形成金色石英层。不过不能忽视之，它可影响润滑油的分布[219，220]。有一个极端的例子发生在英国踹科提（Trecatti），这里的垃圾场有沼气收集和利用系统，硅氧烷使沼气发动机仅运行 200 h 就受损了。据现场调查，这里填埋场沼气里硅氧烷的浓度超过 400 mg/m^3[219]。硅氧烷在燃烧时与其他气体的交叉作用，以及燃烧温度对石英颗粒粒径的影响尚不清楚。

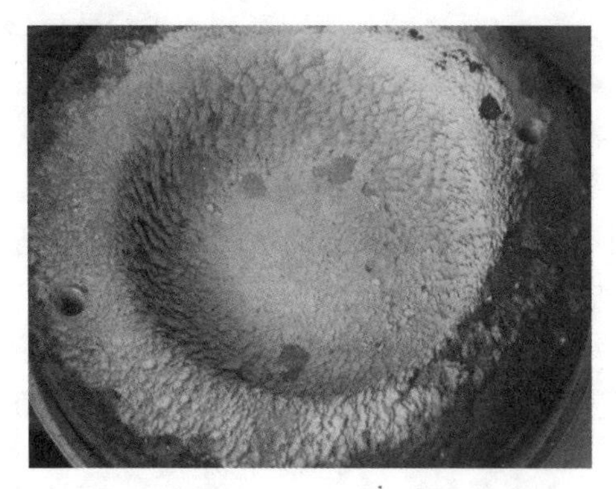

（a）硅氧烷燃烧在气缸里形成的覆盖层[221]

（b）硅氧烷燃烧导致活塞受损[218]

图 2.3.1　硅氧烷燃烧对发动机的危害

霍弋斯勒等[222]在德国 123 个垃圾场取了 340 个沼气样本分析，结果显示沼气中硅氧烷平均浓度为（3 ~ 25）mg/m^3。贝泽分析了德国 308 个污泥沼气样本后，得出其中硅氧烷平均浓度为 14.9 mg/m^3，变化范围在（0 ~ 317）mg/m^3[223]。德维尔分析了瑞士、德国、比利时和英国有代表性的 5 个污水厂沼气样本，其硅氧烷浓度分别是 25.1 mg/m^3、59.8 mg/m^3、20.0 mg/m^3、16 mg/m^3、400 mg/m^3，均在行标限值之上[224]。

在瑞士，热电机组行业一般允许的硅氧烷浓度是 10 mg/Nm^3CH_4[225, 226]，莎伦巴荷在其研究中发现六成的沼气样本超过此界限值。由于较低的硅氧烷浓度也可能使发动机受损，瑞士热电机组制造商实际推荐的浓度界限值是 5 mg/Nm^3CH_4。这是一个很严格的限制，也正因为如此，厂商要求原则上在热电机组前设置硅氧烷过滤器[221, 225, 226]。

美国的一份调查报告显示，50 个污水厂沼气中硅氧烷平均浓度为 38 mg/m^3，主要成分是 D4 硅氧烷和 D5 硅氧烷，占 90%[227]。

出于类似的原因，其他发动机生产商对沼气质量提出了要求[223, 228]。

2.3.1.2 微型涡轮机

另一种以沼气为能源的动力设备微型涡轮机（microturbine，微涡）在欧美使用很普遍。在利用沼气方面，微涡有其优势，其主要优点是尾气量小，而且很适合低热值燃气如各种沼气。其缺点是效率稍低，一般仅 30%。不过从经济上看，这种较低的效率对污泥沼气或者填埋场沼气影响不大，因为燃气本身的成本很低。而如果使用天然气等价格高的燃气，则必须考虑此因素。微涡是一种坚实设备，对机械冲击等很有忍耐力，但是对硅氧烷更敏感，因为砂状石英晶体在叶轮、燃烧器、换热器和机油等地方累积，或者覆盖涡轮机表面。长期暴露给未经脱硅的沼气，这些情况会很严重，从而影响设备性能。硅氧烷层厚度达到一定程度时会脱落，卡死涡轮。一旦出现这种情况，就需要更换功率单元才能恢复设备性能，代价很高。图 2.3.2 是硅氧烷在微涡上的累积情况。

（a）新叶轮局部

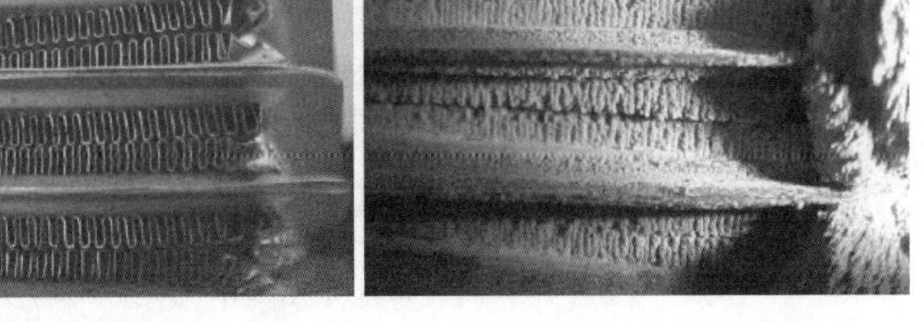

（b）硅氧烷在叶轮上累积

图 2.3.2 微涡叶轮[219]

例如，某知名公司提供的微涡，功率多在（30 ~ 250）kW。该公司在实践中多处遇到了硅氧烷引发的设备问题，在总结经验教训后该公司建立了自己的燃气标准，规定硅氧烷的浓度不得超过 0.03 mg/m^3 [229]。这实际上要求对沼气中的硅氧烷去除率达到 100%。另外一家微涡公司的设备在没有硅氧烷干扰的情况下，可以正常运行 30 年（有产品 1983 年以来一直在用），而近年由于所用沼气中硅氧烷含量较高，设备故障频率增加，导致该公司修改沼气品质标准，采用对硅氧烷“零容忍”的原则，实际执行中允许硅氧烷最大浓度是 0.1 mg/m^3。目前，太阳（Solar Turbines）、艾尔（IR Microturbines）和凯普斯通（Capstone Microturbines）三家微涡公司对沼气中硅氧烷浓度要求分别是 0.1 mg/m^3、0.06 mg/m^3 和 0.03 mg/m^3[230, 231]。

2.3.1.3 燃料电池

受政策引导，为了提高能源利用率，德国弗劳恩霍夫研究所研制出了以沼气为原料的燃料电池，使沼气 100% 转化成电力，而现在市场上最好的热电机组的发电效率是 34%。该技术的原理是：将沼气加热到 650 °C，使之转化为二氧化碳和氢，后者即电池燃料。该技术对沼气纯度要求高，要采用四级净化设备，去除的目标之一是硅氧烷。经过在德国科尔夫特污水厂试运行，证明这是一项高效技术，不久可在污水厂推广。该技术的“软肋”却在硅氧烷：一旦沼气中硅氧烷超标，电极就会中毒，性能急剧下降。哈伽的研究表明，硅氧烷 D5 的浓度达到 165.2 mg/m^3（这是一个很低的值）时，40 h 后电池阳极中毒，输出电压显著降低[232]。通常情况下，沼气中的硅氧烷含量常在（5 ~ 250）mg/m^3 之间波动，因此威胁很大。

2.3.1.4 膜技术

膜技术处理工业废水和城市污水的例子越来越多，在各种膜技术中，也不希望出现硅氧烷，因为它们可在膜的孔里沉积，导致膜失效，即使用化学反洗也仅仅部分有效。

硅氧烷对沼气动力设备的负面作用在国内尚未见报道，不过后文分析将显示，这类问题一定存在，而且可能是国内沼气设备市场发展的制约因素之一。国内现场试验也证实了沼气中硅氧烷类物质存在的某些规律。

2.3.2　硅氧烷的来源和性质

2.3.2.1　沼气中硅氧烷的化学特性

常见的硅氧烷有线状结构和环状结构，分别用字母 L 和 D 代表，根据分子式中硅原子的个数来区分其名称，例如 L2、D3 或者 D5 硅氧烷，其分子式中分别有 2 个、3 个和 5 个硅原子。图 2.3.3 是 D3（六甲基环三硅氧烷）的示意图，其中 3 个硅原子和 3 个氧原子构成一个六角环，每个硅原子上嵌两个甲基。分子式是 $C_6H_{18}O_3Si_3$。表 2.3.2 是常见硅氧烷的特性参数。

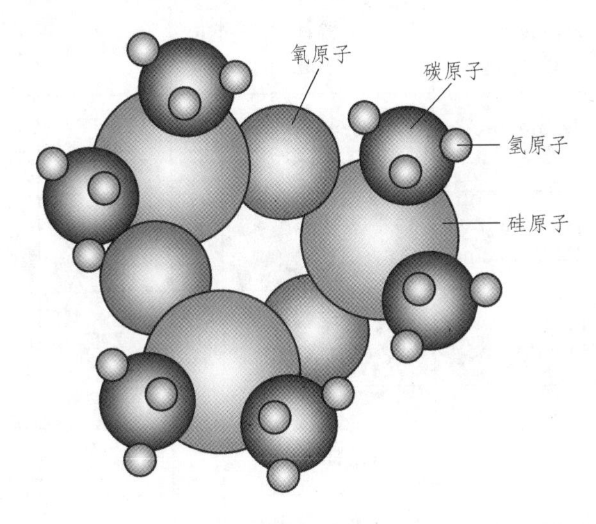

图 2.3.3　六甲基环三硅氧烷（$C_6H_{18}O_3Si_3$）分子示意图

以下主要讨论污水厂和垃圾填埋场沼气里的硅氧烷，它们均是挥发性含甲基硅氧烷（Volatile Methyl Siloxanes，VMS），可认为不和其他物质反应，也无腐蚀作用。VMS 是硅的氧化物，通式是 $H_3Si\text{-}[O\text{-}SiH_2]_n\text{-}O\text{-}SiH_3$，式中氢原子可用卤族元素有机残留物代替。将其英文名称缩写即可得文献中常用的统称 Siloxane（Siliciumoxyd-Methane，即硅氧烷）。

从数量上看，污水和垃圾中的硅氧烷一半来自硅酮。多年来，硅酮在家用领域应用越来越广泛，并且还在继续扩大中，因为其对人体基本无害、性能全面。其应用主要包括以下方面：

① 化工：生产硅胶和颜料的基础材料。

② 纺织业：代替过氯乙烯用于化学清洗，以及清洗剂中的软洗剂。

③ 食品业：用作葡萄压榨中的消泡剂。

表 2.3.2 常见硅氧烷特性参数

CAS 编号	英文名称	中文名称/化学分子式	缩写	分子量/(g·mol^{-1})	沸点/°C	水溶性(25°C)/(mg·L^{-1})
107-46-0	Hexamethyl-Disiloxane	六甲基二硅氧烷/$C_6H_{18}Si_2O$	L2	162	106.9	0.93
107-51-7	Octamethyl-Trisiloxane	八甲基三硅氧烷/$C_8H_{24}Si_3O_2$	L3	237	153	0.034
141-62-8	Decamethyl-Tetrasiloxane	十甲基四硅氧烷/$C_{10}H_{30}Si_4O_3$	L4	311	194	0.006 74
141-63-9	Dodecamethyl-Pentasiloxane	十二甲基五硅氧烷/$C_{12}H_{36}Si_5O_4$	L5	385	232	0.000 309
541-05-9	Hexamethyl-Cyclotrisiloxane	六甲基环三硅氧烷/$C_6H_{18}O_3Si_3$	D3	223	135.2	1.56
556-67-2	Octamethylcyclo-Tetrasiloxane	八甲基环四硅氧烷/$C_8H_{24}O_4Si_4$	D4	297	175.7	0.056
541-02-6	Decamethylcyclo-Pentasiloxane	十甲基环五硅氧烷/$C_{10}H_{30}O_5Si_5$	D5	371	211.2	0.017
540-97-6	Dodecamethyl-Cyclohexasiloxane	十二甲基环六硅氧烷/$C_{12}H_{36}O_6Si_6$	D6	444	245.1	0.005
1066-40-6	Trimethylsilanol	三甲基硅醇	—	90		~40 000

注：在工业生产中，会大量用到聚二甲基硅氧烷（Polydimethylsiloxane-PDMS），它同属挥发性甲基硅氧烷（VMS）。

④ 化妆品：几乎所有洗发香波、洗面奶、剃须泡沫、阻汗剂等均含有硅氧烷。

⑤ 密封剂：如汽车蜡、墙面颜料、天然石材抛光等。

⑥ 建筑业。

⑦ 制药业。

⑧ 木材防腐剂。

由于硅酮的憎水性，它也被广泛用于纸业和油漆等行业。

2.3.2.2 日常生活中的硅氧烷排放源

上述产品很常用，所以硅氧烷在环境里基本上随处可“见”。

硅酮产品最早于 1943 年在美国开始被商业化使用。根据欧洲硅酮信息中心（CES）统计，2002 年，全球硅酮产量 200 万吨，其中三分之一在欧洲使用。PDMS 约占总产量的 80%，VMS 一般作为中间体。不过，CES 估计每年化妆品工业消耗（21 000 ~ 23 000）t 硅酮。VMS 尤其在除味剂中用量很大，其质量可占产品的一半。

根据 Horii 和 Kannan 的调查，产自美国和日本的许多日用品中均检出了 VMS，而 D5 和 D6 在化妆品中含量最高，D4 在家具抛光材料中最常用。护肤产品中，线状硅氧烷浓度最高，D5 出现的频率最高，其毒性争议也最大[233]。最近十年的研究表明，一些硅氧烷对生物过程会产生直接或间接毒害。已经发现 L2 会刺激皮肤，OSPAR（东北大西洋海洋环境保护公约）将 L2（六甲基二硅氧烷）归为危险物质。欧盟将 D4 归入 R62 和 R53，前者表示“可能消弱生育能力”，后者表示“可能对水环境有长期负面影响”[234]。瑞典化工局将 D4 归入 PBT/vPvB 化学品，意味着“应逐步退出使用”。丹麦化妆品、卫生用品、香皂和洗涤剂工业联合会计划用其他物质代替 D4。

2001 年，全球市场上已经有 14 000 种以上含硅氧烷的产品，在欧洲，含有 D4、D5 和 L2 的产品尤其多。其中在北欧，含线状硅氧烷（L2、L3、L4）的产品远不如含环状硅氧烷的产品用途广。没有机构统计过 D3、D6 和 L5 的用量，也没有法规规定进口商必须做此类登记。因此，很难估计各国硅氧烷的用量。

我国是硅氧烷产品消费大户，例如建筑业里门窗和卫浴填沟缝时就用硅酮，含硅氧烷接近一半、二氧化硅 13%。高品质的硅氧烷大多靠进口，以致商务部 2005 年专门发文，抑制德、英、美、日等国硅氧烷产品对华倾销[235]。

2.3.2.3 硅氧烷的毒性

一般认为，人在硅氧烷环境里暴露，对健康并没有很大的风险。大多数硅氧烷对人类健康影响甚微。

然而，美国环保局（EPA）和康宁公司指出：D5 可能是一种致癌物质[236]。2003 年 2 月，EPA 收到了康宁公司两年研究期的报告初稿，内容是利用老鼠做试验，研究 D5 慢性毒理学特性和致癌性。试验中，雌雄两组各 60 只费舍尔 344 试验鼠，每天暴露在含有 D5 蒸气的环境中 6 h，浓度分别是 0，165.2 mg/m^3，660.7 mg/m^3 和 2 642.9 mg/m^3。每周 5 d，共持续 2 a。初步结果显示，暴露在 D5 浓度最高的那组雌性试验鼠患子宫肿瘤的明显增多。

2005 年 7 月，EPA 收到最终报告，确认了上述雌性老鼠患子宫肿瘤的显著增加。在浓度低的试验组没有观察到。

不过根据 CES 的调查，D5 和 D6 对人类无害。

2.3.2.4 沼气中硅氧烷的成因

污泥沼气所含的硅氧烷来源是生活污水和工业废水，而垃圾填埋场沼气中硅氧烷的主要来源是含硅的固废，如洗涤剂、化妆品等。新垃圾场填埋气里硅氧烷含量高于封场的填埋气。填埋气里最常见的硅氧烷是 D3、D4、D5、L2 和 L3，D4 一般是主要部分，占含硅物质总量的 60%，其次是 L2，再次分别是 D5 和 L3[231]。除了硅氧烷，填埋气里还有很多硅醇，可占总硅的 50%。因为硅醇是水溶性的，它们在市政污泥里一般少见[237]。因此，两种沼气中硅氧烷的浓度有时相差很远。从分子层面上看，这种差别源于不同硅氧烷的水溶性。水溶性的硅氧烷留在水里，与出水一起排入接纳水域；不溶性的硅氧烷吸附在污泥里。L2 的水溶性远大于 D4 和 D5，而 L3 基本像 D4 一样不溶于水[219, 231]。

在污水厂，硅氧烷与粪便等结合很紧密，在生物池中，硅氧烷吸附在污泥菌胶团上。一般认为，硅氧烷不会生物降解，而是在活性污泥上累积，因此，浓缩污泥中的硅氧烷浓度比活性污泥里多很多[224]。在厌氧消化罐里，硅氧烷挥发进入气相。比重最大的硅氧烷留在污泥里，从而在污泥焚烧时引起麻烦（结垢、磨损设备部件）。卡素及估计污水中 20% ~ 50% 的 D5 转入沼气，其余停留在消化残渣里[219]。L2 和 L3 一般不会在消化罐里出现。在一些情况下，硅酮也可用作厌氧消化罐里的消泡剂，一部分蜕变成硅氧烷。一般认为硅氧烷不可生物降解，但是也有一些迹象显示 D4 可以在厌氧罐里蜕变成二甲基硅烷二醇 （DMSD）。阿挈托拉（Accettola）研究发现，用生物滤池处理含硅氧烷的废气时，可将其中的 D3 去除 10% ~ 20%[238]。

在半导体工业中出现气体硅氧烷，是气体硅反应的副产品，属于生产的废料，因此一般被吸附在硅胶、分子筛或者活性氧化铝里[239]，一旦进入固废填埋场，也会有贡献。

2.3.3 进入污水厂的硅氧烷

2.3.3.1 硅氧烷在污水收集系统中的耗散

米勒等 1995 年估计日用品中 D4 进入污水的比例时，假设美国每年消耗

5 000 t D4，由此算出污水中 D4 的浓度应当是 150 μg/L。然而实测了 3 个污水厂进水处浓度后，发现其平均值仅为 5 μg/L，由此可以估计，仅仅 3.3% 的 D4 通过污水进入污水厂，其余 96.7% 逃逸到大气里了[240]。

马丁分析了德国大型污水厂进水处的 D3 ~ D6，其总浓度为 34.5 μg/L，其中 D5 浓度为 31.5 μg/L，占主要部分，D4 为 1.7 μg/L。[241]

迄今为止，还没有其他文献估计有多少硅氧烷随污水进入污水厂，有多少直接挥发入大气。因此，大多数这类讨论文章对所有的硅氧烷直接引用米勒的结果 3.3%。不过对于 D5，应认为更多的比例进入了污水。

2.3.3.2 硅氧烷在污水厂的降解及耗散

德维尔确定，硅氧烷在活性污泥工艺中不降解，而是在细胞外物质（EPS）上吸附，并因此降低污水中硅氧烷的浓度[224]。米勒的模型显示污水厂有 46% 的 D4 吸附在污泥上，其中 90% 吸附在初沉污泥上。此外还有 36% 的 D4 逃逸到大气中。

帕克认为 D4 和 D5 逃逸到大气中的比例分别为 53.7% 和 47.7%[242]。

图 2.3.4 表示硅氧烷在污水厂流程中可能的去向。

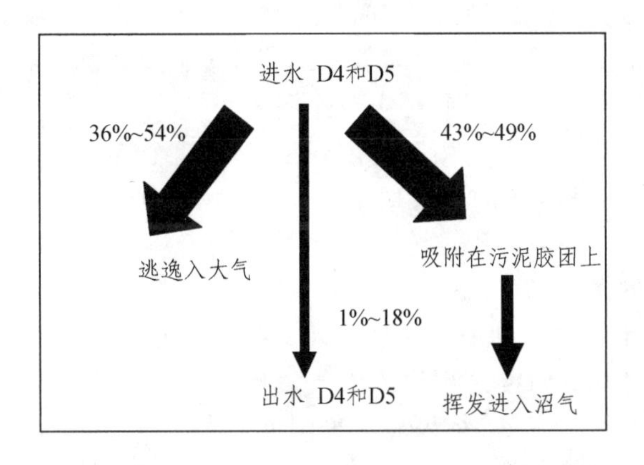

图 2.3.4 污水处理过程中硅氧烷在的去向

米勒经过模拟计算，得出每千克干泥含有 17 mg D4。马丁 1996 确定了污泥中 D3 ~ D6 的浓度。他们算出每千克初沉污泥中环状 VMS 含量达 290 μg，明显高于二沉污泥，后者含量仅 66.7 μg/L。这说明环状 VMS 在污水处理过程中逃逸入大气了。施罗德 1997 年确认了此点。他分析了污水厂范围内的空气样本，结果显示其中 VMS 含量达 200 μg/m^3。

克林格 2002 年试验分析了污泥中 L2 进入气相的特征，发现温度越高时，挥发越多。

2.3.3.3 硅氧烷的生物降解特性

格吕平[243]所做的试验显示，污泥中的 VMS 可部分生物降解。不过降解速度很慢，经过 100 d 才观察到降解迹象，仅有 3% 的 D4 降解为二甲基硅烷二醇（DMSD）。在一般厌氧消化中，污泥的停留时间是（20 ~ 30）d，因此可以假设，VMS 在此期间的降解可以忽略。

有人认为，VMS 是 PDMS 降解的产物，而且是到了污泥厌氧消化时才产生的，这是错误的。很大一部分 PDMS 和污水一起进入污水厂，其中 97%吸附在污泥上。可以假定，这些化合物在厌氧装置内不能生物降解或转化[244]，由于其挥发性小，也不会像 VMS 那样进入气相，而是留在污泥中，不发生改变。

2.3.4 大气土壤水域里的硅氧烷

2.3.4.1 空气中的 VMS

VMS 挥发到空气中以后，与硝基、臭氧或者羟基自由基反应，主要与羟基自由基反应。反应后，一组甲基被一组自由基代替[219]。与硝基及臭氧的反应速度要慢一个数量级，因此是次要作用。

如果假设大气中羟基自由基的浓度是 5×10^5 个/mL，挥发性甲基硅氧烷 L2、L3、L4、D4 和 D5 的半衰期是（6 ~ 16）d，则降解的生成物主要是硅烷醇，如三甲基硅烷醇，其蒸气压低于原始的 VMS，而且水溶性好得多[245]。

（1）美国的模拟结果。

1995 年，米勒等借助一个模型估计 D4 在大气中的浓度。他们假设 1989 年美国使用的 5 000 t D4 全部进入大气。模型仅考虑了 D4 在大气中与羟基的反应，半衰期是 15.9 d。结果显示美国近地大气中 D4 的浓度是 9.7 ng/m^3。

（2）德国的模拟结果。

施罗德检测到德国居民区空气样本中环状硅氧烷（D3 ~ D6）的总浓度为 17 $\mu g/m^3$ [246]。丹麦的环境空气中 D4、D5、D6 和 L2 的总浓度也达 2.4 $\mu g/m^3$ [247]。这些实测的浓度比米勒的模型结果高出 2 ~ 3 个数量级。

（3）人类呼吸与硅氧烷释放。

甚至试验人群呼出的空气样本中检测到的 D4 浓度基准值也达到（0.2 ~ 1.4）$\mu g/m^3$，而且女性浓度高于男性。瑞迪在呼出的空气样本中检测出 D5

浓度基准值为（1 ~ 2.5）μg/m^3 [248]。

2.3.4.2 土壤里的 VMS

XU 和 KENT 等人在后续研究中研究了土壤里环状 VMS 的降解和挥发。他们在封闭系统中，计算出 D4 的半衰期为几分钟到 4.5 d，而且在干燥条件下挥发和降解速度最快。湿度增加时 D4 的降解速度降低，同时挥发到空气里的比率轻微上升。VMS 中，分子量越大，降解率越低，因此，D4 降解速度大于 D5。同理，D5 降解速度大于 D6。他们同时发现，VMS 在风化土壤里的降解速度大于正常土壤[250]。

2.3.4.3 水底沉积物

肯特和豪布森基于污水厂出水浓度估计地表水 D4 的浓度为（10 ~ 68）ng/L，他们做了保守的假设：没有降解或者挥发、50%的 D4 在水中以溶解态存在且可以生物降解、在污水厂出水中 3 倍稀释[250, 251]。

在最不利情况下，他们算得水中沉积物中 D4 的浓度是（50 ~ 343）μg/kg。然而，试验显示，仅有一小部分（6.7%）溶解在水中的 D4 进入沉积物。因为水中 D4 浓度在 28 d 后降低了 95%，沉积物中的 D4 浓度减少同样的数量级。

2.3.5 沼气中硅氧烷的去除方法和成本

为了保护燃烧装置，一般要将沼气里的硅氧烷部分或全部去除，常用方法有活性炭吸附、低温吸收（常用的温度是 − 25 °C）。还有其他吸附方法，如硅胶、氧化铝、催化物质、生物滤床和气体透析吸附。在欧洲，典型的界限值是（5 ~ 6）mg/Nm^3 CH_4（表 2.3.1）。

2.3.5.1 活性炭吸附

活性炭几乎可以完全去除沼气中的硅氧烷，一般可将浓度降到 0.1 mg/Nm^3 以下。其他一些挥发性碳水化合物如 BTEX 也可以被吸附。如果处理的是垃圾场沼气，则活性炭很快饱和，因为不仅硅氧烷，其他很多挥发性碳水化合物也被吸附。因此，往往在前端设置一个干燥工段（如 5 度凝结），可将大部分亲水性痕量物质去除。这类设备中，活性炭一般不再生，因此设备的主要运行成本是更换活性炭。当然，也有的吸附系统再生活性炭。采用特殊活性炭，并结合干燥工艺，可去除 99% 以上的硅氧烷。实践中一般用双层填料塔吸收，如图 2.3.5 所示。有时也用更廉价一些的材料，例如一层可可果壳、一层烟煤。

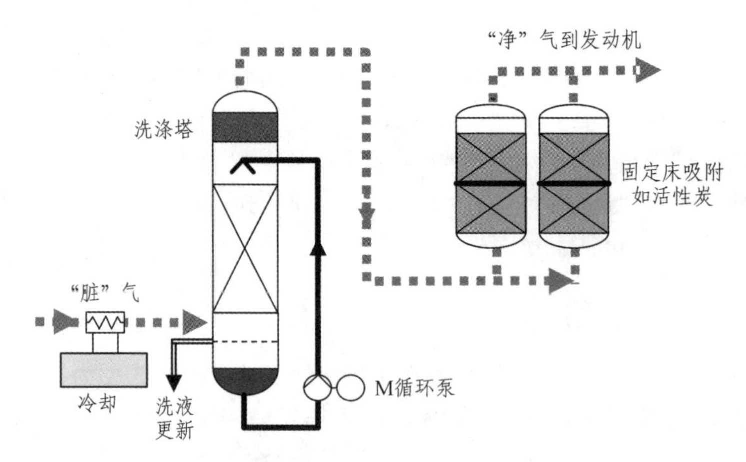

图 2.3.5 洗涤塔和吸收塔组合去除硅氧烷示意图

2.3.5.2 洗涤法

有人研究了大量洗涤剂，用以吸收沼气中的硅氧烷。用化学方法将其分子摧毁，原则上是在低的或者高的 pH 值范围内。因为碱性洗涤剂和沼气中的二氧化碳相遇后产生碳酸盐，实践中一般不用，而仅用酸性洗涤剂。酸的强度和高温均对吸收有促进作用。用强酸吸收是可行的，只是有一定程度的安全问题。物理吸收方法主要是用水、有机溶剂和矿物油。硅氧烷一般是憎水性的，因此用水作用不大。根据经验，用矿物油洗涤效果有限，反而会因为油雾进入发动机引发其他问题。

2.3.5.3 低温吸附

低温吸收的效率取决于温度。冷却沼气，可去除 30% ~ 60% 硅氧烷。按照热泵原理极端冷却沼气，可去除 60% ~ 80% 的硅氧烷。

另一方面，硅氧烷浓度越高，低温净化的效率越高。但是，具有轻度挥发性的六甲基二硅氧烷（L2），主要在垃圾场沼气中出现，即使在 – 40 °C 的温度下也不会析出多少。污泥沼气含有更多的 D4 和 D5，因此在用冷却方法降低硅的总浓度时，效率也高于垃圾场沼气。温度降低时，其他物质也冷凝出来，如水。由于酸性凝结物与原沼气接触，也会有一部分硅氧烷进入凝结物。在此原理上，德国实践中常用冷水洗涤去除部分硅氧烷。表 2.3.3 是德国实践中常用的 3 种方法比较。目前，实践中最常见的做法是将表中 1 号和 2 号工艺组合使用。图 2.3.6 是德国污泥系统的完整流程。

表 2.3.3　德国实践中常用的脱硅工艺

序号	工艺方法	优　点	缺　点
1	活性碳吸附	技术不复杂，运行简便	需要经常检查活性炭是否饱和，用过的炭需要处置
2	冷水洗涤	操作运行简便，无残留物	效率低，技术较复杂
3	碳氢化合物洗涤	效率高，对卤化物也有很好的去除效果	技术复杂，主要是监控和调节设备复杂；洗涤油处置费高

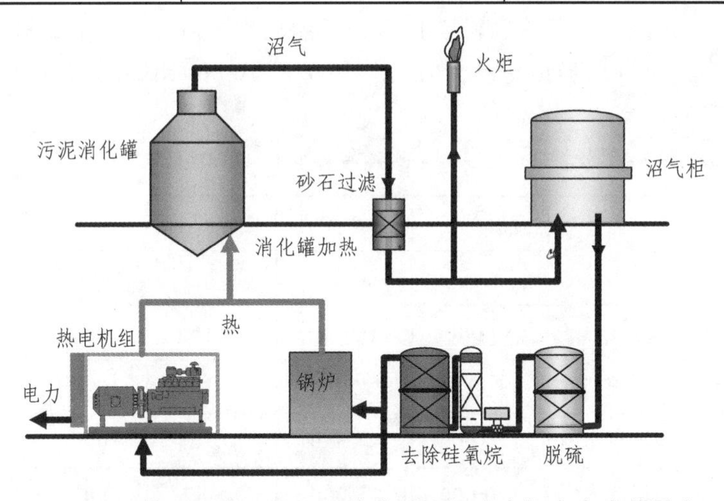

图 2.3.6　德国污水厂污泥系统典型流程（未标出富余热量）

2.3.5.4　去除硅氧烷的成本

去除硅氧烷的成本取决于处理量、处理工艺、硅氧烷种类和浓度、燃烧装置对沼气的品质要求等。表 2.3.4 是两个美国实例，均在垃圾填埋场。表中第 3 行第 2 列和第 3 列括号里的数字是换算出来的每立方米沼气的处理成本（假设沼气中甲烷含量为 50%，即每立方米沼气含能量 5 kW · h）。威莱斯认为，0.3 美分/(kW · h) 的处理成本可接受，而 1.5 美分/(kW · h) 过高，但是其对应的硅氧烷浓度（34 mg/m^3）却具有代表性[231]。由于这类设备目前国内没有生产，依赖进口，建造成本应当和美国可比。估计运行成本时，考虑到国内生活垃圾没有分类，污水和垃圾中各种 VMS 应当不低于美国的数值，这也会全体现在沼气中硅氧烷的浓度上。由此可以估计每立方米沼气脱除硅氧烷的成本。

表 2.3.4 美国两个脱硅装置建造和运行成本[231]

序号	1	2	3
		Calabasas	Waukesha
1	设备建造投资/（美元/kW）	85	82
2	设备入口硅氧烷浓度/（mg/m^3）	2	34
3	采用活性炭处理成本/ [美分/（kW·h），美分/Nm^3]	0.3（1.5）	1.5（7.5）

表 2.3.5 是统计了若干欧洲实例后，贝泽算出的脱除硅氧烷的费用[223]，其中用于污泥沼气脱硅的设备处理量按照每天 10 000 m^3 计算，而填埋场沼气则规模各异。

表 2.3.5 去除硅氧烷的成本[223]

脱硅方法	沼气种类	建设投资	运行费用	资本成本	运维费用	总成本
		欧元	欧元/a	欧分/m^3		
活性炭吸附	污泥气	50 000	16 000	0.16	0.33	0.50
石墨过滤	填埋气	1 200 00	227 000	0.19	0.16	0.35
树脂吸附	污泥气	125 000	24 500	0.26	0.40	0.70
	填埋气	420 000	75 000	0.067	0.033	0.10
冷凝和吸附	污泥气	250 000	75 000	0.80	1.61	2.50
冷却和吸附	填埋气	1 000 000	330 000	0.16	0.35	0.50

说明：污泥沼气脱硅设备系日处理 10 000 m^3，填埋沼气源于不同的处理规模。

目前，世界上最大的沼气脱硅设备位于法国克雷-素以丽（Claye-Souilly）垃圾填埋场，处理沼气（标态）能力为（7 500 ~ 8 200）m^3/h，全自动运行。进出端硅氧烷浓度分别是 20 mg/m^3 和 0.03 mg/m^3，进口硫化氢浓度是 300 mg/m^3。净气提供给一座 10 000 kW 的涡轮发电机。设备投资 120 万欧元（图 2.3.7）。

图 2.3.7 法国克雷-素以丽垃圾填埋场的沼气脱硅设备[219]

欧洲另一个例子是处理沼气能力为 50 m^3/h 的小型装置，设备价格为 15 000 欧元，处理成本为 0.7 欧分/m^3。处理能力为（50 ~ 4 200）m^3/h 的脱硅设备单方投资在（167 ~ 430）欧元/（$m^3 \cdot d^{-1}$）之间，每年运行成本为（2 700 ~ 27 000）欧元[227]。

2.3.6 试验研究——硅氧烷和沼气中的色度物质

2.3.6.1 试验一简介

为了分析南方某地区污泥的产沼特性以及沼气中的痕量物质，我们制作了两个相同的试验用厌氧消化罐，编号分别是 1 号和 2 号（图 2.3.8）。每个罐子的总容积为 500 L，有效容积为 400 L。1 号罐是试验罐，投加的污泥为混合泥，系超声波击破的污泥与普通泥混合而成。超声处理能量输入为（3 ~ 8）W · h/L，击破率为 3% ~ 5%，投配比一般为 30%，试验期间短时间测试过投配比为 50% 和 70% 的情况。2 号罐是对照罐，投加的污泥全部是普通泥。两罐位于污泥浓缩池旁边，所用污泥取自该浓缩池，浓度为 5%。该厂没有初沉池，因此污泥均系二沉池污泥。试验周期为半年，所用超声波设备系德国产，功率为 1 kW，可连续或者间歇工作。两罐所产沼气经过水封和气表后外排，水封用自来水。

试验期间观察记录的内容包括进泥量、产气量、水封色度物质积累（溶解）情况、消化污泥性状等。

试验结果表明，2 号水封的颜色与日递增，试验开始后两个月，其颜色变成了茶色（图 2.3.9 中远处的水封瓶），说明硅氧烷和色度物质在其中积累较多。这种颜色说明沼气中硅氧烷 D3 的比例可能相对较高，因为这基本是

D3 的本色。根据前文所述，污泥沼气中的硅氧烷以 D4 和 D5 居多，D3 量很少。这里显示出来的颜色说明 D3 浓度已经够高，因此意味着硅氧烷总量很高。浓度高的主要原因之一是该污水厂不设初沉池，而初沉池可以拦截 90% 的硅氧烷。初沉池缺失使大量硅氧烷长驱直入，一半左右在工艺流程中耗散（图 2.3.4），其余进入剩余污泥，而试验装置就紧挨着污泥浓缩池，随取随用，硅氧烷没有时间进一步耗散。经过消化后，沼气中 D3、D4、D5 等浓度很高。因为 D4 和 D5 无色，D3 微黄，就使得水封（溶液）呈茶色。有关量化分析将另文探讨。另外，可能的色度物质是邻苯二甲酸二丁酯、癸二酸二乙基己基酯，其颜色呈很浅的黄色。因此，图 2.3.9 同时也说明，其他类型的硅氧烷基本没有与杂质形成互相吸附或者吸附较少发生，原因可能是沼气中杂质较少，也可能是杂质的种类“不匹配”，硅氧烷无法与之互相吸附产生新的光学特性，宏观上，使 D3 占优势。具体是哪一种情况，以及硫化氢的影响，需要在后续研究中进一步澄清。

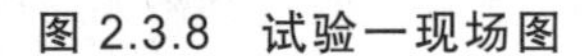
图 2.3.8　试验一现场图

图 2.3.9　试验一中水封的颜色

2.3.6.2　试验二简介

为了分析北方某地区污泥的产沼特性以及沼气中的痕量物质，制作了另外两个相同的厌氧消化罐，编号分别是 1 号和 2 号（图 2.3.10）。每个罐子的有效容积是 200 L。和试验一一样，1 号罐是试验罐，投加的污泥为 40% 超声波破解的污泥和 60% 的普通泥。2 号罐是对照罐，投加的污泥全部是普通泥。超声波破解的泥系将普通泥在超声波反应器里处理设定的时间，输入能量为（3 ~ 8）W · h/L，击破率为 3% ~ 5%。两罐所用污泥相同，均系二沉池污泥，不含初沉污泥，浓度为 2%。污泥进入试验罐前加温至 37 °C。两罐所产沼气经过水封和气表后外排，水封用自来水。

图 2.3.10 试验二所用厌氧消化罐

每天每个罐投加 10 L 泥。试验从 2011 年 6 月到 2012 年 8 月，所用超声波设备系德国产，功率为 1 kW，可连续或者间歇工作。

试验期间观察记录的内容包括进泥量、产气量、水封色度物质积累（溶解）情况、消化污泥性状等。

图 2.3.11 是试验某个期间 2 号水封在换水之后 0 d、14 d 和 60 d 的照片。水封的颜色随着时间越来越深，显示溶入其中的色度物质不断积累。经气相色谱分析，确定其中至少含有下列物质：环已醇；1-硝基庚烷；四甲基尿素；氯苯；2-乙基已醇；四甲基丁基腈；二甲基酚；α 甲基苯甲醇；苯乙醇；α，α-二甲基苯甲醇；亚甲基茚；1,2-苯异噻唑；1,1-二乙氧基戊烷；1-溴-2-氯甲基苯；1-溴-（3，4）-氯甲基苯；异苯呋喃酮；邻苯二甲酸二甲酯；2,6-（1,1-二甲基乙基）-4-甲基酚；邻苯二甲酸二丁酯；癸二酸二乙基已基酯。除了最后两种物质，其余均系无色，而最后两种物质通常显微黄色。

（a）2 号水封刚换了密封水（换水后 0 d）

（b）换水后 14 d

（c）换水后 60 d

图 2.3.11　2 号水封颜色变化

但是，水封（溶液）并未像试验一那样呈现茶色（图 2.3.9），而是暗红色。这说明色度物质中，D3 已不占优势，预示着沼气中硅氧烷整体浓度低于试验一。原因之一和污泥产生的过程有关。本试验地点远离污水厂，所用的污泥有个特点：污泥在污水厂脱水后运至试验现场，现场重新稀释加温后进行超声破解以及厌氧消化，中间经过 24 h 左右。由此可以判断硅氧烷的路径和去向大致是：各种来源的硅氧烷进入污水厂后，一部分挥发进入大气，另一部分进入污泥（约 43%～49%，图 2.3.4）。在脱水、装车、运输、卸车、稀释和加温过程中，硅氧烷继续耗散一部分，污泥中的硅氧烷进一步减少，因此无论其初始值如何，此刻其浓度可能明显低于试验一的情况。在厌氧消化罐内，一部分硅氧烷挥发进入沼气，沼气经过水封时，一部分硅氧烷重新溶入水中。溶入水中的硅氧烷又分成两部分：一部分维持溶解状态，没有发生化学反应，应当使水封呈微黄色，但是因为硅氧烷成分 D3 浓度低，微黄色被遮掩；另一部分与其它物质结团或者吸附，呈现新的光学特点，如图 2.3.11（b）和 2.3.11（c）表现出暗红色。表 2.3.2 中的硅氧烷，除了 D3 可呈微黄色，其余无色。硅氧烷一般不与其他物质发生化学反应，但是不排除它们与消化罐内的其他物质互相吸附[224]，体现出另一种光学特性。详细情况以及硫化氢的影响将另文探讨。

上述试验中，限于方法、器材和硅氧烷的浓度，目前无法得到精确量化数据。硅氧烷的检测，目前没有国际公认的标准方法，国内尚属空白，这是最大的难处。不过，即使在发达国家，也只有专业实验室才能检测某些硅氧烷，而且所用的方法五花八门，原因在于硅氧烷取样和检测很容易受其他有害成分的影响，很多常规的取样和分析方法在这里不适用。许多排放源要进行长期分析才能下结论。也因为如此，实践中出现了一些间接方法[228]。目前仅能用间接方法分析。

2.3.7 超声波对沼气中硅氧烷的降低作用

2.3.7.1 超声波破解污泥的原理

进入 21 世纪以后，超声波在污泥破解领域中的应用日益广泛，常见的用途包括强化厌氧消化、增加反硝化碳源、消除膨胀污泥和污泥减量，德国水协以及全球水务情报组织将超声波列为常见的工程方法[252-254]。

超声波是指频率从 20 kHz 到 10 MHz 这个波段范围内的声波。不同波段的超声波在污泥中可以产生不同的作用。超声波在低频范围内（20 ~ 100）kHz 尤其适合处理污泥。低频超声作用下的污泥不断被压缩和膨胀，内部可产生共振微气泡，且不断成长。随着超声波作用时间的增长，在微观环境里微气泡渐渐长大。当长到一定极限时，最终共振“内爆”（implosion），内部产生超高温（5 000 °C）、超高压（500 MPa），同时产生强大的水力剪切力，实现对污泥絮体结构与污泥中微生物细胞壁的巨大破坏。其作用原理和大洋底岩塌陷引发的海啸类似，即使像苯环这样的稳定结构一旦落入其影响范围也被摧毁。超声波污泥破解设备就是利用了这个原理，体现 4 个作用：第一，制造局部高温和高压；第二，摧毁稳定物质，改善其可生化性；第三，击破污泥中好氧微生物细胞壁，释放出细胞质和催化酶；第四，破坏污泥絮体结构，使混合液中各种物质的粒径变小，这样为好氧或厌氧反应提供了有利的条件，促进反应速度的提高[255]。

2.3.7.2 超声波对沼气品质的影响

就厌氧消化而言，上述 4 个作用带来的宏观效果不仅是沼气产量以及甲烷含量的增加[256, 257]，而且在本试验中还伴随着沼气中色度物质的减少。图 2.3.9 中，靠近镜头的水封瓶是第二组试验里 1 号试验罐的（即投加了部分超声波处理过的污泥），同一时期内经历的沼气量比 2 号水封多 50% 以上[256]，但是色度物质明显少于 1 号水封。图 2.3.12 是试验二中同一时期内 1 号水封和 2 号水封的对比，情况完全一样。

（a）1 号水封换水 60 d 颜色

（b）2 号水封换水 60 d 颜色

图 2.3.12 试验二 水封颜色对比

对于这种现象形成的机理，目前还在探讨中。可认为至少以下因素在起作用：

（1）超声波破解污泥的过程中，局部高温高压和强搅拌作用加剧了硅氧烷以及其他色度物质向空气中挥发。

（2）被破解的微生物细胞释放的催化酶加强了色度物质的降解和转化。

（3）菌胶团被打散、介质粒径变小[252]，有色硅氧烷和其他色度物质不容易找到吸附目标。

2.3.8 结 论

（1）现代生产生活方式不可避免地使硅氧烷进入污水污泥系统和固废处置设施，因而硅氧烷必然出现在沼气里，其浓度取决于废水、固废和环境特点。

（2）过量的硅氧烷会增加沼气设备的运行维护成本，甚至颠覆其经济性。有的设备（如微涡）对硅氧烷极其敏感。

（3）本节试验所用污泥仅含剩余污泥，结果表明，即使经过污水管网系统和污水厂处理过程中的耗散，剩余污泥里仍残留一定数量的硅氧烷，并在消化过程中进入沼气，体现在水封色度物质里。如果初沉污泥一起参与厌氧消化，可以预期，沼气中硅氧烷浓度会更高。

（4）欧美经验表明，沼气利用设备对硅氧烷的敏感程度远高于硫化氢，必须从技术和管理两个方面的措施入手防止硅氧烷危害设备。粗放管理会使硅氧烷成为发动机“木马”，从而制约沼气技术的发展。

（5）上条制约作用在国内某种程度上也存在，因此宜将硅氧烷指标纳入沼气品质标准。

（6）欧美的污水厂大多设有初沉池，居民已实现日常生活垃圾分类，使进入污水和填埋场的硅氧烷及其前体大大减少。即使如此，调查显示大多数沼气中的硅氧烷浓度仍然在 6 mg/Nm^3 以上，高于德国等国的行业标准限值，必须脱硅；而对于微涡，则全部需要脱硅。

（7）超声波对沼气中的色度物质（包括某些硅氧烷）有明显的降低作用，但是机理尚需进一步探讨。

2.4 德国污水厂减排设计实例

德国是一个重视环境保护的国家，通过实施《可再生能源法》引导整个社会逐步减少对化石燃料的依赖。法律环境加上技术创新，使用污泥生产再生碳源和能源变得经济上很有吸引力。在国内，张辰等研究了污水处理中考虑节能减排的几个方面和因素[257]。本节介绍几个德国的工程实例，主要涉及污水处理中的生物脱氮环节和污泥处置。难得的是，通过使用污泥强化厌氧消化技术，巴姆堡污水厂（日处理污水 9 万立方米）已经实现了能源完全自给[206]，这是欧洲第一例。

2.4.1 生物脱氮中的物耗能耗

2.4.1.1 生物脱氮的原理

城市污水携带的氮元素主要存在于蛋白质和尿素中。生物脱氮是目前成本最低的脱氮方法。从氨氮出发，该方法通常情况下要经过硝化和反硝化，涉及 3 个步骤，图 2.4.1 中虚框内的步骤是硝化反应，依靠硝化菌进行。反应分成两步，第一步消耗的氧占 3/4，第二步占 1/4。

硝化 1 g 氮需要 4.57 g 氧，实际上要少一些，因为微生物细胞增殖时消耗部分氨氮并提供一些氧（图 2.4.1）。根据乔巴诺格鲁斯等人的研究[258]，每硝化 1 g 氮，实际消耗 4.25 g 氧和 7.07 g 碳酸钙，形成 0.16 g 新的细胞。至此，硝化反应完成，随后进行的反硝化反应可看成是生物脱氮的最后一步。

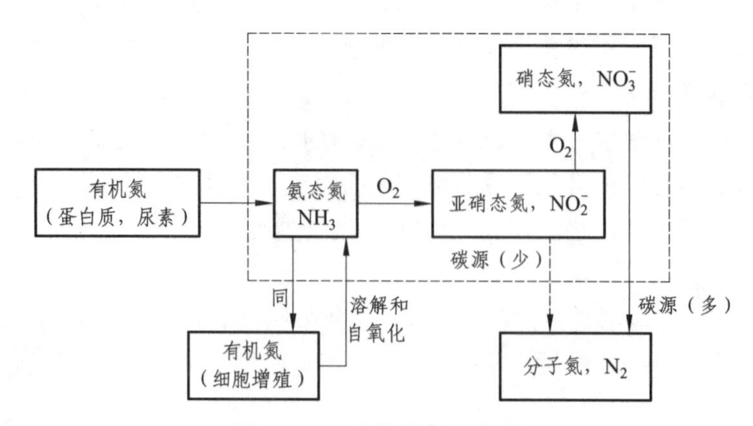

图 2.4.1 生物脱氮流程图

在进水携带的碳源充足的情况下，这些碳源除了为反硝化提供电子，还要保证好氧段去除 COD 所需的碳氮比，例如常见的 AO 工艺。

如果进水携带的碳源不足，则工程中采用外加碳源的方法，例如投加甲醇。甲醇投加在反硝化区。从节省动力角度考虑，往往采用 OA 工艺，省去内回流，如图 2.4.2 所示。投加甲醇后，通过反硝化反应，硝态氮被还原成分子氮离开水体，实现脱氮目的。为了保证反应的速度，一般过量投加 30% 左右的甲醇。德国市场上的甲醇一般来自天然气和煤化工，因此投加甲醇成为污水厂排放的主要因子。这些甲醇需要在好氧区生物降解，否则会形成新的 COD，影响出水水质。考虑到德国污水处理设施出水要按照污染物总量收费，排放权成本和排污收费是经营方的重要考虑因素，多余甲醇需要降解生成二氧化碳和水。降解 1 g 甲醇，需要 1.5 g 的氧，这些氧由风机提供（耗能点）。

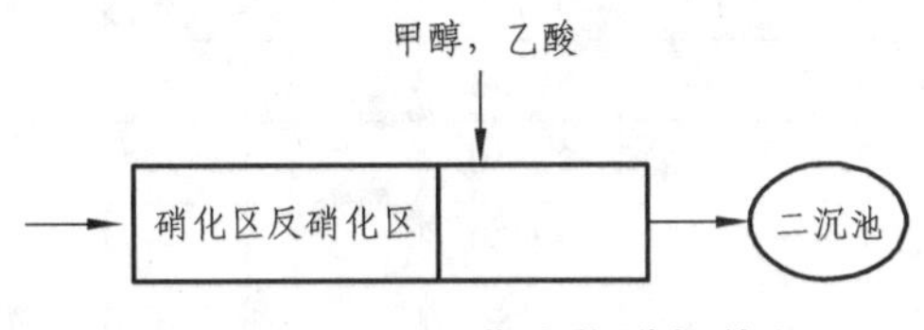

图 2.4.2 OA 工艺生物脱氮单元

2.4.1.2 污泥碳源

污泥经过分解和水解可以提供碳源，部分或全部代替甲醇。开发污泥碳源的方法有搅拌球磨机、高压均质器、高压喷射工艺、大功率电脉冲和超声波等工艺。污泥之所以可以提供碳源，在于其成分中含有微生物细胞和其他有机物，因此，在开发污泥碳源中主要涉及 6 个机理：

① 将微生物细胞击破，释放出细胞质，作为直接碳源；

② 被击破的微生物细胞同时释放出生物酶，它具有催化转化作用，使污泥中的非溶解态有机物转化为溶解态，成为转化碳源，供反硝化菌利用；

③ 上述生物酶可同时提高微生物活性；

④ 上述生物酶回流到生物池后，使物质转化提前进行，缩短了时间，提高了生物池的效率；

⑤ 有的方法（如超声波）可以将污泥菌胶团打碎，使其中包裹的可利用碳源得以释放；

⑥ 将污泥中部分难降解或不可降解物质转化为易降解物质。

能体现上述 6 个作用的污水厂之一是德国滨德污水厂[259]。该厂利用超声波对部分剩余污泥进行裂解后，取得了如下效果：① 出水总氮平均值从

9 mg/L 降到 6 mg/L；② 脱水污泥含水率下降 2%；③ 污泥产量减少 25%；④ 膨胀污泥从此不再发生。表 2.4.1 是该厂 2007 年前 3 个季度进出水质月平均值。

表 2.4.1 滨德污水厂 2007 年 1—9 月进出水质月平均值

1.1—9.30	进水/($mg\cdot L^{-1}$)				出水/($mg\cdot L^{-1}$)				
	BOD5	COD	总磷	氨氮	BOD5	COD	总磷	氨氮	总氮
1 月	78	185	3.43	16.60	6	20	1.10	0.46	6.65
2 月	68	186	3.33	14.25	5	18	0.95	0.46	5.89
3 月	103	282	3.13	20.00	2	17	0.80	0.43	5.19
4 月	153	391	6.00	26.75	3	20	0.89	0.35	7.05
5 月	168	379	6.82	30.40	3	26	0.67	0.31	5.24
6 月	233	630	10.84	30.50	3	18	0.60	0.32	5.67
7 月	105	257	4.73	22.20	3	16	0.75	0.25	6.34
8 月	145	271	4.38	24.00	3	20	0.66	1.39	6.27
9 月	177	384	5.61	31.50	3	20	0.71	0.27	7.22

2.4.1.3 生物脱氮中的“减排点”

（1）短程硝化-反硝化。

常规的生物脱氮需要将氨态氮氧化成硝态氮，走完一个完整的硝化-反硝化流程。其中的两个步骤存在“省略”的可能：

① 亚硝酸盐到硝酸盐的氧化，需要消耗 25% 的溶解氧；

② 硝酸盐到亚硝酸盐的还原，要消耗 40% 的碳源。

根据国内外相关研究，生物脱氮过程存在着“短程”硝化-反硝化：如果控制硝化工艺，在第一步完成后立即进入反硝化，则可以节省上述供氧量和碳源，即图 2.4.1 中的竖向虚线。这方面的研究还在进行中。

（2）利用污泥替代部分甲醇（或乙酸）。

甲醇是一种高效的碳源，是生物脱氮中常用的碳源，因此，生物脱氮中使用替代碳源就是直接减排。通常去除 1 g 氮元素要投加将近 3 g 的甲醇。考虑到溶解氧对甲醇的消耗以及维持反应速度，在此基础上还要过量投加。因此，生物脱氮中甲醇的消耗量是比较大的。由此还产生过量污泥等问题。

如果利用污泥作为碳源投加，则可以部分或完全替代甲醇，替代的程度取决于污泥的特性以及前文述及的 6 个机理。污泥本身是可再生资源，用来替代甲醇，不仅实现直接减排，而且通过使污泥减量实现间接减排，因为污泥减量意味着脱水、运输等环节的能耗节省。

2.4.2 污泥处置中的能源收支

2.4.2.1 厌氧消化

（1）厌氧消化的原理和技术现状。

厌氧消化是欧洲国家实现污泥稳定化的主要方式，除了法规要求之外，其经济、环保和减排效益是主要的因素。通过厌氧消化，污泥中的有机成分有一半以上被转化成沼气（图 2.4.3，图中 GV 和 GR 分别表示有机和无机成分）[260]，其余的是难降解有机物，和无机成分（GR）一起构成待处置污泥的固体。

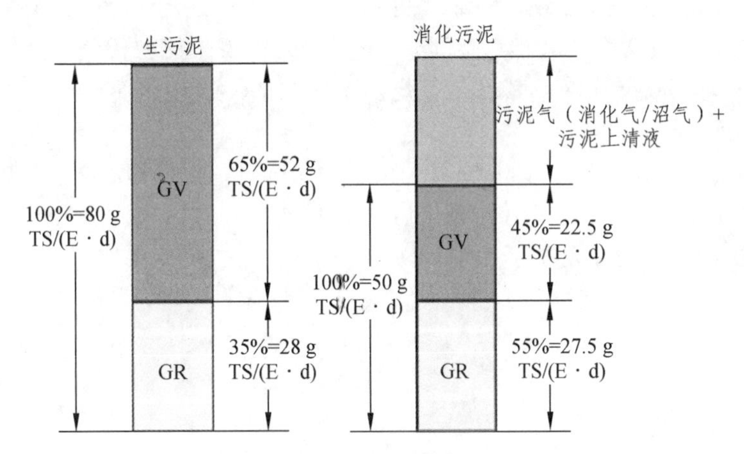

图 2.4.3　污泥厌氧消化前后有机成分的变化

注：TS/（E · d）表示每人每天排放干泥。

20 世纪 90 年代以来，尤其是进入 21 世纪以来，欧盟各国根据自身需要以及《京都议定书》要求制订了减排计划，使污泥厌氧消化设施的作用又上了一个台阶。这主要体现在两个方面：一是通过技术手段（如超声波设备）强化厌氧消化，使图 2.4.3 中右边柱状图的最上面部分（沼气）进一步增加，一般在图 2.4.3 基础上还可增加 30% 左右；二是“额外”投加废油脂、厨房垃圾、过期食品、屠宰场废弃物等，以增加沼气产量[261, 262]。这些生物质在厌氧降解后，产气率各不相同。和这些物质一同被转化成沼气的还有病原体等，因此，厌氧消化具有重要的环境卫生学意义。

（2）污泥厌氧消化的减排作用。

污泥中碳水化合物、蛋白质和脂肪 3 种成分在水解路径、水解周期和产气率上均有区别，其中碳水化合物水解路径最长，产气率最低，而油脂反之。上文提到的额外投加的生物质，其单位产气率远高于污泥，原因在于：污泥是污水处理的产物，其所含成分是较难降解的，易降解物质在污水处理过程中已经被降解。因此，在实践中，额外投加“废弃物”是一个很有效的措施。例如德国的阿伦斯堡污水厂投加了约 3% 体积的废油脂等，其电力自给率就从 30% 提高到 100%。

从能源收支上看，污泥厌氧消化的投入产出比是最好的，有净产出。投入的能源主要是进出泥、搅拌和控制系统等设备，而产出的沼气要高一两个数量级。同时还有一个重要的好处：经过厌氧消化的污泥，其脱水性能远优于未经消化的污泥，可轻易将泥饼的含水率做到 70%。和含水率 80% 的污泥比，其体积减小了 1/3，含水量减少了 40%。对于后续处理（如焚烧、干化）而言，节省能耗，减排效果明显。也就是说，如果将厌氧消化和焚烧及干化工艺组合，将有两个“减排点”：其一是获得的可再生能源沼气，沼气可提纯成天然气进入城市气网；其二是焚烧及干化中的一次燃料（天然气、煤等）的节省。

例如巴姆堡污水厂（Bamberg，图 2.4.4），该厂日处理城市污水 9 万立方米，所产污泥厌氧消化，沼气净化后发电发热。电力自用，热力用于消化罐保温和办公室供暖（夏季不用空调）。

图 2.4.4　巴姆堡污水厂

自 2004 年以来，该厂不断挖掘污泥产沼潜力，电力自给率逐年上升，截至 2011 年中期，已经完全实现自给（图 2.4.5）。

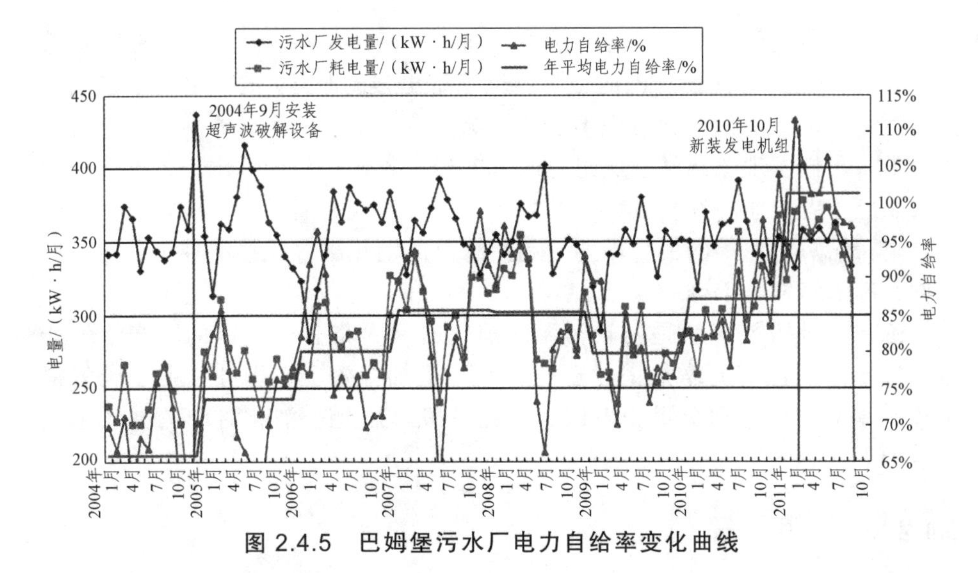

图 2.4.5 巴姆堡污水厂电力自给率变化曲线

（3）污泥厌氧消化设施的潜力。

如 2.1.2.1 所述，污泥厌氧消化要经过水解、产酸、产乙酸和产甲烷 4 个阶段（如果将产酸和产乙酸合并则成为 3 个阶段），其中水解是“瓶颈”因素，常规厌氧消化中，水解的时间一般为（12～14）d，一旦水解完成，随后的产酸等步骤就相对较快了。水解周期长的主要原因有两个：一是污泥中的好氧微生物细胞对厌氧环境具有抵抗能力；二是缺少催化剂来加速其他有机成分的水解。如果用适当的手段将剩余污泥裂解，将其中的好氧微生物细胞击破，则能够形成一个微生物环境。这样不但使其余好氧微生物很快失去对厌氧环境的抵抗能力，而且所释放的生物酶能够起催化作用，使有机成分很快完成水解。图 2.4.6 表示有机物产甲烷的过程，由图可见，有机物经过产酸和乙酸转化成甲烷是主要途径，而经过产氢和甲酸产甲烷的途径是次要的。因此，通过监控厌氧消化罐内的乙酸值来判断罐内的消化状态是科学的。

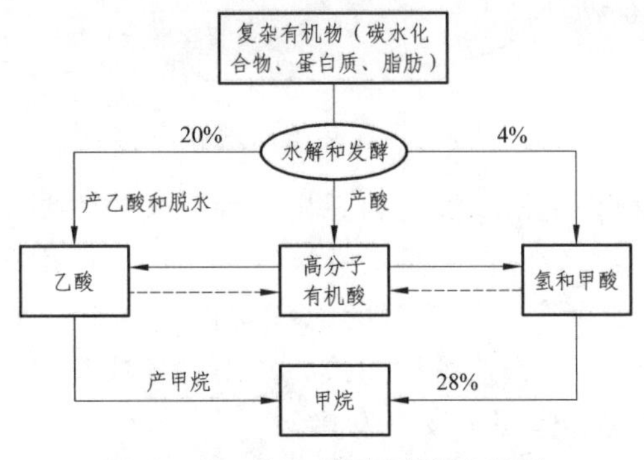

图 2.4.6 生物质产甲烷流程图

在挖掘污泥厌氧消化设施的潜力方面，有两个思路：其一利用超声波等突破水解“瓶颈”，使设施内的微生物环境有更多的时间产酸产甲烷；其二是投加生物质，在消化设施容积不变的情况下接纳更多的产沼原料。分析国外的例子，我们发现这两种方法组合的情况越来越多，例如德国，近些年出现了农业经营者向能源经营者转化的趋势，其方法就是通过超声波强化现有厌氧设施，缩短污泥等的消化周期，利用腾出的消化罐容积接纳种植养殖业废弃物，产沼气发电上网。

还有一种可能，就是延长污泥的消化时间，将其“残留的”产沼气能力发挥出来，这需要增加消化罐的容积，增加投资。在国外，由于厌氧消化整体水平高，这部分潜力有限，因此一般不用延长消化时间的方法来挖掘潜力。

2.4.2.2 污泥热解

（1）污泥热解的原理和产物。

污泥热解常用低温热解技术[263, 264]。所谓低温热解，就是利用热解鼓形成一个（450 ~ 500）°C 的无氧环境，使污泥的有机成分在其中裂解，复杂的有机物分子转化成简单分子，如甲烷、一氧化碳、二氧化碳、氢气、氨、芳香族、焦油等（图 2.4.7）。

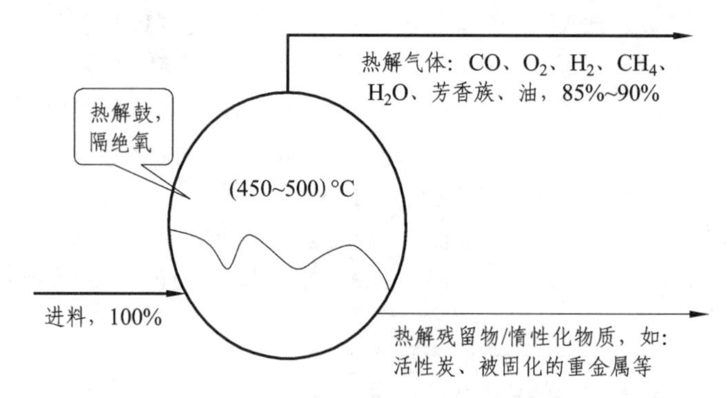

图 2.4.7　污泥热解原理和产物

污泥热解的产物有气相、液相和固相 3 种：气相主要是可燃气体；液相是废水；固相则主要是残渣，具备活性炭特性，因此可用在废水的深度处理中。目前，德国有十多个污泥热解的工程实例，其中一个项目位于布尔高（Burgau，图 2.4.8），由两条热解线组成，每小时各处理污泥和其他工业固废混合物 3 t。所产热解气体用于发电发热。

图 2.4.8 布尔高污泥热解厂

在热解设备中，有一个环节是成分转换，紧接在热解鼓后边，其作用是将气相物质中的焦油和芳香族等在 1 050 °C 的环境里裂解成短链分子，成为可燃成分。同时利用焦炭和气体中的二氧化碳反应，提升气体的燃烧值。由于热解在无氧环境里进行，不会形成二噁英等物质，即使有也会在 1 050 °C 的温度场里被分解。

（2）污泥热解的能耗。

适合热解的污泥，其含水率控制在 30%～35%，随后即可热解。热解产物中有可燃气体甲烷和一氧化碳等，属于可再生能源。和污泥焚烧工艺相比，如果热解燃气用来发电或者供应锅炉，其废气量只有焚烧工艺的 20%，而且没有二噁英。实践中，焚烧实际上要把污泥所含的所有水分蒸发掉，干化要把污泥含水率降到 10%，这都要通过耗能实现。根据传质定律，污泥含水率越低，其烘干效率就越低。因此，为了热解，把污泥含水率从 80% 左右降到 35% 所耗能量和焚烧或干化相比要低得多，并且获得了燃气，不但可以补偿部分干燥工艺的能耗，而且可期待 CDM 收益。

（3）热解对污泥中重金属的固化作用。

有重金属污染的污泥应当按照危险废弃物处置，费用一般很高。对于这类污泥，热解是一种很好的方法，可将重金属完全固化在固相残留物中（但是镉和汞除外），而且不溶于水和强酸。这样残留物就可以填埋或者用在道路建设中。

2.4.3 小 结

污水和污泥处理过程存在着很大的减排空间，主要潜力在于生物脱氮和污泥处置方式，厌氧消化是减排效果最好的污泥处置方式。随着低碳社会的建设以及我国对国际社会减排承诺的兑现，碳排放将进入污水厂的生产成本，而开发污泥碳源和再生能源将更多受到政策的鼓励和支持，这将放大污水厂减排措施带来的好处。德国同行的先行经验值得借鉴。

参考文献

[201] 毕舸. 污泥为何没处去[EB/OL]. [2005-01-20]. http：//www.sznews.com/.

[202] 佚名. 城市遭遇污泥之困　污泥的出路在哪儿? [EB/OL]. [2004-11-23]. http://www.ep.net.cn/cgi-bin/ut/forum.cgi.

[203] NEISUWE. Intensification of Biological and Chemical Processes by Ultrasound//Ultrasound Workshop of Technical University of Hamburg-Harburg，Sanitary Engineering 35. GFEU-Verlag，2003：79-90.

[204] NICKEL KLAUS. Was Können wir von der Schlammdesintegration mit Ultraschall Erwarten?//Ultraschall in der Umwelttechnik Ⅲ，Herausgegeben von Uwe Neis. Hamburger Berichte zur Siedlungswasserwirtschaft. TU Hamburg-Harbug，2005：123-138.

[205] KARL J. Thóme-Kozmiensky，Ulrich Loll，Recycling von Klärschlamm 1/2. Berlin：EF-Verlag，1987，1：145-153/1987，2：91-102.

[206] WOLFF H J. Intensivierung der anaeroben Schlammstabilisierung durch Ultraschalldes-integration//Symposium Ultraschall in der Umwelttechnik，03/04. TU Hamburg-Harburg，2005，3：161-172.

[207] KARL，KLAUS R. Imhoff，Taschenbuch der Stadtentwaesserung，29. Auflage，Seite 289，R. Oldenbourg Verlag Muenchen Wien，1999：270-290.

[208] MASON T J. Ultrasound in Environmental Protection—an Overview. Sanitary Engineering，1999，TU Hamburg-Harburg.

[209] 杨顺生. 超声波技术在污泥处理利用中的应用现状及前景预测. 四川环境，2006（1）.

[210] NICKEL K，NEIS U. Methods for Disintegration of Sewage Sludge. TU Hamburg-Harburg，2004.

[211] NICKEL，KLAUS. Intensivierung der Anaeroben Klärschlammstabilisierung durch Vorgeschalteten Zellaufschluss mittels Ultraschall. TU Hamburg-Harburg，2005.

[212] YOON，SEONG-HOON，LEE SANGHO. Critical Operational Parameters for zero Sludge Production in Biological Wastewater Treatment Plant Processes Combined with Sludge Disintegration. Water Research，2005（39）：3738-3754.

[213] 北京排水集团高碑店污水处理厂. 沼气热电联供情况介绍. 2003-04-02.

[214] ZENTRUM FÜR ENTSORGUNGSTECHNIK，KREISLAUFWIRTSCHAFT. Technologien zur Überschuss-schlammreduktion bei der biologischen Abwasserbehandlung, Hintergrundinformationen, Hattingen. Chip GmbH, 2005，1.

[215] MDE. Combined Heat and Power from Biogas. 2005：3.

[216] 王芬，季民，卢姗. 剩余污泥超声破解性能研究//排水委员会第四届第二次年会，2008，4.

[217] NICKEL，KLAUS，et al. Langjährige Erfahrungen auf deutschen Kläranlagen mit der Intensivierung der Schlammstabilisierung durch Ultraschall. Germany. Hennef：DWA Klärschlammtage，2009.

[218] KÖHLER，GMBH Z. Datenblatt. 1994.

[219] ARNOLD M. Reduction and Monitoring of Biogas Trace Compounds. VTT Technical Research Centre of Finland，Julkaisiija Utgivare Publisher，2009.

[220] SCHWEIGKOFLER M，NIESSNER R. Removal of Siloxanes in Biogas. Journal of Hazardous Materials，2001，9：183-196.

[221] PORTMANN M. Siloxane in der Umwelt und im Klärgas//Bericht，Baudirektion Kanton Zürich. Amt für Abfall，Wasser，Energie und Luft，2009，10.

[222] HÄUSLER T，SCHREIER M. Analyse Siliziumorganischer Verbindungen im Deponiegas sowie CO-Messungen zur Brandfrüherkennung. Stillegung und Nochsorge von Deponien，Verlag Abfall aktuell，2005，16：241-249.

[223] BEESE J. Betriebsoptimierung der Motorischen Gasverwertung durch

den Einsatz von Gasreinigungsanlagen, Siloxa Engineering AG. Presentation at Deponiegas, FH Trier Saska, 2007-01-10/11.

[224] DEWIL R, APPELS L, BAEYENS J. Energy Use of biogas Hampered by the Presence of Siloxanes. Energy conversion and Management, 2006, 47 (13-14): 1711-1722.

[225] SCHARRENBACH D. Siloxane im Abwasser, Teil 1: Herkunft und Bestimmung. gwa, 2009, 7: 581-582.

[226] SCHARRENBACH D. Siloxane im Abwasser, Teil 2: Messergebnisse und Kostenbeteiligung Industrieeinleiter. gwa, 2010, 1: 1-4.

[227] TOWER P. New Technology for Removal of Siloxanes in Digester Gas Results in Lower Maintenance Costs and Quality Benefits in Power Generation Equipment. Presentation at WEFTEC 2003, 78th Annual Technical Exhibition and Conference, October 11-15. 2003.

[228] ZAMORSKA-WOJDYLA D. Quality Evaluation of Biogas and Selected Methods of its Analysis. Ecological Chemical Engineering Science, 2012, 19 (1): 77-87.

[229] SOLAR TURBINES. Product Information Letter No. 176. Siloxanes in Fuel Gas, April, 2003.

[230] WHELESS, GARY. Siloxanes in Landfill Gas and Digester Gas. SWANA Landfill Gas Symposium, USA, March, 2002.

[231] WHELESS ED, PIERCE J. Siloxanes in Landfill and Digester Gas Update. SWANA 27th LFG conference, 2004.

[232] HAGA K, et al. Poisoning of SOFC anodes by various fuel impurities. Solid State Ionics, 2008, 179: 1427-1431.

[233] HORII Y, KANNAN K. Survey of Organosilicone Compounds, including Cyclic and Linear Siloxanes, in Personal-Care and Household Products. Archives of Environmental Contamination and Toxicology, 2008, 55 (4): 701-710.

[234] NORDISKA MINISTERRADET. Siloxanes in the Nordic Environment. TemaNord, 2005 (593): 93.

[235] 商务部公告 2005 年第 123 号 初级形态二甲基环体硅氧烷反倾销调查案终裁公告.

[236] USEPA. Siloxane D5 in Drycleaning Applications, Fact Sheet, Office of Pollution Prevention and Toxics (7404), 744-F-03-004, December, 2005.

[237] URBAN W, UNGERN C. Sorptionseinheit zur Entfernung organischer Siliziumverbindungen sowie Verwendung von hydrophobierten Kieselgel als selektives Sorbens. Patent WO2005EP11361A DE.

[238] ACCETOLA F, et al. Fate of Octamethylcyclotetrasiloxane (OMCTS) in the Atmosphere and in Sewage treatment Plants as an Estimation of Aquatic Exposure. Environmental Toxicology and Chemistry, 1995, 14 (10): 1657-1666.

[239] HIGGINS S. Solixane removal process. Patent No. US2006225571, 2006.

[240] MÜLLER J, et al. Fate of Octamethylcyclotetrasiloxane (OMCTS) in the Atmosphere and in Sewage treatment Plants as an Estimation of Aquatic Exposure. Environmental Toxicology and Chemistry, 1995, 14 (10): 1657-1666.

[241] MARTIN P, et al. Auswirkungen flüchtiger Siloxane in Abwasser und Klärgas auf Verbrennungsmotoren. Korrespondenz Abwasser, 1996, 43: 1574-1578.

[242] PARKER W, et al. Pilot Plant Study to Assess the Fate of Two Volatile Methyl Siloxane Compounds during Municipal Wastewater Treatment. Environmental Toxicology and Chemistry, 1999, 18 (2): 172-181.

[243] GRÜMPING R, HIRNER A. HPLC/ICP-OES determination of water-soluble silicone (PDMS) degradation products in leachates. Fresenius Journal of Analytical Chemistry. 1999, 361: 133-139.

[244] CHANDRA G. Organosilcon Materials, The Handbook of Environmental Chemistry. Heidelberg, Herlin: Springer Verlag, 1997.

[245] WHELAN M, et al. A modelling assessment of the atmospheric fate of volatile methyl siloxanes and their reaction products, Chemosphere, 2004, 57 (10): 1427-1437.

[246] SCHRÖDER H. Biochemisch schwer abbaubare organische Stoffe in abwässern und Oberflächenwässern. Vorkommen , Bedeutung und Elimination, RWTH Aachen, Institut für Siedlungswasserwirtschaft, 1997, 166.

[247] GREVE K, et al. Toxic effects of siloxanes: Group evaluation of D3, D4, D5, D6 and HMDS in order to set a health based quality criterion in ambient air. Toxicology Letters, 2008, 180: S67.

[248] REDDY M, et al. Modeling of Human Dermal Absorption of Octamethylcyclotetrasiloxane（D4）and Decamethylcyclopentasiloxane（D5）. Toxicological Science，2007，99（2）：422-431.

[249] XU S. Fate of Cyclic Methylsiloxanes in Soils 1：The Degradation Pathway. Environmental Science and Technology，1999，33（4）：603-608.

[250] KENT D，et al. Octamethylcyclotetrasiloxane in Aquatic Sediments：Toxicity and Risk Assessment. Ecotoxicology and Environmental Safety，1994，29（3）：372-389.

[251] HOBSON J，et al. Octamethylcyclotetrasiloxane（OMCTS），A Case Study：Summary and Aquatic Risk Assessment. Environmental Tocicology and Chemistry，1995，14（10）：1667-1673.

[252] ATV-Arbeitsgruppe 3.1.6，Verfahren und Anwendungsgebiete der mechanischen Klärschlammdesintegrayion，Arbeitsbericht，2000，Korrespondenz Abwasser 4/2000：570-576.

[253] Global Water Intelligence. Water Technology Markets 2010：Sludge treatment and disposal. 63-65

[254] PILLI S，et al. Ultrasonic pretreatment of sludge：A review. Ultrasonics Sonochemistry，2011（18）：1-18.

[255] 杨顺生，贾磊. 超声处理对污泥厌氧消化的影响：消化效率对比，四川环境，2007（3）.

[256] HERZBERG W. Schaumbekämpfung im Faulbehälter von Kläranlagen durch Ultraschalldesintegration, Erfahrungsbericht der Kläranlage Meldorf. Wasserverband Süderdithmarschen，Siebenbrückenweg，25704，Germany，Meldorf，2009.

[257] 张辰. 大型污水厂节能减排技术研究与综合示范. 水工业市场，2004（4）：8-9.

[258] TCHOBANOGLOUS G，et al. Wastewater Engineering：Treatment and Reuse. 4th ed. New York：Metcalf & Eddy Inc，McGraw-Hill，2003：617.

[259] Städtisches Entwässerungsamt Bünde. Kläranlage Bünde：Weitestgehende Stickstoffeliminierung und intensivierte Faulung. Broschüre，Bünde，2006.

[260] RWTH Aachen，ISA-Bericht. Bestandteile des Klärschlamms. Verlag RWTH Aachen，2001.

[261] Städtisches Entwässerungsamt Ahrensburg. Klärwerk Ahrensburg：Daten und Erfahrungen. Broschüren，Ahrensburg，2003.

[262] Technische Universität Hamburg-Harburg. Pressemitteilung：first net energy producer in europe-WWTP Bamberg in Germany. Hamburg，2011-10-20.

[263] PRUCKNER EWALD. Vortrag in Zhejiang Akademie für Umwelttechnik：Anwendung der Pyrolysetechnologie bei Schlammentsorgung. Hangzhou，2009-10.

[264] 杨顺生等. 污泥低温热解技术在德国的应用实践. 四川环境，2010（6）：62-65.

3 垃圾热工艺处理中的生态考量与飞灰

3.1 德国不同垃圾热处理工艺的生态核算分析

3.1.1 垃圾处理处置涉及的生态核算内容

20 世纪后半叶，垃圾填埋在德国仍然是垃圾处理的主要方式之一，然而实践表明，填埋场后续运行成本很高，包括风场后的渗滤液处理。因此，德国立法禁止垃圾填埋，而必须焚烧。此法自 2005 年起生效，德国的垃圾焚烧装置在那前后有一个长足发展。表 3.1.1 列出了德国垃圾焚烧设施数量以及总焚烧能力情况[301]。

表 3.1.1　德国垃圾焚烧厂数量和焚烧能力变化情况

年份	焚烧厂个数	年焚烧量/(1 000 t · a^{-1})
1965	7	718
1970	24	2.829
1975	33	4.582
1980	42	6.343
1985	46	7.877
1990	48	9.200
1995	52	10.870
2000	61	13.999
2005	66	16.900
2007	72	17.800

数据来源：德国联邦环保局（UBA）。

在垃圾焚烧厂，本书第 1 章第 1.2 节（生态核算的主要内容）所列的生态核算内容均涉及，而重点是表 3.1.2 所列内容[301]。

表 3.1.2 德国大气质量要求及焚烧设施排放情况

排放物质	大气污染物排放规程要求	30 万千瓦以上燃烧装置污染物排放规程	垃圾焚烧污染物排放法规要求	垃圾焚烧排放实际排放浓度
有机碳	50	—	10	1
一氧化碳	—	200	50	10
氯化氢	30	- nicht relevant	10	1
氟化氢	3	- nicht relevant	1	0.1
二氧化硫	350	200	50	1.5
二氧化氮	350	200	200	60
烟　尘	20	20	10	1
二噁英	0.1 ng TE	—	0.1 ng TE	0.005 ng TE
冶金设施二噁英	0.4 ng TE	—	—	—

注：表中单位除单独列出者外，其余均为 mg/Nm^3。

3.1.2 焚烧、电厂及水泥厂协同焚烧

3.1.2.1 法规要求

2003 年生效的《德国大气防护条例》（第 17 版）改变了垃圾协同焚烧处理的法律基础，尤其是重金属指标按照排放总量考虑。另外，开发垃圾中有用物质的技术也逐渐成熟，基于垃圾衍生燃料的“全国二次能源联合会”应运而生。有关垃圾在水泥厂电厂等协同处理的制度也已出台，这些文件是多方参与的成果，它们对垃圾以及二次能源的品值提出了要求。所有这些工作的目标就是确保垃圾协同焚烧可行无害。不过某个协同焚烧工艺是否无害，要在考察了广泛的生态影响后才可以判断。

如果垃圾的热值足够，那么对比不同热处理工艺的生态影响就是有意义的，这样就可以量化分析单纯或者协同焚烧的生态影响。现有的生态核算方法可作为标准方法用在这里，涉及以下问题：

① 各种热处理工艺对环境的正面和负面影响得以透明化；

② 澄清一个问题，即水泥厂电厂协同焚烧从生态学上看是否与单独垃圾焚烧厂等价；

③ 分析哪些量对生态影响有什么样的副作用；

④ 与现有生态核算的数据库“良性互动”，补充其漏洞。

3.1.2.2 垃圾种类

适合热工艺处理的垃圾包括下列几种：

① 生活垃圾；

② 与生活垃圾类似的混合垃圾；

③ 建筑垃圾残留物；

④ 其他有热值的固废。

3.1.2.3 垃圾特征

通常的生活垃圾包括纸、有机物、包装材料、塑料等，相关规程（INFA）对其成分有说明。表 3.1.3 是德国垃圾成分的计算值，分为“有害物质多”和“有害物质少”两种情况，但不代表“最不利”或者“最有利”，它们仅仅是基于一些样本分析得出的[302]。

表 3.1.3 德国垃圾成分

垃圾成分	单位	平均值	有害物质低位	有害物质高位
水	%	32.6	32.7	29.3
灰分		25.3	23.2	27.1
化石碳		9.0	7.6	12.7
再生碳		13.3	14.6	11.3
氢		4.1	4.0	4.4
氧		14.1	14.8	12.8
氮		0.9	0.9	1.0
氯		0.45	0.35	1.04
硫		0.19	0.16	0.22
镉	mg/kg	7.6	4.9	18.4
铊		0.37	0.32	0.61
汞		0.14	0.1	0.27
锑		9.8	9.0	11.5
砷		3.0	2.7	3.5
铅		197	169	295
铬		225.9	160.5	533.5
钴		3.5	2.8	6.3
铜		1 019	905	1 445
锰		326	277	361
镍		91.4	82.2	125
钒		15.0	14.2	17.6
锡		33.2	28.0	51.0
热值	MJ/kg	9.4	9.1	9.65

以德国北威州为例，利用热工艺处理垃圾的设施包括16个焚烧厂、9个电厂（岩煤和褐煤电厂均有）和10个水泥厂。除了热工艺，还有预处理设施，共有6个，其中有2005年以后投运的。另外还有衍生燃料成品制备设备。

垃圾处置系统涉及的环节多，如收集、运输、分配等，要分析其生态影响和经营性等，进行系统考察是必要的，比较好的方法是进行生态核算，因为这是目前唯一系统评价环境影响的方法，其原则已经实现标准化，体现在ISO14010里。生态核算还是一个评价工具，其结果或多或少受主观因素影响，因此不是无懈可击的。不过，许多研究报告已经证明了生态核算在决策支持中的可用性。

热工艺处理垃圾首先是利用其能量，不同工艺的效率不同，所替代的一次能源也不同（燃料、电力、远程供热等）。如果要比较其环境影响，就必须创造一个比较平台，即等价体系，该体系的意义和应用如下：

（1）如果一种垃圾在燃煤电厂或者水泥厂协同焚烧，所需燃煤量会减少，其环境负荷也降低。

（2）对垃圾焚烧厂而言，不存在标准燃料替代的问题，过剩电力上网。垃圾热电厂的情况，远程供热亦通向消费者。

除了能源利用外，如果还有材料可回收，也要考虑。这一点主要适合灰分高的垃圾用于水泥生产过程。对于干式燃烧的岩煤电厂，袋式除尘的产物也可用于水泥生产。其他材料成分如果能减少一次原料的供用，亦应考虑，从而对生态核算的结果产生影响（如钢渣用作骨料）。

3.1.3　关于生态影响估算及结果分析

生态核算的步骤之一是生态影响分类，是物料核算信息的前置步骤，并使评估更加明了。将物料核算数字赋给相关类别矩阵后，后续工作的结构成分为：来自物料核算的数据种类就建立在少数几种影响类别上，在类别矩阵赋值后，可以确定单个参数的影响。一般情况下，只能估算影响潜力，影响潜力是指一种物质对环境产生负面影响的程度。不过大多情况下，不能通过系统因果分析手段导出生态核算结果。单个参数的贡献率在“影响特征化”这一步通过“影响等代值”确定，即把一种物质用等代的另一种物质表示出来，例如甲烷的温室效应用二氧化碳表达。有的影响种类可以产生聚集效应。各物料核算值进入评价后，所用的影响指标见表3.1.4。

表 3.1.4 德国居民生态核算指标类别[303]

指标		人均年贡献		数据来源	生态影响
温室效应		kg CO_2	11 823	(a)	很大
夏季雾霾、近地臭氧		kg NcPOCP	13.13	(a)	中
富营养化，陆域		kg PO_4	5.22	(a)	大
酸雨		kg SO_2	40.8	(a)	大
对人类的毒性	致癌潜力（空气）	g As	4.8	(c)	很大
	颗粒（PM10）	kg PM10	9.25	(c)	大
	水银（空气）	g	0.35	(b)	大
资源消耗	化石能源	MJ	146 249	(a)	中
	消耗填埋场库容	m_3	1.45	(c)	小

（a）UBA-Daten zur Umwelt 2000 für das Jahr 2000（2000 年环境数字）；
（b）UBA-Daten zur Umwelt 1997 bzw. 1996（1996/1997 年环境数字）；
（c）Berechnung des ifeu，weitgehend auf Basis von UBA-Daten zur Umwelt 1997（能源与环境所的计算：基本基于 1997 年的环境数字）。
UBA：Umweltbundesamt，德国联邦环保局

随之进行的分析步骤即回答哪种利用方式环境友好程度最高的问题，考虑进出系统物料清单，使利用系统的环境影响最小化，评价有害物质富集，并得出结论、提出建议。在此过程中要考虑参数规律的敏感性和可能的误差。

标准 DIN EN ISO 14043 中将生态核算的最后一步“分析”分成三个主要部分：

① 重要参数识别；

② 通过参数的完整性、敏感性、一致性分析等对其评判；

③ 结论、建议、报告书。

分析的目的是构建物料核算和影响结算结果形式，以及确定重要参数。选用哪种方法没有硬性规定，只要与目标一致就行。标准中指出分多个途径。根据德国联邦环境保护局的研究报告，没有统一的核算方法。

判定某种垃圾处理方法是否有更好的环境友好潜值或品值，可分两步对其影响指标进行分析。首先按照 ISO 14042 对其特征进行标准化，即其环境影响对整个现有环境负荷的加重程度。随后按照其生态影响大小排序，也可按照“与环境保护目标”距离的远近排序。这是联邦环保局建议的方法，其

目的是追求“基于论据的评价”，而不是所谓的打分体系的计算值（如“生态指标法”或“瑞士生态计分法”）。论据涉及以下方面：

（1）不同场景下环境影响贡献率，即不同工况相对于全国总排放量的贡献率，一般用“居民平均贡献值”衡量（表 3.1.4）。

（2）生态危害。单个评判指标、民众敏感性或者某项政策对生态系统的意义。

（3）与环境保护目标的距离，环境现状与政策及规划确定的目标之间的差异，包括环境质量及减排目标等。

上述后两项内容也可统一称为“生态意义”，这样对每一类别的环境影响均可按照标准（DIN RN ISO14042）中 6.3 节为其定位。

3.2 焚烧工艺处理垃圾的模型

3.2.1 不同热工艺的生态影响特征

对不同工艺进行生态影响比较，目的就是回答一些问题，即：某种垃圾单独焚烧时是否比协同焚烧（图 3.2.1、图 3.2.2）[302]对环境更有利或者相反？要作回答，必须知道一系列基本原则，其中包括：垃圾的成分特征必须明确。一般取“中等”垃圾分析其组成，然后再分析其指标波动的范围，每种情况下都能找到最优工艺。

由于检测技术的限制，可用的测量结果实际上是在变化着的边界条件下获得的，不能互相直接比较。因此，需要建立模型，将经验基础上对个案的分析加以拓展和推广。监测记录对这类模型至关重要，提供的是基本信息。同时重要的是对工艺的适用性进行分析。因此有必要建立“通用”模型，其特点是灵活运用不同的边界条件（主要是输入物料的组成）。

根据进料的成分可以计算燃烧过程，由此建立热工艺模型，有害物质排放、废气量等均在考虑之列，然后勾画物质流和能量流图。

原则上对所有的燃烧设备均进行这个分析过程，由此可以推导出某套设备运行的支出、排放、能耗等。实际上因成分波动等，这个过程要进行一些简化。不过一定要解释清楚，这种简化以及实际情况与此不符时其生态影响有多大，只有这样才能避免“太通用化，太泛化”。

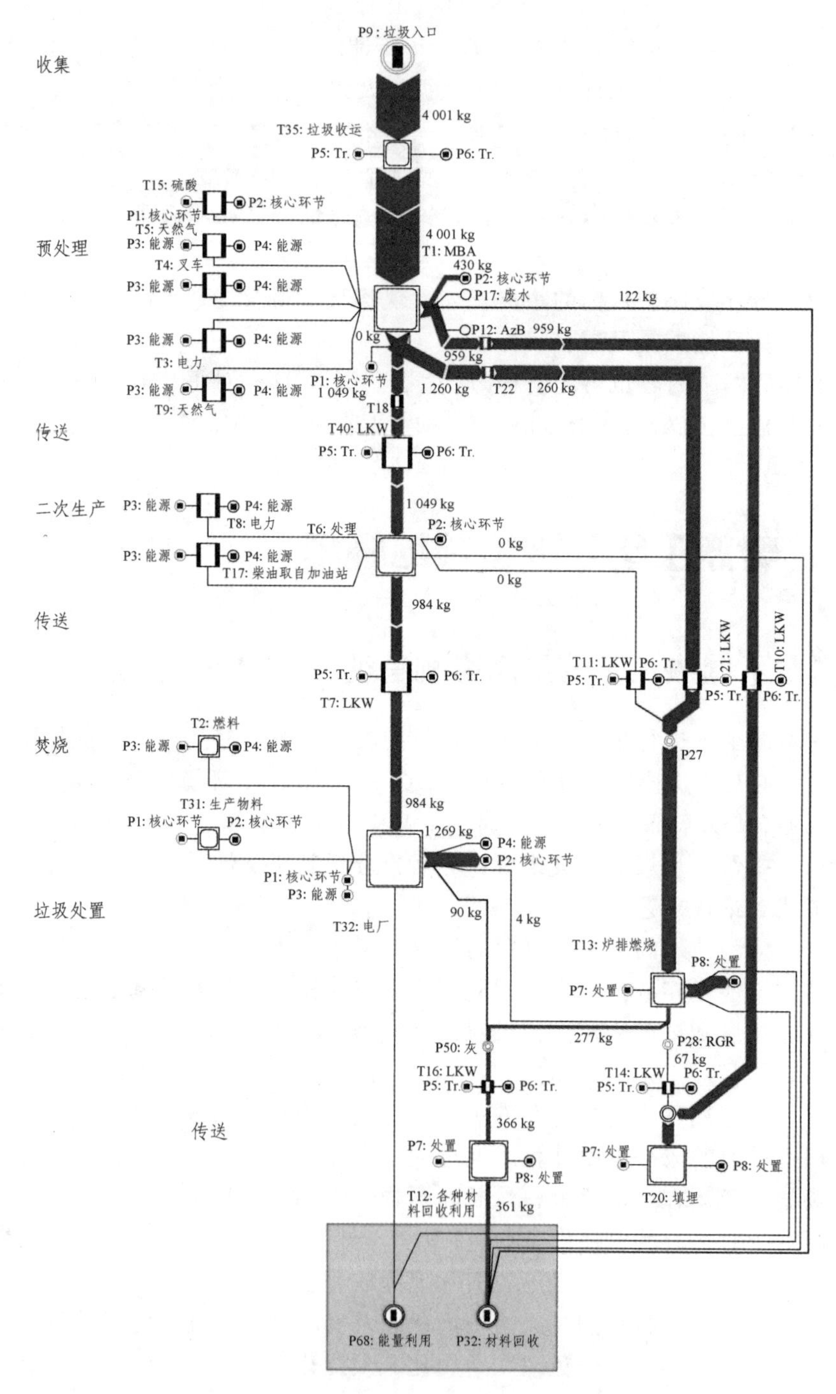

图 3.2.1　燃煤电厂协同焚烧垃圾及物质流程示意图

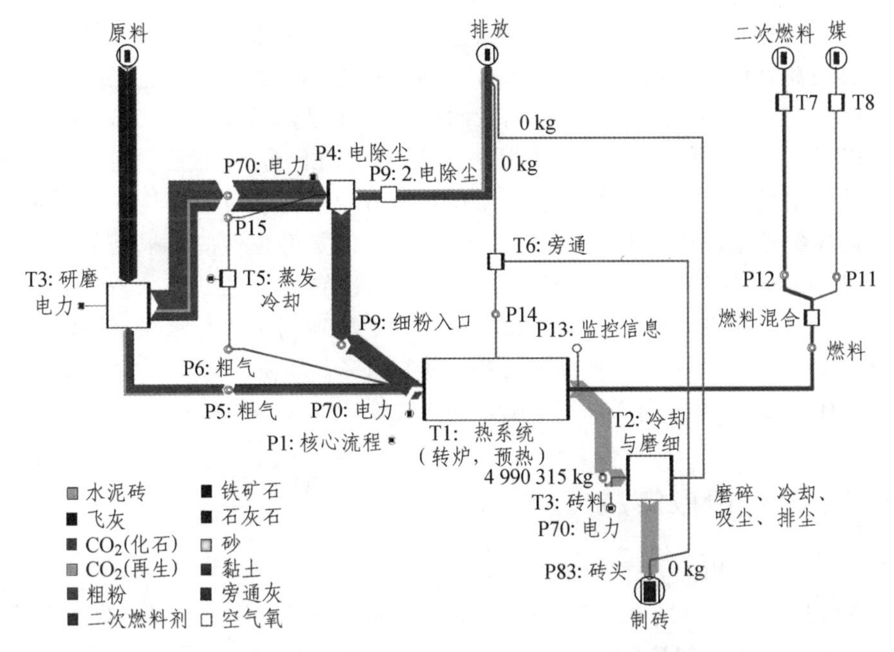

图 3.2.2 垃圾与水泥厂协同焚烧流程示意图

3.2.2 垃圾处理系统模型

热工艺一般是垃圾处理的核心部分，在其前后均有其他工段，也不能忽略，在个别情况下，它们对生态核算的结果影响是决定性的。更重要的是，被处理过程取代了的工艺（替代工段）也应加以考虑，因为如果不这么做，对比工艺之间就存在不等价性，其生态比较也没有意义，即强调“用途相同”原则。

通常的情况是：看上去类似的各种热工艺通过预处理后，其总的物质流差异非常大。

对垃圾焚烧而言，进行生态比较时将整个未处理垃圾纳入考量，在“电厂场景”下，其所有预处理工艺以及辅助物质流应加以考虑，一旦这样做了，整个系统的相对复杂性就增加了。

反之，电厂协同焚烧与单一垃圾焚烧相比，其影响要小一些，差异就是这两种不同方式物质流的影响程度。

根据德国相关研究，热工艺处理垃圾时，其生态核算具有以下特点或趋势：

（1）如果对垃圾进行预处理，其在电厂和水泥厂热能利用以及残渣处置时表现出更高的出产率。因此，这一方案比单一垃圾焚烧在节省资料和减排方面更有优势。

（2）有些物质排放在协同焚烧工艺中要多得多，因为与单一焚烧不同的是，协同焚烧设备在设计时，并未考虑将某些物质排放量尽可能压低。

这种冲突的例子之一是重金属汞的排放，在很多场合，汞都是“制造麻烦的因子”，包括协同焚烧工艺。根据海德堡环境研究所的报告，污染物协同焚烧后，汞是“拖后腿”的元素，而在其他方面均优于单一焚烧。下列两节所述边界条件很敏感，其影响在有的情况下可能是颠覆性的。根据莫尔夫等人的研究，德国维尔茨堡垃圾焚烧厂垃圾所携带的汞 96% 进入飞灰，进入残渣和尾气的汞各占 2%[304]。莱德勒等在研究了奥地利飞灰与水泥窑协同焚烧后发现，尽管所投加的飞灰仅占原料质量的 1%，却使得水泥中的镉（Cd）和汞（Hg）的含量分别增加了 415% 和 105%[305]。

3.2.3 单一垃圾焚烧厂

（1）能源利用的方式和效率。

这种厂一般同时发电产热，热能利用效率高，显著优于单一发电或产热者。

（2）净气中汞的浓度。

经验基础上整理的垃圾焚烧厂监测值也体现在生态核算模型计算结果里，浓度范围在（0.0001 ~ 0.025）mg/m^3，跨了两个以上的数量级。

（3）从废渣里回收金属的效率与品值。

3.2.4 垃圾机械与生物处理设施

（1）有害物质少而热值高的垃圾成分，其在机械分选工段的可选性。

（2）机械分选段回收金属的效率和品值。

（3）有机部分的处理。

值得注意的是，垃圾焚烧厂对应的核算结果波动范围远大于协同焚烧。除了技术方面的因素，以下两点是主要原因：

场景“0”作为参照物，垃圾 100% 进入焚烧厂；场景“1”是机械生物处理和再生燃料生产，已有 25% ~ 30% 的垃圾进入电厂焚烧，即基本不考虑不同电厂之间的差异。

在协同焚烧的情况下，再生燃料始终进入电厂/水泥厂的核算。而垃圾焚烧厂的情况，二次能量（电力、远程供热、远程蒸汽）被计入“积分”。

如果垃圾焚烧场具备高效利用能源的能力（比如常年向工业企业提供电热、蒸汽等），那么它的生态核算状态就会特别好，协同焚烧项目与之相比，即使实行一体化再生能源生产，也无法超过。事实上，单一垃圾焚烧厂如果在能源效率方面表现出众，那么它在温室气体排放，以及其他所有影响指标方面也均有优势。但这并不是绝对的。

垃圾协同焚烧的系统更复杂，变量更多，但是其生态核算的结果是稳定的。波动的程度很大程度上取决于电厂如何控制汞的排放浓度，控制废气中的汞是重要的边界条件。水泥厂情况类似。

在机械生物处理垃圾工艺以及再生能源生产工艺中，有害物质含量低而热值高的物料比例是个重要参数。如果仅考虑温室气体排放，那么最好的做法是利用垃圾生产尽可能多的再生能源产品，但还要看有无干扰物质，例如含有氯和镉时，分拣技术对产品质量的作用很重要，也会体现在汞指标上。

另一个敏感问题是：机械生物处理后的垃圾剩余成分的去向，即填埋或焚烧。填埋工艺排放的温室气体少，但是因为其不产生再生能源，又会导致新的环境负荷。其他参数的重要性要差一些。机械分拣工艺的金属成分回收率以及单一垃圾焚烧残渣的处理对很多指标的影响非常大。

3.2.5 小　结

热工艺的生态核算现状显示，没有环境友好型生产的通用模式，协同焚烧和单一焚烧对比也不能提供统一的结果。但是有一点是很明确的，那就是下列因素对生态核算的作用是决定性的：

① 单一垃圾焚烧的能源效率；

② 单一垃圾焚烧可达到的净气品质；

③ 机械生物垃圾处理对再生能源的质量影响；

④ 电厂和水泥厂废旧物质中对汞的浓度控制。

3.3 危废（飞灰）的处理

3.3.1 矿坑填埋处理

1995 年，德国特依中塔尔危废填埋场投用，这是一座百年老矿，部分矿区被改造成危废填埋区。垃圾焚烧厂的飞灰等运到这里处置，单价为每吨 185 马克。根据德国 1994 年生效的《循环经济/固废法》，原来的“固废”概念分出两个名称：“可利用固废”和“需要处置的固废”。2002 年 7 月 24 日生效的《固废回填矿坑规定》明确要求：含有锌、铅、铜、锡、铬、镍和铁的固废，只要技术上和经济上的可行，必须优先考虑循环利用。

德国2005年有220万吨固废回填矿坑，其中130万吨是危废，相当于德国全年危废总量的7%。此外，来自德国、荷兰、丹麦等国家的飞灰也在德国处置，这些飞灰来自各国的固废焚烧厂（包括各种垃圾、特种垃圾、工业垃圾、污泥）和冶炼厂。

3.3.2 飞灰洗涤

燃煤设施烟气处理所产飞灰大量用于水泥生产，可作为增流剂、晶核或者填充材料。飞灰的使用可节省砂子等矿物材料，飞灰产量大，且成分均匀，有利于水泥生产商优化工艺。有些质量不满足要求的可用于回填矿井[306]。

过去，垃圾焚烧厂的飞灰也被用于回填一些矿井，而后者并不会永久性与生物圈隔离。今天，这种做法还在继续，只不过其实质已变成特种工艺的地下填埋。

处理炉灰和飞灰的工艺之一是酸洗，酸洗液的pH值为3.5，液固比为4，停留时间大致为45 min。固体材料随后用水清洗，与矿渣一起填埋，也可以代替砂子石子用于拌和混凝土。

溶解态的金属通过中和或者絮凝沉淀或者离子交换器分离，经过脱水（图3.3.1）后固体的锌元素可达25%，可用于回收锌、镉和汞。洗涤工艺对重金属的回收率：锌和镉≥85%，铜和铅≥33%，汞≥95%。成本为每吨（150～250）欧元。

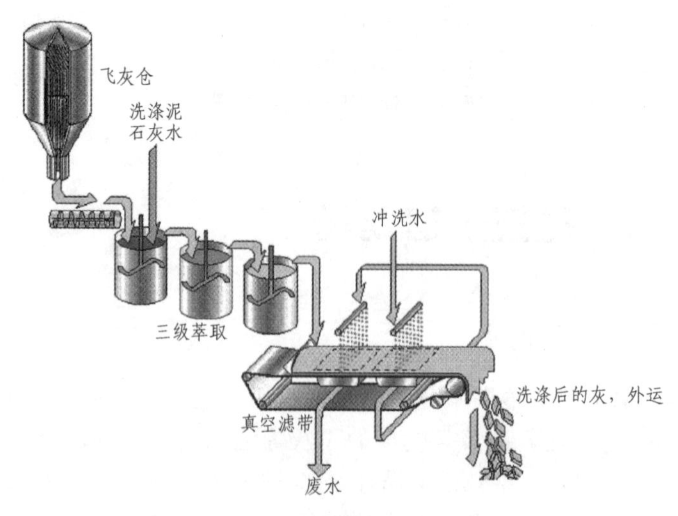

图 3.3.1 飞灰洗涤工艺示意图

在瑞士，未经预处理的飞灰处置费大约每吨400瑞朗。如果是普通灰，处置费大约为每吨100瑞朗。

上述工艺后来进一步改进，2007年时配置了二级洗涤段。还有一些飞灰洗涤和锌回收工艺，做法是将飞灰送入燃烧室以摧毁二噁英，并熔入炉渣，用于铺路。图3.3.1是垃圾焚烧厂废气处理流程图。飞灰在（300～400）°C的温度下，在旋风除尘器里被去除。在此温度下分离出来的灰二噁英含量低（<100 mg/kg），汞及其化合物还是停留在废气中。在此工段没有分离出来的颗粒比表面积大，这对后续的DeDiox-SCR工段是有好处的，因为表面附近的二噁英直接暴露在这个催化氧化环境里，从而被摧毁。细小的颗粒通过以下几级洗涤被清除，且可靠（图3.3.2）：

① 烟气冷凝；

② 一级酸洗分离细灰，用15%的盐酸，pH接近0；

③ 滤床二级酸洗；

④ 石灰水碱洗脱硫；

⑤ 烟气降温并进一步冷凝。

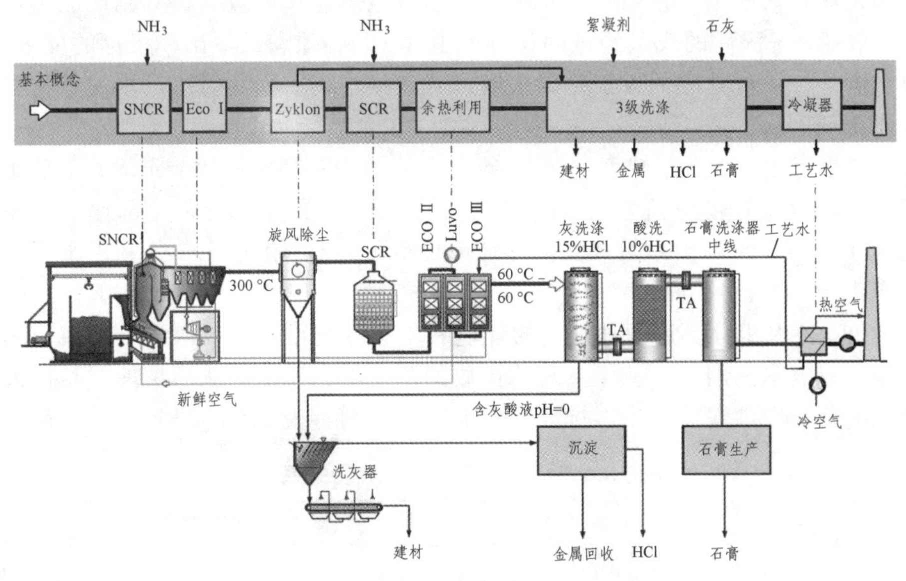

图3.3.2　消除二噁英工艺流程示意图

经过这个工艺处理后，烟气中残留的灰分浓度远小于5 mg/m³，可以避免反应生成物进入下一级洗涤。瑞士艾门施皮茨污泥焚烧厂的烟气经过三级洗涤后尘分浓度降到5 mg/m³以下。

酸洗之后是中性洗涤及带式压滤，此后固体物质可用于建材生产。经过除盐、除重金属的飞灰还有其他利用方式，将洗涤后的飞灰重新送入燃烧室，然后与炉渣一起利用。酸性洗涤水含有溶解态重金属，可通过沉淀回收。分离重金属后，盐酸经过重整，浓度上升到 35%，达到市场质量。

3.4 垃圾焚烧装置飞灰酸洗生态核算分析（瑞士）

3.4.1 两个酸洗工艺

垃圾焚烧装置飞灰酸洗工艺产生生态足迹，实际计算中可模拟两个酸洗工艺[307]。以瑞士为例，飞灰或者在瑞士填埋，或者在国外处理。在瑞士流行的工艺之一是 FLUWA，洗涤飞灰的酸液即垃圾焚烧装置烟气净化的水，此后即可与焚烧残渣一起堆积处置。飞灰洗涤所产污泥含锌，可用于回收锌、镉和铅等。另一个工艺叫 FLUREC，可通过电解直接回收锌，其副产品可用于回收铅。洗涤后的飞灰经过固化方可填埋，并必须满足浸出率指标的要求。而在国外，矿坑处理的方法是以松散形式直接堆砌，固化时可用水泥等材料做固化剂。

如果考虑“生态紧缺度方法”，地下矿坑处理对环境的影响最大，全瑞士产生 305 万“环境负荷分”，而在垃圾厂填埋时，如果固化剂全部使用水泥是 225 万分（不考虑垃圾渗滤液的环境负荷），如果固化剂 50% 利用水泥，则产生 12.9 万分。FLUWA 工艺获得 43 500 环保积分，FLUREC 工艺获得 708 000 环保积分。这两种工艺的环境和生态影响很大程度取决于飞灰金属含量及双氧水的用量。从温室气体排放的角度看，飞灰固化后填埋，其最大的环境负荷在填埋场产生，排放量取决于固化剂（表 3.4.1）。

表 3.4.1　水泥用量与排放量关系

序　号	水泥用量	CO_2 等代值/kg
1	100%	361
2	50%	189

矿坑处理时温室气体排放是 50 kg CO_2 等代值，居第二位。FLUWA 工艺每吨飞灰产生 40 kg CO_2。FLUREC 工艺产生 32 kg CO_2 积分。常见工艺中，烟气中的汞要采取特别方法去除。根据瑞士的工程实践，基于“生态紧缺度”

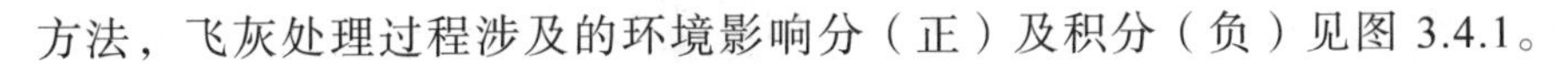

方法，飞灰处理过程涉及的环境影响分（正）及积分（负）见图 3.4.1。

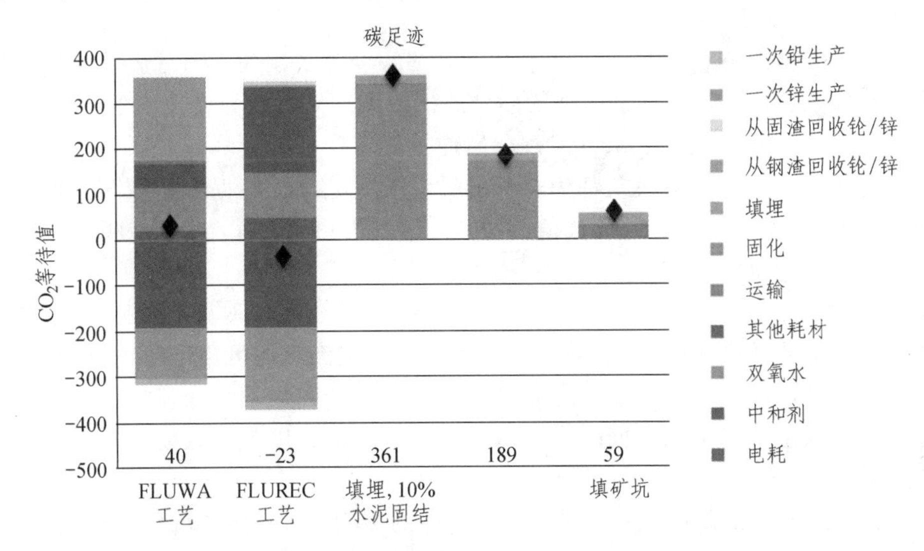

（a）碳足迹法

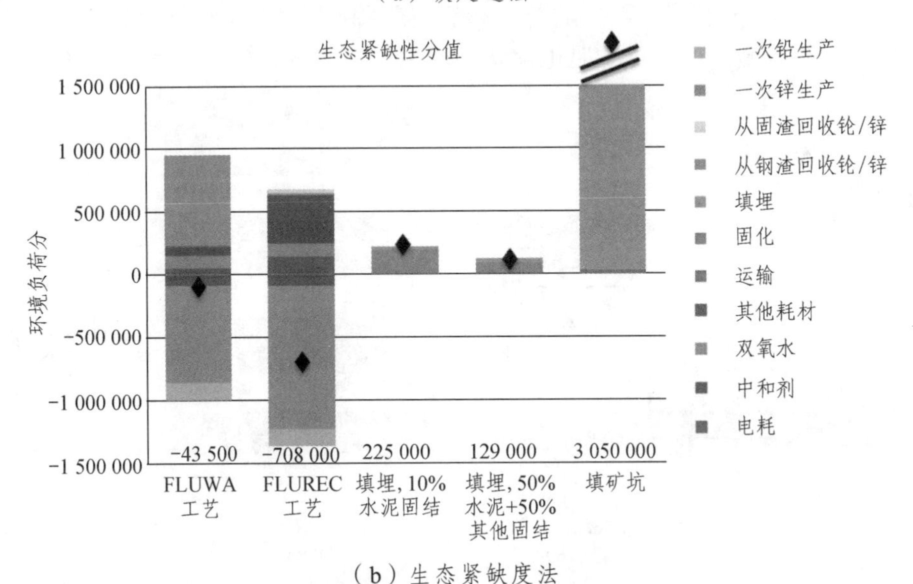

（b）生态紧缺度法

图 3.4.1　飞灰不同处理过程的环境影响

可见，两种酸洗方法（FLUWA/FLUREC）无论按照“生态紧缺度”法还是“碳足迹”法，对矿环境影响特性都优于填埋方法（中性洗涤后固化，再进行矿坑处理）。回收金属的花费及一次金属的节省已经计入。“生态紧缺度”

和“碳足迹”两种方法表明，从飞灰里回收金属比生产一次金属更具生态优势。

在 FLUWA 工艺中投加双氧水可以显著减少飞灰铜和铅的排放。工艺中投加双氧水，环境代价增加 12%，CO_2 等代值增加 36%。如果选用 FLUREC 工艺，一般就要投加双氧水，回收金属使其环境代价大大降低。如果今天瑞士所有的垃圾焚烧装置飞灰都用今天的酸洗工艺处理，根据工艺不同，可减少（4 900 ~ 10 000）t CO_2 等代值的排放或者（5.43 ~ 5.96）兆环境积分。目前尚无具体数字。

2009 年，瑞士焚烧了 350 万吨垃圾，产生了 8 万吨飞灰。39%（3.1 万吨）飞灰重金属问题严重，需通过去除重金属。洗涤污泥可用于回收重金属。不过这种做法需要耗能，因此有利有弊。酸洗工艺利用烟气处理废水，将重金属从飞灰上洗涤下来，同时中和烟气废水的酸性，以节省后续工艺中药剂的用量。

在 FLUWA 工艺中，洗涤剂是一种含锌的碱剂，运到国外转化成氧化锌，用于生产循环锌。在 FLUREC 工艺中，他们还向洗涤剂里加锌粉，目的是将污泥中的铅、镉和铜等重金属分离出来，循环利用（图 3.4.2）。洗涤剂通过溶剂萃取变成硫酸锌溶液，是电解锌的原料，所产锌板纯度可达 99.99%。

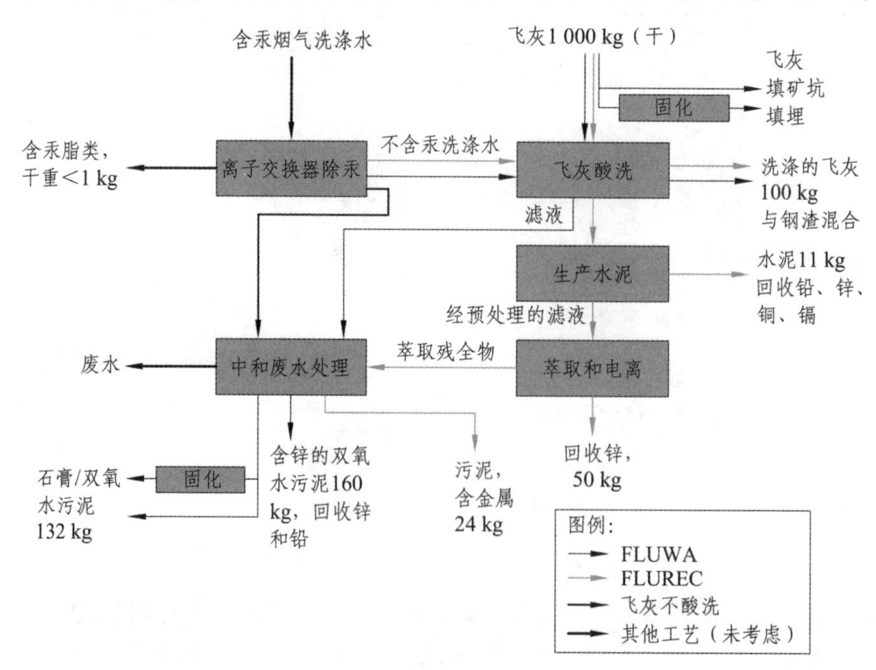

图 3.4.2 飞灰处理流程和物质流

3.4.2 飞回洗涤的生态核算目标

飞灰酸洗的环境影响可用生态方法研究。有 5 种方法：

（1）FLUWA 工艺：酸洗，洗涤泥用于生产锌和铅。

（2）FLUREC 工艺：酸洗+水泥混合，再提取铅、锌等材料。

（3）飞灰用水泥固化后堆放或填埋（100% 用水泥固化）。

（4）同上，固化剂用 50% 水泥 + 50% 其他材料。

（5）填埋。

生态核算中，瑞士一般采用 ecoinveat 软件，垃圾渗滤液按照一种物化流动模型考虑，一般假设在填埋场和填埋坑均应产生渗滤液。在时间跨度上，一般考虑短期和长期，前者按照 100 a，后者到一直到下一次冰河期（约 6 万年）。常用的方法有两种，即“碳足迹”法和“生态紧缺度”法。就温室气体排放而言，主要成本是双氧水等生产物料的消耗，在 FLUWA 工艺中有运输及铅、锌回收的消耗，后者是温室气体的主要产生环节；而在 FLUREC 工艺中，直接通过电解获得锌，成本主要是耗电，这在瑞士是低排放的。根据拜施（Bösch）等人的研究，如果在瑞士全国的飞灰用 FLUWA 工艺处理，可以减排 4 970 t CO_2，或者取得 5.43×10^{11} 的环境积分；如果用 FLUREC 工艺处理，上述数值分别是 10 000 t CO_2 和 5.96×10^{11} 环境积分。

3.5 二噁英对健康的危害以及残留物的消除方法

3.5.1 二噁英及同系物质

二噁英是已知的毒性最强的物质，其对人类健康的危害从胎儿到成年人均已验证。尽管没有任何一个机构有意识生产二噁英，但是它会在很多人为和自然过程中产生，并且可以长时间、远距离扩散，无论在人体组织里还是土壤等载体里，性能均非常稳定。二噁英由于其化学和毒理学特征，被看作是一种“持久性有机污染物”（POPs），因此接受《斯德哥尔摩公约》和《巴塞尔公约》约束。通常说的“二噁英”其实包含两类物质：多氯代二苯并-对-二噁英（PCDD，Polychlorinated dibenzo-*p*-dioxins）和多氯代二苯并呋喃（PCDF，Polychlorinated dibenzofurans）。前者有 75 种，简称二噁英，分子是六边环状结构；后者有 135 种，是五边环状结构：两种合计共有 210 种，共同特征是环状结构某角点上的碳原子被氧原子置换，如图 3.5.1 所示。不同分子结构就像足球的不同分块，几何特征有差异，却有着一致的功能。

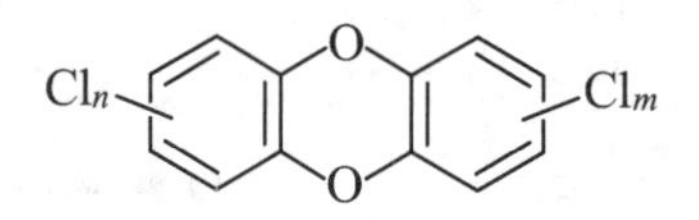

（a）PCDD 分子结构

（b）足球上的六边形和五边形

（c）PCDF 分子结构

图 3.5.1　二噁英分子结构

为了衡量不同同系物对人类健康的影响潜力，需要引入毒性当量（TEQ）和毒性当量因子（TEF），目前普遍采用的是北约（NATO）确定的国际毒性当量因子（I-TEF）。二噁英里毒性最强的一种是所谓的 2, 3, 7, 8-TCDD（2, 3, 7, 8-tetrachlorodibenzo-*p*-dioxin），其毒性相当于氰化钾的 1 000 倍，将其毒性当量因子规定为 1，其余 209 种根据毒性相对值折算，用小数表示，如 2, 3, 7, 8-TCDF 的 TEF 为 0.1。2, 3, 7, 8-TCDD 分子结构见图 3.5.2，即在图示编号为 2，3，7，8 的 4 个角点上分别有氯原子，而中间环状结构角点上的碳原子被氧原子取代。研究表明，当碳、氧、氯 3 种元素具备，且有一定温度，再加上铁或者铜元素催化，就会产生二噁英。总体上看，形成二噁英的条件并不苛刻，因此，在一些焚烧装置尾气处理中即使满足了温度、时间和紊流（所谓的“3T”条件），仍然不能确保烟囱出口二噁英达标，因为它可在烟道内重新形成（de novo）。要避免这种现象，必须在时间、温度、催化物质等方面采取措施，破坏其形成条件。

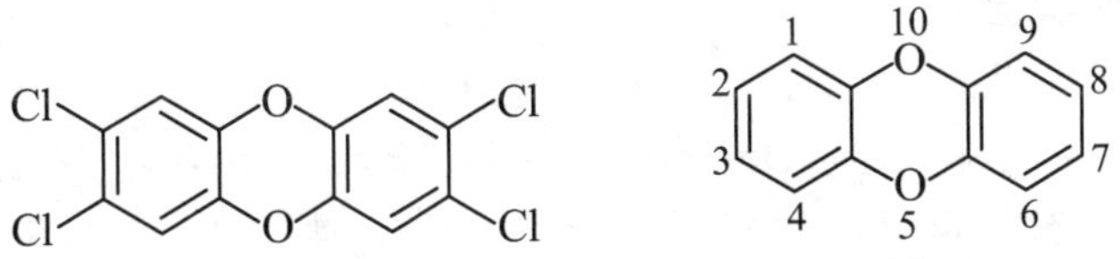

图 3.5.2　2,3,7,8-TCDD 分子结构

二噁英来源很广，如食品、各种焚烧装置、冶金、火山等。根据欧盟相关机构的研究，水泥生产是重要的排放源，排放系数介于（0.05 ~ 5.0）μg I-TEQ/t 之间，典型值是 0.15（0.05 ~ 5.0）μg I-TEQ/t[308]。因此，它在环境中应当已经存在了很长时间，但是到了 20 世纪 70 年代才被确认并被逐步认识。此后人类对其毒性和形成机理逐渐形成准确认识。美国环保局在 1994 年公布了当时日常食品中二噁英的含量[309]，并由此推算出人均日摄入量，以 pg/d 计（$1pg = 10^{-12}g$），见图 3.5.3。

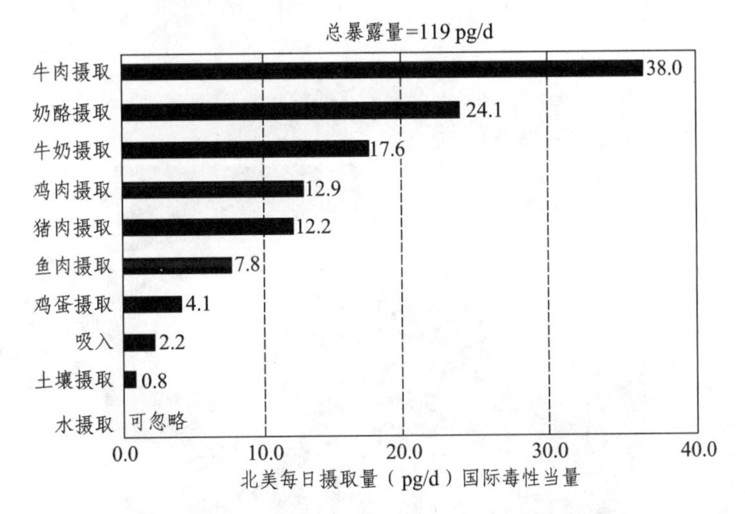

图 3.5.3　美国（北美）人均二噁英摄入量

人类早期对二噁英的危害认识不足，经历了惨痛的教训，也为此付出了沉重的代价，甚至今天仍然继续着。例如，第二次世界大战结束后到 20 世纪 50 年代初，英国殖民者为了打击马来西亚共产党游击队，使用落叶剂摧毁后者的藏身地热带森林。这个办法后来被侵越美军效仿，1962—1971 年，美军在越南大面积喷洒“橙剂”（Agent Orange）。橙剂是落叶剂和除草剂，主要生产商是道氏化学公司和孟山都等（Monsanto），生产橙剂的前体原料是所谓的“2,4,5-T”（Trichloro-phenoxyacetic acid，图 3.5.4）和“2，4-D”（2,4-Dichlorophenoxyacetic acid，图 3.5.5），两者均属于酸类物质，而生产这两者时都会有二噁英伴生。两者按 1：1 混合后，再加入毒莠定和四甲二砷酸即得“橙剂”。因此，橙剂“先天性”带有二噁英！喷洒橙剂的行动代号是“牧场手行动”（Operation Ranch Hand，ORH），它不可避免地造成了人伦和生态灾难，即使到了今天，当地带缺陷出生的婴儿的比例仍然远高于通常水平（图 3.5.6）。1990 年，绿色和平组织（Green Peace）曾经系统研究了二噁英对婴儿即垃圾焚烧厂周围居民健康的影响[310]，其结果见表 3.5.1。

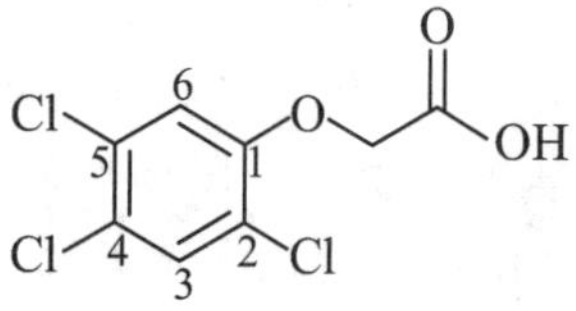

图 3.5.4 2, 4, 5-T

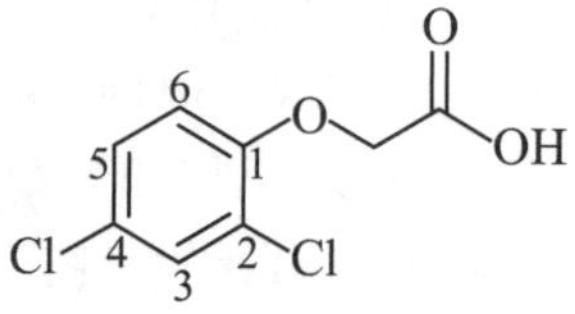

图 3.5.5 2, 4-D

（a）14 岁的少年，智力和肢体发育均不健康

（b）有智力体能先天缺陷的越南孩子（橙剂污染区）

图 3.5.6 二噁英的危害

表 3.5.1 垃圾焚烧厂附近居民健康受危害的研究小结

（绿色和平组织调查结果，2000 年前）

<table>
<tr><th colspan="2">健康影响</th><th>注 释</th></tr>
<tr><td rowspan="2">外露的生物学标记</td><td>儿童尿液中硫醚浓度增加</td><td>曾经居住在西班牙新建不久的垃圾焚烧厂附近的儿童尿液中硫醚浓度高于平均水平（来自 1999 年调查研究）</td></tr>
<tr><td>无异常染色体损伤</td><td>在比利时两家垃圾焚烧厂附近居住的儿童身上未发现过高染色体损伤（1998 年）</td></tr>
<tr><td rowspan="3">癌症</td><td>软组织肉瘤增加了 44%（结缔组织癌症），非霍奇金氏淋巴瘤增加了 27%（淋巴系统癌症）</td><td>居住在法国一垃圾焚化厂附近的居民患这种癌症的概率显著增加，这可能是由于其暴露于来自焚烧厂排放的二噁英中，但这一假设需要更多研究来确认（2000 年）</td></tr>
<tr><td>肺癌死亡风险率增加 6.7 倍</td><td>意大利城市区域生活垃圾焚烧厂附近的居民发病率显著增加（1996 年）</td></tr>
<tr><td>喉癌发生率显著增加</td><td>该现象发现于英国一有害溶剂垃圾焚烧厂的附近（1990 年），但是其他垃圾焚烧厂未发现。意大利的一家垃圾焚烧厂、一家垃圾填埋场和一座炼油厂附近的居民这种癌症的致亡率高于平均水平</td></tr>
</table>

续表

健康影响		注　释
癌症	肝癌死亡风险率增加 37%	这是一项关于居住在离 72 家英国生活垃圾焚烧厂 7.5 km 远的 1 400 万人的研究结果。进一步针对消除混杂因素的研究显示患肝癌的概率可能提高了 20%～30％。贫穷作为一个潜在的混杂因素不能被完全排除（1996 年和 2000 年）
	儿童癌症死亡率增加两倍	这是一项关于 70 家英国生活垃圾焚烧厂（1974—1987 年）和 307 家医疗垃圾焚烧厂的研究（1953—1980 年），研究结果与另一项研究结果一致，结果显示儿童时期患癌症的风险受医疗垃圾焚烧厂和高温焚烧产业的影响而增加（1998 年和 2000 年）
呼吸道疾病	对抗呼吸系统疾病的药物使用增加	这是一项在生活垃圾焚烧厂附近的法国村庄调查研究，研究结果表明针对呼吸道疾病的药物使用增加，但是两者之间是否有因果关系不能证实（1984 年）
	呼吸不畅发生率增加，包括自身报告的咳嗽和气喘发生率增加 9 倍	这是美国一项关于居住在有害废物焚烧厂附近的人的研究。该研究的结果出于使用方法方面的考虑只能有限使用（1993 年）
	儿童肺部功能受损	这是一项关于居住在中国台湾一家电缆厂附近的儿童调查。调查结果指出，增加的空气污染不一定源于焚烧厂本身，但却是儿童肺部功能紊乱的原因
	呼吸系统疾病，如肺疾病、气喘、咳嗽和支气管炎的发生率增加	这是一项针对生活在焚烧有害废物的美国水泥窑附近的 58 人的调查，结果显示呼吸系统疾病显著增加（1998 年）
呼吸道疾病	对于儿童哮喘的频率和程度没有负面影响	这是一项针对在淤泥焚烧厂附近生活的儿童进行的调查（1994 年）
	呼吸道疾病没有增加，肺功能没有损害	这是一项针对美国 3 个区域（6 963 人）进行的调查，他们生活在一个处理生活垃圾、危险垃圾以及医疗废料的垃圾焚烧厂的附近。基于有限的数据，针对个人展示出的症状，微粒空气污染状况和呼吸道疾病之间的关系需被慎重地分析

续表

健康影响		注　释
性别比例	女孩出生比例上升	这是一项针对在英国苏格兰两个化学废料焚烧厂附近区域生活的人群进行的调查。这一变化可在含有最高潜在有害物质的区域里确证。进一步的调查显示，如果父亲因不同原因暴露在高二噁英含量的环境下，那么家庭生女孩的概率更高（1995 年和 1999 年）
出生异常	脸部分裂的情形上升，其他分裂形成情形包括脊椎以及下尿道分裂	1960 年到 1969 年期间，在一个经常处理化学废料的垃圾焚烧厂区域，新生儿脸部分裂异常的增加可以被确证。残疾和垃圾焚烧厂之间有可能有相关性，然而不能被确认
	新生儿出生残疾的概率提高 1.26 倍	这是一项针对在两个生活垃圾焚烧厂附近生活的人群进行的调查（比利时 Wilrijk，1998 年）
	眼睛发育异常的情形增加（非官方报道）	报道来自英国苏格兰两个化学废料焚烧厂附近区域。进一步的研究不能确定焚烧厂废气以及发育异常的相关性。研究结果也受到了缺失疾病数据的影响（1989 年）
多胎怀孕	双胞胎以及多胎的概率可能会增加	1980 年，在英国苏格兰一个垃圾焚烧厂附近生活的人群中，双胞胎出生率有显著的上升。在比利时一个垃圾焚烧厂附近生活的人群中可以确证，多胞胎出生率增加了 2.6 倍（2000 年）。然而一项在瑞典一个垃圾焚烧厂附近进行的研究却显示，多胞胎出生率没有受到影响。基于相互矛盾的数据不能得出决定性结论
其他影响	儿童甲状腺素的值过低	在一个德国垃圾焚烧厂附近生活的儿童，他们某些甲状腺素的值显著过低（1998 年）
	过敏增加，伤风事件增加，一般的与健康相关的不适增加，上学儿童药物服用增加	这是一项针对在两个生活垃圾焚烧厂附近上学的儿童进行的调查（比利时 Wilrijk，1998 年）

3.5.2 美国越南战争老兵的例子

二噁英是持久性有机污染物（Persistent Organic Pollutants，POPs），美军在越南战争中大量使用橙剂，今天看是彻头彻尾的害人害己行为。喷洒“橙剂”使用的 C-123 型运输机在越南战争后继续运行，而四十多年后的今天，在飞机内壁仍然能检测到二噁英残留（图 3.5.7）。因此可以想见，当年空军服役人员在含有高浓度二噁英的环境里常年工作危害有多大[311]。

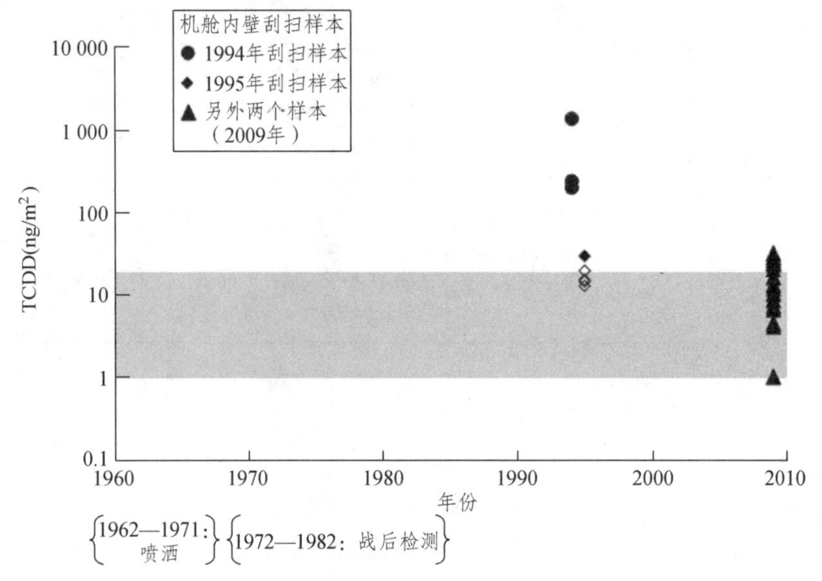

图 3.5.7　喷洒“橙剂”的 C-123 运输机内壁毒性最强的二噁英（TCDD）残留

随着人们 20 世纪 70 年代开始认识二噁英，一些机构和团体开始研究橙剂的影响（图 3.5.8）。

自 1978 年起，陆续有几起诉案要求橙剂制造厂商赔偿。迈尔森律师事务所代表参与喷洒橙剂的军人在宾夕法尼亚递交了诉状，就军人暴露在二噁英环境所受伤害提出赔偿，当时拟出任主审的法官是维恩施泰因（Weinstein）。1984 年 5 月 7 日，在开庭前几个小时，孟山都（Monsanto）等 7 家公司与起诉方庭外和解：由 7 家公司支付给受害人 1.8 亿美元，其中近 45% 由孟山都公司提供。由于涉及老兵人数多，每人仅可以领到 12 000 美元，并且分 10 年付清，而领取此款者将丧失其他权利，主要是政府可能认可的权益。老兵们觉得被律师出卖了，继续维权。他们认为，橙剂所含二噁英是他们健康状况恶化的原因，他们中有的患帕金森症，有的患Ⅱ型糖尿病，还有的患心脏病。

approximately 30 spray planes brought back to the United States after they were flown in the defoliant program Operation Ranch Hand in Vietnam. In 2012, the Center for Disease Control and Prevention Agency for Toxic Substances and Disease Registry concluded swab samples taken on some C-123s in 1994 were 182 times higher for di-

already ill wait?"

Under the Agent Orange Act of 1991, veterans who served anywhere in Vietnam were presumed to have exposure to herbicides. Under VA guidelines, they may qualify for disability compensation for diseases related to Agent Orange, such as diabetes, heart disease, Parkinson's disease and prostate and respiratory

from exposure.

The VA has not tracked how many former C-123 reservists have applied for benefits, VA spokeswoman Meagan Lutz said in an email, "but we are aware of a few claims that have been decided on a case-by-case basis."

One former reservist, Lt. Col. Paul A. Bailey, a close friend to Carter's, was granted VA benefits

exposed to toxic levels of Agent Orange and other herbicides as a result of the failure to adequately sterilize the aircraft."

The senators also cited multiple Air Force reports dating to 1979 that showed the planes were contaminated, numerous expert opinions inside and outside the government that suggested personnel were exposed to Agent Orange, and a judge's order stopping the resale of the planes because they were "a danger to the public health," the lawmakers' letter said.

Every two years, the VA contracts with the institute to review evidence of the long-term health effects of Agent Orange on Vietnam veterans, the agency said. This year's report specifically addressed the issue with the reservists who flew aboard the C-123s in the United States.

U.S. Sen. Sherrod Brown, D-Ohio, brought up the issue of Agent Orange exposures when McDonald appeared at a Senate hearing last month. According to a transcript

图 3.5.8　实施喷洒橙剂的 C-123 运输机和美国媒体报道

联邦政府老兵事务局在 2001 年建立了一个与战争相关的疾病和损伤研究中心，对有复杂的医学病例和医学无法解释的疾病的服役人员提供照顾。研究中心对因服役造成的难以诊断症状的老兵提供环境暴露评估和医疗评估。但不是每个曾经在军队服役的军人都有资格在这个研究中心看病，包括许多参加过战斗的 C-123 老兵也不符合要求。

退役的空军少校维斯卡特（Wes Carter）说：尽管没法确定多少人死于与服役有关的疾病，但是 2011 年老兵发现他们可能曾经暴露给橙剂，至少 10 人向老兵事务局提出的残疾补偿要求被拒绝（有的已去世）。卡特是 C-123 老兵联合会创建人，他说有（1 500～2 100）名参加越南战争的老兵（图 3.5.9）飞过该型飞机，与 10 年间美军在东南亚的总数（1962—1971 年，300 万人次）相比，这个数字微不足道，因此影响力有限。这些人员的主要任务是喷洒剧毒的落叶剂，战后继续服役将近 10 年。该联合会知道仅极少数老兵索赔诉求被批准。相关数字极端模糊，几十年前的老兵失散了，不像很多海军老兵，空军没有战舰联合会联络老兵，他们仅仅要向政府说老兵中有死亡和痛苦。卡特是 C-123 飞机医务人员，他的申请也被拒绝。

图 3.5.9　越战中的美国空军服役人员（照片来自网络）

老兵事务局通过争斗来拒绝医疗补偿，并且声称涉及的前服役人员数量仅有一小部分，老兵组织和立法者对此并没有感到惊讶，他们多年来一直试图让老兵事务局承认他们曾暴露在二噁英超标的环境中。

美国越南战争退伍军人立法部主任瑞克·韦德曼说：从贫铀、矿井的燃烧、腐坏的炭疽疫苗、抗疟疾药物等带来的潜在危害，到北卡罗莱纳州的列尊营的供水，日本厚木海军航空站的焚烧炉，等等，老兵事务局对于环境污染造成的疾病的解决办法一直是“推迟、否认、等待，直到他们死去”。“我们并不把老兵事务局当作经验丰富的对手，我们也并不期望他们是这件事的拥护者。我们期待的是他们是公平和中立的仲裁者，能真心地给退伍军人最大利益。”韦德曼说：应该由老兵事务局来接收和帮助他们，关心所谓的“有毒的伤口”，而不是否认和拒绝。他还说：“现在的问题是要让这些被暴露在橙剂中的老兵得到健康照顾。现在这些人都病了，他们负担不起医疗保健，他们太虚弱以至于不能劳动，他们失去了工作。老兵事务局的秘书处有权立即准许他们接受照顾。”他希望美国科学院医学所的研究结果，将能为其他患有和被暴露相关疾病的老兵在老兵事务局获得帮助铺平道路。他还说，C-123是煤矿中的金丝雀，如果老兵事务局可以逍遥法外，他们会继续这样对待海湾战争、伊拉克战争和阿富汗战争的老兵以及其他暴露于环境毒素或将暴露的年轻人。

3.5.3 越南受害者索赔受挫

2004 年 1 月 31 日，越南橙剂和二噁英受害者联合会 VAVA（Vietnam Association for Victims of Agent Orange/Dioxin）在纽约布鲁克林东区法院起诉数家橙剂生产商，要求对其人身伤害进行赔偿，认为后者违反 1907 年《海牙公约》、1925 年《日内瓦议定书》和 1949 年的《日内瓦公约》，为美军研发和生产了橙剂。2005 年 3 月 10 日，同样是维恩施泰因法官，认为于法无据，驳回原告诉求。

3.5.4 美国政府开始正视二噁英污染

2007 年 5 月 25 日，布什总统签署《老兵医治法案》等 4 个法律文件，划拨 300 万美元专项资金用于补偿受二噁英污染严重的美军基地及其附近村镇。一些专家认为这完全不够，他们指出仅仅为清理岘港美军空军基地就需要 1 400 万美元，其他 3 个基地清理估计需要 6 000 万美元。2010 年追加拨款 1200 万美元、2011 年追加 1 850 万美元。2010 年，国务卿希拉里访越时表示美国政府将开始岘港空军基地二噁英污染的清理工作。2011 年，在岘港举行了清理开工仪式。

参议员理查德·伯尔的办公室自 2011 年以来就在处理 C-123 飞机上复议人员问题。伯尔说："老兵事务局已经拖延了足够长的时间。美国科学院医学所的报告证实了他们已经知道 C-123 机组人员接触橙剂的危险水平。老兵事务局应该照顾这些退伍军人，而不是启动一个昂贵的已有定论的科学研究。"

3.5.5 美国科学院医学所（IOM）的研究

2012 年，老兵事务局获拨款 60 万美元，研究开发空军乘员橙剂暴露信息，并且支付给美国科学院医学所 50 万美元专门研究 C-123 飞机问题，即用于喷洒橙剂的飞机。医学所的专家委员会集中研究两个问题[311-312]：

① 评估公开化的可用信息（包括代表性、连贯一致性和使用方法）有多少可信赖度；

② 通过对残渣有效数量以及预期吸收程度的分类，定量地描述已备案的残留暴露事件是否有造成伤害的潜在可能性。

调研成果可归结为以下几点：

众多实例表明，来自各方（人或文件中的）的信息和观点相当不同。在缺乏确定性方法的情况下坚持为一些事件进行辩论可以找出真相。由于军事人事部和美国空军老兵的记忆出现分歧，委员会无法做出最终评判。某些情况下，这些非常热门讨论问题的解决方案不会对委员会议案的实行产生什么影响。例如，有一个关于后备役军人的争论：是在“牧场手行动”（ORH）行动展开前他们为净化做了什么努力，还是他们自己采取了什么净化方式。不论采用了何种方法，30年后，依然在少数的C-123型飞行器上检测出了超过国际标准量的二噁英和卤代苯氧型除草剂残留。委员会以科学研究为主要判定依据，并没有给予任何一方组织特殊的信任。

可能产生的对健康的影响被认为是在退伍军人喷洒橙剂之前，并且这些报告不会被重新评估。老兵事务局的活动至今没有找出足够的与越南退伍老兵相关的信息来建立“剂量-反应”的个人健康水平状况曲线，想要定量说明某个退伍兵遭受任何不利影响后，健康出现的相应危险，也没有成功。

以上结论同之前IOM委员会负责的两年更新一次的老兵事务局结果一致。委员会的议题被评估：驾驶了C-123飞行器在越南喷洒药剂的美国退伍兵是否经历了暴露，以至于导致他们承担了更多发生健康不利的风险。用来作为参考的毒性评估，都来自于委员会得到的动物实验数据，而不是老兵事务局基于系列流行病学的相关涉及结果。

C-123只提供了非常有限的样本数据，除了1979年之外，来自机内“区块”的落叶剂样本都在美国退役兵暴露发生数十年后被收集到了一起。所述数据包括的一系列点的样品中，只有预备役所使用的一些采样飞机的一个子集在“牧场手行动”中曾被使用。1972年到1982年间，在C-123飞行器内部产生的TCDD污染可用数据存在局限性，包括样本不能够定性评估美军退役兵的潜在伤害。

考虑到“区块”内部污染物分布的非均匀性，以及采样过程中的差异可能导致的不一致性，表现在1994年和1995年的样本结果中。

详细可靠的信息不可能在机组及维修人员的活动中得到（例如，他们在飞机上度过的时间、与飞机表面的接触、使用维护设备的情况等），使用某个特定飞行器可以得到的信息非常有限。

可用信息的有限性让他们缺乏暴露的确定性定量分析，但是他们拥有足够的筛查水平。除了这些局限性，在越南喷洒了橙剂的 C-123 也是关键点，这些飞行器之后为美军退役兵所用，很长一段时间后，其内部都有超过国际标准水平的橙剂和 TCDD 污染。

了解了 TCDD 的物理化学特性，就可以知道它们不会固定在表面上，因此残留物可以通过皮肤接触、吸入或摄取来传递。美国空军退役兵在被污染的 C-123 中供职，所以会在多种途径下经受一定程度上的 TCDD 和落叶剂的危害。委员会意识到得出的样本结果似乎与二噁英的重新分布统一，和已经建立的热力学规则一致。热力学规则预测出热蒸气部位的污染会产生更均匀的读数，随着时间的流逝在整个内部表面达到平均浓度。在这种环境下工作的个人暴露可能性变化非常大。即使样本结果被当作是足够的基础来评估暴露，由信息导出的推论也不可靠。

由于较低的空气流通，预计地面空气中 TCDD 水平比飞机飞行时高一些。因此，维修工人在每段时间内会比机组人员承担更高的吸入 TCDD 的风险。他们的工作训练中，也比机组人员与污染物表面接触的机会多。那么，基于待在飞机上的时间量的考虑，维修人员会比机组乘务人员吸收进更高浓度的 TCDD。

还不确定从 C-123 收集到的十分有限的 TCDD 内部分布数据多有代表性，但是，由于缺乏确定的对比信息，委员会假定这 3 个样本代表整个数据信息。

现在没有飞行器在使用几十年后机舱内部 TCDD 的衰减速率或减量的确定信息，缺乏经过长时间后污染物的减少量证明。用 20 世纪 90 年代中期和 2009 年由 C-123 得到的样本评估乘员在 TCDD 中的暴露程度，可能出现显著的低估。因此，1994 年、1995 年和 2009 年的样本得到的测量结果可能出现表面 TCDD 平均水平的低值，这段时间空军在飞机上进行工作。

想要把皮肤吸收的部分包含进指导原则内，委员会承认有几个在评估中提及的内容也许并不像说的那么具有保护性，有的指导原则低估了在工作场合皮肤吸收的程度。另一个实例是，有个表面负荷的指导原则计算错误，它声称为了保护皮肤和口腔的暴露。这样一来，更多有效率的敏感皮肤途径都没有被包含到指导原则中。

委员会没有找到任何现存的 TCDD 污染指导原则，或者是与 3 个介绍的模型完美匹配条件下的评估，但是委员会确实认为毒性当量（TEQ）表面负荷形式是对于美国空军退役兵的职业情况最可用的。

对内部表面，TEQ 的现行准则范围是从 1 ng/m^2 到 25 ng/m^2，取样区域的测量已经达到应当采取行动的水平。

虽然就任何确定性来说，现有的信息都不足够用来评估暴露，但委员会能够应对上文提到的两项指控。

可用样本数据足够论证长期以来 C-123 的橙剂和 TCDD 污染。了解 TCDD 的物理化学成分就能知道在 C-123 里的无机表面检测到的残留不会固定，而是可能与外部美军退役兵的身体发生接触。目前对美军退役兵服役期间有记载的对浓度的评估，由于有限制的测量方法，会产生不可避免的不确定性。他们在 C-123 上工作期间，TCDD 的浓度水平至少有日后测量的那么高。因此，基于收集到样本未经过任何衰减调整的暴露评估，很有可能低估了很多年前暴露发生时飞机内部表面的 TCDD 浓度。直接同现有的表面荷载 TCDD 指导原则比较，不做关于 C-123 在工作状态下的训练假定作附加修正，这样，不会系统性地过高估计其暴露和相应的风险。

回顾所有的上述因素，该委员会达成了共识，至少有一些空军预备役接受的二噁英的剂量超过了封闭的建筑设施里上班族的一些平均水平。对于现有数据，委员会的解释是，虽然他们不会因为众多的不确定因素对剂量进行明确定量评估，但他们表示，这是合理的，二噁英的确对一批从越南飞回的 C-123S 上工作的空军预备役造成了健康的不良影响。委员会坚定地认为，橙剂的成分在一定程度上对空军预备役工作过的 C-123S 造成了辐射（指与化学物质身体接触）。委员会成员并不能站在现有数据后面来计算任何特殊的辐射量，但他们清楚关于他们在二噁英上的集中发现：1994 年、1995 年的抽样测量，以及 2009 年的辐射量与在 C-123 飞机上工作的空军预备役接受的剂量均超过国际标准。

可见，越南战争中 C-123 运输机乘员老兵是直接暴露给二噁英的。3 年前，另一个联邦机构得出了类似的结论。尽管有毒物质和疾病登记局宣布乘员接受的二噁英比可接受的水平高 182 倍，这意味着患癌症的风险增加 200 倍，老兵事务部仍拒绝承认老兵目前患病与其机上服役历史有关联。

3.5.6 美国境外的橙剂前体生产基地及污染消除

二噁英主要在生产橙剂的前端工艺产生，即“2, 4, 5-T”和“2, 4-D”的生产。而这部分生产很多放在境外，例如捷克斯波拉纳（Spolana，图 3.5.10）化工厂就生产这类组分。

图 3.5.10 捷克斯波拉纳（Spolana）化工厂（厂区及周边土壤被二噁英污染）

该厂创建于 1898 年，位于捷克首都布拉格以北 25 km，传统产品是含氯除草剂。1965—1968 年，其产品经过中间商卖给侵越美军，用于制造“橙剂”。其产品生产过程有大量二噁英产生，导致该厂及周围的土壤几乎全部被二噁英严重污染。2004 年，捷克加入欧盟后，由欧盟出资，利用热解技术将其土壤彻底处理了一遍，前后花了 7 年时间，所用技术、施工和运行均由德国公司负责。由于“de novo”效应，靠有氧焚烧不能从根本上解决二噁英污染问题，而只能热解。热解不产生二噁英的原因可以用著名的迪肯反应（Deacon Reaction）加以解释：

$$
\begin{aligned}
CuCl_2 &+ \tfrac{1}{2}O_2 \rightleftharpoons CuO + Cl_2 \\
CuO &+ 2HCl \rightleftharpoons CuCl_2 + H_2O \\
\hline
2HCl &+ \tfrac{1}{2}O_2 \rightleftharpoons H_2O + Cl_2
\end{aligned}
$$

上式中，氯化铜是催化剂，而必须有氧元素存在氯化铜才能再生。这个过程需要消耗 HCl。消耗了 HCl 并且有氧元素存在，才能使苯或者酚变成二噁英。而在热解过程中，铜和铁以及其他重金属元素被固化在残渣里，不可能形成催化剂氯化铜及中间体氧化铜。又因为热解鼓内是无氧环境，上述反应无法进行，更形成不了催化物质，所以不会产生二噁英。而在缺氧或者无氧环境里，温度 500 °C 时，二噁英就会被摧毁，即所谓的哈根迈耶工艺（Hagenmaier Process）。这就是为什么热解工艺能用来处理被二噁英污染土壤的根本原因。因为对重金属的固化作用，热解在欧美也被广泛用于处理受重金属污染的介质。

3.5.7 热解工艺处理固废的工程实践

类似的处理效果在德国布尔高垃圾处置厂也实现了。该厂采用热解工艺处理生活垃圾和污泥等生物质，自 20 世纪 80 年代初期投运，至今三十多年，尾气中二噁英浓度为（0.0006 ~ 0.002）ng/Nm^3（第三方检测），远优于标准值 0.1 ng/m^3。该厂尾气中重金属浓度见表 3.5.2。

表 3.5.2　德国布尔高污泥垃圾热解厂废气重金属浓度

重金属	样本编号			
	1	2	3	4
Co	0.001 80	0.002 10	0.002 10	0.002 20
Ni	0.002 50	0.002 80	0.002 40	0.002 20
Sb	0.003 20	0.003 30	0.003 20	0.003 30
Pb	0.024 00	0.020 00	0.016 00	0.017 00
Cr	0.011 00	0.010 00	0.011 00	0.012 00
Cu	0.002 40	0.002 90	0.002 90	0.002 80
Mn	0.003 00	0.003 00	0.003 00	0.003 00
V	0.003 00	0.003 00	0.003 00	0.003 00
Sn	0.010 00	0.010 00	0.010 00	0.010 00
As	0.008 00	0.008 00	0.007 00	0.006 00
总量	0.057 90	0.054 10	0.050 60	0.052 50
许可值	0.5			
与许可值比较/%	11.58	10.82	10.12	10.50

注：表中单位除最后一行外，其余均为 ng/Nm^3。

3.5.8　国内飞灰处置现状

根据德国联邦环保局公布的数字，2013 年，德国垃圾焚烧行业全年排放的二噁英数量是 0.5 g。联合国环境署的统计数字是：同年全球二噁英排放量是 50 kg（估计值），而中国仅消灭血吸虫病（灭钉螺）就要排放二噁英大约 15 kg，相当于 15 t 氰化钾。

垃圾焚烧厂是大气二噁英和重金属的主要来源之一，主要载体是飞灰。“十二五”期间，我国垃圾焚烧设施建设处于高速发展期，依照《“十二五”全国城市生活垃圾无害化处理设施建设规划》，预计到 2015 年年底，投产和在建的生活垃圾焚烧发电厂有望超过 300 座，生活垃圾焚烧处置能力将达到 1 亿吨/年。如按飞灰量为焚烧垃圾量的 3% 估算，全国每年产生 300 万吨飞灰。如何经济、有效和安全地处置飞灰，成为各级政府和业界共同关注的问题。

我国在 2000 年颁布的《生活垃圾焚烧污染控制标准》（GB 18485—2000）中，明确将焚烧飞灰定义为危险废物，但由于危险废物填埋处理能力有限以及填埋成本高，实际上并没有完全按规定实施。直到 2008 年，国家标准《生活垃圾填埋污染控制标准》（GB 16889—2008）颁布，开始允许焚烧飞灰经固化后进入生活垃圾填埋场处理。在此标准中也规定了一些条件，如二噁英含量低于 3 μgTEQ/kg，按照 HJ/T 300 制备的浸出液中危害成分浓度低于规定的限值等。但实际上，十几年来，真的能够定期检测飞灰中二噁英以及飞灰浸出液中危害成分浓度的垃圾焚烧厂较少。此外，飞灰中二噁英含量如果不低于 3 μgTEQ/kg，那么反推可以得出焚烧烟气中二噁英原始浓度要高于 15 $ngTEQ/Nm^3$，这也意味着烟气处理二噁英去除率即使达到 99%，烟气排放二噁英浓度也还有 0.15 $ngTEQ/Nm^3$，达不到 0.1 $ngTEQ/Nm^3$ 的标准要求。

飞灰在 2008 年就被列入《国家危险废物名录》，是焚烧残渣的第一项。名录规定飞灰只能在危险废物填埋场进行填埋。不过，《生活垃圾填埋污染控制规定》（2008）允许飞灰经严格预处理后，进入生活垃圾填埋场填埋处置，这样其处理成本大幅下降，解决了飞灰处理成本很高而影响行业发展的问题。在实践中，全国各城市在垃圾焚烧飞灰处理方面的做法并不统一，市场不规范，监管力度不同，存在恶性竞争的问题。同样是飞灰处理，成本差异极大。与此同时，中国的垃圾处理收费还处于起步阶段，很多地方甚至还没有开征垃圾处理费，更不用说将末端的飞灰处置成本纳入其中。即使是在开征垃圾处理费的城市，很多还在沿用 20 世纪 90 年代的征收方案，绝大部分地区的垃圾处理费只占垃圾处理成本的 20%~30%。这种收费现状，再加上政府补贴机制的缺失，就容易解释飞灰处理的难处了。

从经济成本和社会可接受性分析，目前采用热解处理飞灰是一个很有希望的途径，值得探讨。因为热解在消除二噁英、残渣重金属浸出浓度、处理成本、温室气体排放、政策符合性、防止二次污染等方面具有独特的优势。图 3.5.11 是飞灰在热解测试中某工况下的外观。

另一种方法，是作者近年来进行的烧结研究，浸出液所含金属等均达标。

图 3.5.11　某垃圾发电厂飞灰热解残渣

3.5.9　飞灰的生态影响

飞灰作为载体，承载的不仅是二噁英，还有重金属，因此是危废。一旦处理不好，这两种污染物就会进入环境，因此，各种燃烧废气是土壤重金属的重要来源。根据环保部和国土资源部对我国 630 万平方千米的林地、草地、未利用地和建设用地污染状况所做的调查（2005 年启动的，历时数年），全国土壤总的点位超标率为 16.1%，其中轻微、轻度、中度和重度污染点位比例分别为 11.2%、2.3%、1.5% 和 1.1%；从污染物超标情况看，镉、汞、砷、铜、铅、铬、锌、镍 8 种无机污染物点位超标率分别为 7.0%、1.6%、2.7%、2.1%、1.5%、1.1%、0.9%、4.8%。镉和汞元素由于其熔点低和易蒸发的特征，焚烧中大多数进入飞灰。铜元素是垃圾中最常见的元素之一，其含量虽然因地而异，但是都属于必然出现的重金属成分。尤其随着垃圾焚烧技术的推广，垃圾中食盐和 PVC 均促使铜元素向氯化铜（$CuCl_2$）转化，而后者不仅是形成二噁英的催化剂，且更易于蒸发，进入飞灰，强化土壤铜污染加重趋势。虽然目前仍无法定量分析土壤中铜元素某种来源的贡献率，但是从垃圾产量以及飞灰处理情况至少可判断其贡献率不可忽视。

参考文献

[301] UBA 287. Bundesministerium für Umwelt, Naturschutz und Reaktorsicherheit, Müllverbrennung-ein Gefahrenherd?. Juli，2005：2.

[302] FEHRENBACH，HORST. Ökobilanzielle Überprüfung von Anlagenkonzepten zur thermischen Entsorgung von Abfällen-Müllverbrennung，Kraftwerk，Tagung Nr. E-H097-02-030-5，Haus der Technik，Essen，15. Februar，2005，Zementwerk：4.

[303] UBA2000-Daten zur Umwelt 2000 für das Jahr 2000.

[304] MORFL，BRUNNER P. Im Auftrag des Zweckverband Abfallwirtschaft Raum Würzburg. Wien und Zrich，15. April，2005：5.

[305] LEDERER J，RECHBERGER H，FELLNER J. MVA-Flugaschenrecycling in der Zementindustrie und deren Auswirkung auf Metallgehalte in Zementen，MVA-Flugaschenrecycling in der Zementindustrie：393-398.

[306] SEILER，UDO. Die Abgasreinigung als Wertstoffproduzent der Zukunft?. VDI Wissensforum，Forum 431203，01.-02. 12. 2008，Köln.

[307] LCA STUDIE，BÖSCH M，et. al. Ökobilanzielle Untersuchung der sauren Wäsche von KVA Flugasche in der Schweiz，Endbericht（Version 1.7），10.10.2011，Zürich：4-26.

[308] EuDiInv. European Commission，European Inventory-Results 030311 Cement：112.

[309] CHEMOSPHERE，SCHECTER A，STARTIN J，et al. Dioxins in US food and estimated daily intake. Chemosphere，1994，29（9/10）：2261-2265.

[310] ALLSOPP M，COSTNER P，JOHNSTON P. Incineration and Human Health. Greenpeace laboratory report，England，University Exeter.

[311] National Academy of Sciences, Institute of Medicine. Post-Vietnam Dioxin Exposure in Agent Orange-Contaminated C-123 Aircraft: 61.

[312] National Academy of Sciences, Institute of Medicine. Veterans and Agent Orange: Update 2012: 936.

[313] SCHNEIDER LISA K, WÜST ANJA, POMOWSKI ANJA, et al. Chapter 8. No Laughing Matter: The Unmaking of the Greenhouse Gas Dinitrogen Monoxide by Nitrous Oxide Reductase//PETER MHKRONECK, MARTHA E SOSA TORRES. The Metal-Driven Biogeochemistry of Gaseous Compounds in the Environment. Metal Ions in Life Sciences, 2014, 14: 177-210.

4 欧洲市政与基础设施建设中的环境和生态要求

4.1 环评的法律基础：相关法律文件

（1）阿胡斯公约（Aarhus Convention）：关于环评过程里公众知情权的公约（欧洲与中亚国家）。这是由联合国欧洲经济委员会牵头起草和实施的国际公约，欧盟各国是签字国，因此在大型项目建设中必须确保公众的知情权[401]。

（2）埃斯波公约（Espoo Convention）：关于污染物或者环境影响（可能会）跨国界的项目环评公约，由联合国欧洲经济委员会（UNECE）负责监督。欧盟各国在该公约的地位和义务同上[402]。

（3）联合国欧洲经济委员会关于“污染物释放与转运登记”议定书（UNECE Protocol on PRTRs）[403]。

（4）欧盟委员会：项目环境影响评价，司法法院的司法解释（European Commission: Environmental Impact Assessment of Projects, Rulings of the Court of Justice）[404]。

（5）欧共体条约（Community Treaty）。

（6）欧盟委员会：将气候变化与生物多样性纳入环境影响评价的指南（Guidance on Integrating Climate Change and Biodiversity into Environmental Impact Assessment）[405]。

（7）里斯本条约（Lisabon Treaty）。

（8）欧盟环境影响评价导则[406]（1985-07-03—2011-06-25）：先后修订过三次（1997、2003、2009）。

（9）欧盟委员会：大型跨界项目环境影响评价指南[407]（Guidance on the Application of the Environmental Impact Assessment Procedure for Large-scale Transbounbary Projects）。

（10）欧盟委员会：规范公益能源项目环境影响评价条例[408]（Streamlining Environmental Assessment Procedures for Energy Infrastructure Projects of Common Interest）（PCIs）。

（11）欧盟及地方的其他环保法规条例法规。

4.2 基础设施建设及环保法律体系：欧盟法律与成员国法律的关系、欧洲司法法院

20 世纪 60 年代，6 个欧洲国家签署了条约（欧共体条约），成立共同市场。他们开始叫欧共体，90 年代改名欧盟。欧共体和欧盟设立了机构来协调统一编制某领域的专项法律。因此，欧盟有自己的立法，形式包括条例、导则和决定等。为了确保法律在各国的统一实施、理解、应用，需要一个司法机构，即欧洲司法法院。欧盟司法法院是欧盟的司法机构，与各国法院合作，负责监督各国以统一的方式实施欧盟法律，并且负责解释欧盟法律。法院地点在卢森堡，由 3 个法庭组成：司法法庭、普通法庭和民事法庭。建筑业受司法法院的管辖，其职责还包括监督各国是否尽到了环境监管的义务。在环评法规实施与解释中，该法院发挥牵头作用。

4.3 《欧盟环境影响评价导则》及其宗旨

工程施工和设施运营中的环境与生态风险通过环评识别和确认，并提出相应的防治措施或技术手段。操作层面的法律文件即《欧盟环评导则》（The Environmental Impact Assessment Directive，下称《导则》，或导则）。该导则适用于全欧盟，其宗旨就是为了系统而规范地评估项目给环境和生态系统带来的风险，实现欧盟环境保护方面的目标，即保护环境和生活质量，使项目对环境的影响可控。评价中，将个人等利益相关方的关切纳入考量，从而实现环境和生活质量不断改善。《导则》特别强调，无论公共项目还是私人项目，都要根据项目的特征以及周围环境的承载力（环境容量）和生态敏感性进行环评，并且在特殊情况下突出强调保护好风景与文化和自然遗址等。如果项目造成了经济损失，则赔偿也是该导则追求的保护目标。按照《导则》第五

条和附件四，开发方必须提供相应的项目信息，以便成员国环保部门确定其项目的规模划分以及环评范围（《埃斯波公约》）。

4.4 《导则》的适用范围

《导则》应用于那些可能对环境产生重大影响的公共或私有的项目，对它们产生的环境影响进行评价。评价要在项目审批前期作出，也就是说，要在环境管理部门同意开发者继续推进其工作之前。《导则》引入了最低要求，体现统一标准的原则，尤其是对那些必须评价的项目、开发者的主要义务、评价的审批、评价的内容、有关公众与政府机构参与的条款（《阿胡斯公约》）等，欧洲司法法院要求高度一致。

按照欧盟条约 191 条的精神，《导则》明确指出：应预防项目对环境造成损害，而不是出现问题后采取反制措施。与此相应，欧洲司法法院确认，《导则》具有宽大的视野和广阔的目的，因此成员国相关部门必须仔细解读。

本项目属于此《导则》管辖。

4.5 《导则》中概念的定义

“项目”是指建筑工程或其他设施及方案的执行；对自然环境和景观的其他干预，包括那些涉及矿藏资源开掘对自然的“干预”。

“开发者”是指获得私有项目授权的申请人，或获得启动项目公共权威的申请人。

“公众”是指一个或多个自然人或法人，并且符合国家立法或惯例，以及他们的协会、组织或团体。

“公众关切”是指由公众影响或公众可能会被影响到的，或公众感兴趣的，涉及该导则条款 2 的由环境决定的程序；这些定义的目的，是为促进环境保护和符合国家法律各项要求，例如非政府组织应被认为是公众的一部分。

“主管部门”是指一个或多个政府机构，由欧盟成员国指定，并对履行此导则时引起的各项职务负责。

4.6 《导则》的豁免范围

在成员国法律下，如果有先例，成员国则在此基础上进行决定。

国防项目可不必应用此导则。

4.7 《导则》规定的例外情况

成员国在特殊情况下，可根据本导则的规定，整体或局部免除一个特定项目的环评义务，此时，成员国应：

（1）考虑其他形式的评价是否适当（如安全评价、卫生评价等）。

（2）将（1）中其他形式评价下获得的信息公开，使公众可获知这些当局决定授予许可或拒绝的信息。

（3）在授予许可之前，告知委员会可证明授予免除的合理原因，一并向公众提供可能的和可行的信息。委员会应立即将得到的文件转寄给其他成员国。委员会应每年向欧洲议会和有关本条应用的理事会报告。

4.8 欧盟执法保障要求

成员国应采取所有必要的措施，保证在项目开发方获得许可之前，就项目可能对环境产生的重大影响进行评价，尤其是从这些项目的本质、规模或地点入手，本着项目应当服从于当地可持续发展的原则对它们的影响作出评价。环境影响评价可以与成员国已有项目审批程序相结合。成员国可制定工作程序，从而满足本导则和欧洲议会 2008/1/EC 导则的要求，以及欧盟理事会 2008 年 1 月 15 日召开的整合环境污染防治与控制会议的要求。

4.9 环评信息通报

在符合商业和工业机密保密的前提下，项目信息必须及早让有关方面知晓，包括个人、单位、政府部门等，即信息要在决策前足够早公告，要满足以下要求：

（1）环保部门及时获悉并且被告知项目信息。

（2）同时以适当的方式（包括电子方式）告知公众项目审批正在进行、审批部门的详细信息、公众参与审批过程的可能性。

（3）如果项目的影响是跨国境的，应告知其他国家相关信息，使其可以发表看法（《埃斯波公约》，注意：这里强调的是项目的影响是跨国界的，而不强调其是否在地界上跨国界）。

4.10 环评期限与审批结果

留出的时间必须充分，足以使各方有时间参与并发表看法。环保部门在审批项目时必须考虑他们发表的看法和意见。审批过程结束时，环保部门必须向各相关方告知以下信息：

（1）同意或者否决该项目，以及所绑定的条件。

（2）决策的主要依据，包括公众参与的信息。

（3）其他任何关于减少项目影响的措施。

4.11 必须进行环评的项目

《导则》有 4 个附件，其中附件一列出了必须进行环评的项目，摘要如下：

附件一，按照导则第四条必须进行环评的项目：

（1）远距离铁路和跑道长度大于 2 100 m 的机场。

（2）高速路和快速通道（后者是指符合《欧洲主要国际交通动脉协议》定义的道路，协议 1975 年 11 月 15 日版）。

（3）新建四车道以上的道路，或者拓宽既有道路（原有道路在两车道以下），使之成为 4 车道以上。这些道路设施的长度大于 10 km。

4.12 施工和运营阶段的环保措施

在环评的基础上，业主方和施工方必须共同负责采用相应的环保措施，保障项目在各个阶段的排放特征及生态影响均符合环评要求，主要包括：

① 供水排水方案与废水处理设施；
② 废气处理；
③ 噪声治理设施设置；
④ 固废和建渣处置；
⑤ 与地方环保部门的沟通与配合；
⑥ 现场监管计量设施；
⑦ 现场分析化验设施。

4.12.1 供水排水方案与废水处理设施

4.12.1.1 供水：施工期间供水水源

施工期间生产生活用水可选择的方案有两个：应急供水模式或者替代供水模式，后者常见的有 48 h 方案、30 d 方案和永久替代方案。根据当地具体情况，应急供水系统启动可能需要的时间会超过一整天，因此在工地上准备储水缸等。如果是自备正式水源，则需要开工前做好。如果当地有泉水，也可以使用，但要报批。

4.12.1.2 施工期间的工地废水

工地各种废水必须收集并运输到处理设施的进水口，量大时一般采用管道运输。常见的废水处理设施以机械工艺和化学中和方法为主，处理场地上的设备包括计量仪器（进出水口）、配水池、沉淀池、隔油池、加药池（中和池）、取样池（取样点）等。整个设施可以是固定式或者移动式（集装箱），废水停留时间为（20 ~ 60）min。

一套设备可接纳来自多个工点的废水，必须向环保局说明每一股水分来源、水量、水质、预处理情况、设备使用期限等（一般基本工期结束时间对应）。要注意附近水体或者水源间歇或者连续涌入的水量。

废水排放标准：目前在欧盟各地执行情况不完全一样，要与各地区环保局衔接。工地废水常常要监测如下水质指标：

① 水温，< 25 °C；
② 工地废水导致接纳水体水温升高，< 1.5 °C；
③ 可沉淀物质；
④ 可过滤物质；
⑤ pH 值；
⑥ 氨氮；
⑦ 亚硝态氮；
⑧ 硝态氮；
⑨ 溶解铝；
⑩ 碳水化合物。

隧道掘进中干净的山体水可用于工地消防储水，多余的必须处理。

取样：按照欧盟规程或各国各地规范进行。

4.12.1.3 桥梁和隧道运营阶段的废水

施工阶段的各种废水需要收集并处理，处理设施可以是临时性的或者永久性的，后者即工地撤除后留在当地继续使用。如果在运营阶段有废水产生，则需要规划永久处理方案。

4.12.1.4 施工和运营阶段天然降水的处理

降水按照地表水处理规程处理。需要调查地表水和地下水原有状态，并及时跟踪分析项目开始实施后水质水量等指标的变化，整理成文提交给环保局，内容包括新旧数据对比、测点特征、位置、可到达性、所有权、地质特点，一般需要现场图片，最好图文并茂。报告考虑天然降水对地下水的影响。

4.12.1.5 泉水和地下水源貌确认

为了研究项目施工和运营对研究泉水和地下水的影响，必须事先对当地地下水和泉水情况做调查，并进行监测和计量。范围取决于可研报告或其他类似的项目资料。监测的内容包括水位、水温、电导率等，每天做。对于饮用水源泉水，每个季节水样取一次水样作分析，对其化学、病毒学指标作分析。个别情况下需要做同位素分析。

（1）废水排放点：由环保局指定排放点，考虑接纳水体的环境容量，根据施工阶段和运营阶段可以有不同的排放点。要求记录废水排放对接纳水体的影响。

（2）废水排放指标：根据当地环保局文件、水环境功能划分等信息决定。

（3）对渔民的赔偿：根据欧盟或当地法规执行。

（4）建设期监理：当地建设或者环保部门委托一个现场监理负责现场执行监督，报备环保局。其职责如下：

① 到工地踏勘；

② 查看当地原始状态资料；

③ 参加涉及水环境的会议；

④ 个别情况下向环保局提议第三方监测；

⑤ 向环保局提交现场报告。

4.12.1.6 其他要求

（1）对废水处理设施的要求：

① 沉淀池的尺寸和器材准备必须合乎要求；

② 废水在池内停留时间必须合规（例如很多时候要求 60 min 以上）；

③ 必须有备用池，以确保某个池子检修期间也能处理废水；

④ 必须制定处理设施的操作规程，尤其要明确排泥周期；

⑤ 向环保局告知设备运行负责人；

⑥ 池子内最高污泥深度要明确，应自动测量泥位；

⑦ 池子液位应每天记录到工作日志里；

⑧ 如果预计有超量的废水入池，则应扩建；

⑨ 池子内应有隔油池或隔油设施；

⑩ 排水口设有连续自动计量仪器。

（2）为实现水体状态监控，对出水指定监控流程，包括连续水质监控、取样实验室分析等。

① 连续监控监测一般监测的项目有流量、水温、pH、电导率、氨氮浓度、浊度等；

② 仪器的检修和标定要由专业公司承担，且要告知环保局公司名称，维修过程要记录；

③ 浊度监测应当使用与当地环保局一致的仪器；

④ 连续监测的数据通过在线设备实时传送到环保局；

⑤ 混合水样用取样器在出水口取，间隔 15 min，一般每个取样期 8 d，即每 8 个样本一组，其中 1 个立即送往实验室分析，其余 7 个冷藏收集，直

到下次取样；

⑥ 混合样一般分析下列参数：氨态氮、亚硝态氮、硝态氮、pH、电导率、可过滤物质、可沉淀物质、溶解铝、总铝、碳水化合物；

⑦ 如果出现超标情况，应立即告知环保局；

⑧ 废水处理和检测设备投用后两个月要向环保局提交一份运行状态报告；

⑨ 对于流动水面还应分析和监测渔业有关的指标；

⑩ 水文学风险分析。

（3）有时候还需要研究项目施工废水对耕植土层的影响。

废水处理中的劳保：

① 在隧道排水和废水处理中，要考虑水量突然增加时人员的疏散；

② 水泵供电应当与应急电源可靠连接，可切换；

③ 废水处理池要有防止人员坠落设施。

4.12.2 废气处理

废气监测主要监测降尘。

（1）测点布置：与环保局商定。

（2）检测内容：风速风向、PM2.5、氧化氮、二氧化氮、空气中有机成分和重金属（其中最后两种作为施工及运营对生态系统影响的依据，包括对土壤、动植物的影响等）。

（3）监测目的：长期和短期观察。

长期：空气质量变化（施工和运营阶段空气中有关参数的变化情况）、道路建成后因为交通组织变化导致的空气质量变化；

短期：施工期间短时间内剧烈变化时的应对预案。

（4）每种指标的监测方法、精度和频次，取样、保存、运输，分析过程和记录，监测结果和结论（长期影响结论要在竣工运营后若干年做出）。

4.12.3 噪声治理设施设置（照欧洲标准 EN 1794）

（1）施工期间噪声防护：

① 工地噪声防护：明洞和声屏障，根据环评报告要求设置；

② 运营噪声防护：按照环评报告在噪声敏感点对应位置的声源范围设置噪声防护措施。

上述防护设施效果通过插入损失判断，可通过第三方监测。

一般要建造规范的立柱才能满足降噪要求，立柱设计及施工（包括基础开挖等）要与环保局衔接。

由于工地设施要经受意外撞击等负荷，其设计与运营阶段有所不同，需要与专业公司衔接。

（2）运营阶段：噪声防护设施建好后，在工地开始运营时，立即在指定的点上设置噪声测点，监测方法同道路噪声。要记录结果，一旦噪声超标，必须采取措施。

4.12.4 固废和建渣处置

4.12.4.1 告知义务

施工方需要向环保局告知开工竣工时间、洗涤剂等化学药剂的种类和现场损失量。

4.12.4.2 维护自然生态

（1）现场设施的摆放场地、堆渣场等不得越界，有坡度时渣场一般沿着边线设栅栏。

（2）渣场的设置规划要经过地勘，范围和大小要经环保局批准，地勘钻孔方案要考虑地下水流向。规划里要标出所有既有道路、拟建造的施工便道、休假设施等。

（3）必须监测地勘钻孔引起的地下水位变化，设置液位计，精度到厘米。

（4）湿地施工时如果发现水位有变化，要立即采取措施。

（5）不允许砍伐树木。

（6）项目要设生态监理人员岗位，姓名地址等信息报备环保局，监理定期向环保局提交报告。

（7）竣工后破土的地方要恢复植被，如果不能找回原来的植被，应当种植当地草种。

（8）施工现场以及渣场作业机具必须是低噪声的（按照欧盟标准）。

（9）各种护坡必须尽量就近取材，用细材料覆盖（注意含硅材料）并绿化。绿化设计的植物种类与环保局衔接。绿化后维护（浇水、设围栏、打枝修枝）。

上述护坡不得使用混凝土代替，石缝要用细砂等填充，一般插柳枝绿化。

（10）告知环保局有关技术措施开始和结束的时间。

4.12.4.3 地质和水文

（1）地勘钻孔明显偏离位置时应纠正、重做。

（2）钻孔位置应避免岩隙水与地下水交换发生。

4.12.4.4 地下水分布图

开工前调查和记录地下水原状。

4.12.4.5 湖泊监测

生态监理人员监控附近水生生态情况，记录水位水质情况。

地勘钻孔：

① 钻孔现场原状记录（定量和定性）；

② 钻孔机具的运输、架设、挖掘和拆除方式要报到环保局；

③ 说明土石方工程量；

④ 说明遇到干散岩层的钻孔方法，生产用水循环系统，岩芯外运方式；

⑤ 钻孔保护方式；

⑥ 孔内液压试验等是在车载还是地面固定仪器上完成；

⑦ 不允许使用危险化学药品，需要说明：如果岩芯质量差，最多可使用的洗涤剂等；

⑧ 地下水监测的仪器和机具；

⑨ 岩芯数据分析和诠释细节；

⑩ 水场数字仿真。

4.12.4.6 堆渣场设立和选址（仅允许干净和符合标准的渣进入）

周围水体水质监测：

① pH：根据水脉情况设三个水质测点，第一个一般在上游某处，第二个在汇流处，第三个在下游；

② 一般 pH 传感仪应长期工作，每分钟读数一次；

③ 选择测点时，环保局人员到场踏看；

④ 开工后 3 个月，每个月至少下载一次数据，整理后交给环保局。

4.12.4.7 渣场护坡安全

（1）山谷护坡设置技术措施，防止渣土流失。

（2）设排洪沟并记录流量。

（3）堆渣作业按照欧洲技术规范操作。

（4）护坡不能采用喷射混凝土，而要用石头，或者网式护坡。

4.12.4.8　森林保护

（1）渣场施工和未来作业道路中间高、两边低，以利排水。

（2）道路应铺 15 cm 厚的碎石层，可承载货车。

（3）护坡绿化：表层土及植物根要用挖掘机移开，立即移栽到护坡上。

（4）挖掘机驾驶员要有森林作业的经验。

（5）监理人员要到现场。

4.12.4.9　隧道建设要求

按照矿山隧道及安全要求，建设喷射混凝土拱圈，并采用锚杆加固。

4.12.4.10　渣场劳保

（1）在坡度大于 60° 的地方，要设置防塌方措施。

（2）安全和劳保措施可按照矿山条例办理。

4.12.4.11　地质角度考虑的因素

（1）施工单位一般要找一位项目地质工程师作地质监理人员，并且告知环保局。

（2）地质监理人员必须全程在场，记录各种安全措施的实施，确定道路排水涵管的位置使之可以永久工作。

（3）安全措施与道路建设进度一致，不得使用 10 m 以上的接缝。

（4）有滑坡可能的地方，要监测岩体动向，测点和频次由环保局确定。

（5）地质监理人员必须随时向环保局报告重要的地质情况。

（6）地质监理人员要提交图文并茂的总结报告，应述及环保局批文内容实施情况。

4.12.4.12　土力学角度考虑的因素

（1）渣场排水沟必须及时修建。

（2）底部砾石（收集）层的过水能力不低于某个由环保局设定的数值。

（3）过滤层必须及时覆盖。
（4）设渗滤液测点。
（5）渣场表面设排水沟，坡度在 2% 以上。
（6）渣场表面建好后，建永久性排水沟，并立即将侧沟与之连接。
（7）根据情况，做附件地勘，以精确预测变形。

4.13 政府失职情况下的补偿义务

成员国在环评监督和审批方面失职一旦造成损失，必须承担补偿义务。

根据欧盟条约第四条，各国环保部门如果没有按照《导则》第二条对项目进行环评，则必须对造成的损失承担补偿或者赔偿义务。具体补偿步骤根据各成员国法规确定，前提是它们与各国法律的宽仁度可比（等价原则），并且在实际操作中可行（有效性原则）。

因此，在一些项目中如果已经发出的审批许可有争议，则由各成员国法院决定是否收回或者撤销许可，以促使项目补做环评，达到与欧盟导则要求一致。可能的替代方案是：如果涉事的个人等方面同意，法院要判断是否对其损失给予补偿来解决（继续维持许可的有效性）。

4.14 法律条文有差异时的个人权利

欧盟法律也赋予个人在一定条件下要求补偿损失的权利，如果他认为这种损失是由某方违反欧盟法律引起的。这种法律原则是体现在欧盟条约里的。个人索赔成立的条件有 3 个：被违反的欧盟法条赋予其索赔的权利；违反欧盟法例的程度必须足够严重；违法行为与损失之间有明确的因果联系。

4.15 生态影响评价的法律基础和“精神”

2012 年，欧委会建议修订《导则》，强调涉及气候变化和生物多样性的条款，规定将气候变化和生物多样性纳入环评（生态环评），对“气候变化”

和“温室气体”引入了清晰的参照。提供气候变化事宜的详细描述，将作为《导则》附件二项目的筛选标准。“项目对气候变化的影响（形式是温室气体排放，包括来自土地用途改变、林业的排放）”，项目对改善自然生态恢复力的贡献，以及气候变化对项目的影响（例如，项目完成后将处在一个变化着的环境中），描述了环评报告需要更详细探究的气候变化因素：如果项目考虑与气候变化性关联的风险，则涉及温室气体排放，来源包括土地利用、土地用途改变及林业、环节潜力、可以接受的气候变化影响等。

4.16 欧盟关于生物多样性的关切点

欧盟导则 92/43/EEC（Council Directive of 21 May 1992 on the Conservation of Natural habitats and of wild fauna and flora，as amended，OJ L 206，欧盟理事会 1992 年 5 月 21 日关于野生动植物及其栖息地保护的导则，修正案，即“栖息地”导则）[409]明确提出：将“生物多样性”和“物种与栖息地”置于该导则与 2009/147/EC 导则（Directive 2009/147/EC of the European Parliarment and of the Council of 30 November 2009，on the conservation of wild birds，OJ L 20，26.1.2010，欧洲议会和理事会 2009 年 11 月 30 日关于野鸟保护的导则，即“鸟”导则）[410]的保护之下。它引入了更多的生物多样性元素供按照《导则》附件二筛选时考虑，即“种群质量和数量以及生态系统的恶化和碎片化”的影响因子。《导则》也建议环评报告应当涵盖“生物多样性及其提供的生态系统服务”。最后，《导则》建议了明确的灾难风险管理参考。

对大型项目而言，导则要求在规划阶段就要有总体的生态初评，启动一个所谓的“规划确认流程”。过了这关才能进入下一阶段。这个阶段淘汰率很高，有半数项目至少需要调整线路。根据以往经验，遇到国家公园和自然保护区等区域，选线时一定要特别谨慎，否则很可能耽误进程、浪费人力物力财力（下文例子一）。同时，按照《欧洲野生动植物栖息地保护条例》要求，欧盟各国的各类保护区面积应达到国土面积的 10%（下文例子二），而且强调防止野生物种栖息地碎片化。该公约还赋予公众在现有保护区以外保护野生物种的提案权。举两个例子：

例子一：德国在建设 A49 号高速公路时，有一段是 5 号高速公路与施塔特阿伦多福（Stadtallendorf）之间的路段，其“规划确认流程”本来应该在 2004 年结束，规划的走向是 A49 号高速路从施塔特阿伦多夫东面的森林

（Herrenwald）通过，但是自然保护者在森林中发现了一群欧洲蝾螈（图 4.16.1），随即提出要求，请规划方调整道路走向，最后高速路改线绕行，而不是穿过。另一段高速路位于彼石豪森（Pischhausen）与施瓦母施塔特（Schwalmstadt），相应的“规划确认流程”2007 年 9 月完成。自然保护联盟 2008 年 1 月提交诉状反对修建高速路，尽管后来撤回，但是已经因此推迟了工期。由于这个教训，另外两段的规划确认做得很仔细，到 2010 年 6 月尚未完成。黑森州经济部长波什（Posch，这位部长曾于 2011 年 5 月底访问中国，到了湖南等地）等待着结论，以决定 2011 年的有关事项。

图 4.16.1　欧洲蝾螈

例子二：由于德国、法国和爱尔兰没有满足《欧洲野生动植物栖息地保护条例》规定的设立保护区的要求（各类保护区面积应达到国土面积的 10%），欧盟法院 2001 年 9 月 11 号判决这几国限期扩大保护区面积，使其达到国土面积的 10%。

其他必须遵守的法律文件有:《国际贸易中稀有濒危动植物保护公约》以及各国各地区的相关法规、行政规定等。

4.17 欧盟政策环境下将气候变化与生物多样性纳入环评中的必要性

在气候变化和生物多样性保护方面，欧盟一直是领跑者，如英国前首相布莱尔以及历届英国政府。欧洲高校也开展了多种相关研究，并将研究成果纳入大学课堂。还有就是欧盟在执行《阿胡斯公约》和《埃斯波公约》方面措施很有效，前者是关于项目环境信息公开的公约，后者是跨境环境影响评价和环境信息公开的公约。可以说，在欧盟各国，公众对项目环评的参与程度已经非常高（一般是通过群团组织、专业协会、地方和全国议会议员），形成了很好的社会氛围，环评（包括生态环评）报告书做得越来越具体仔细，也越来越多地被用作与公众沟通的依据和基础，气候变化和生物多样性、节能减排等已经成为很普及的话题。再加上在项目环评时各方代表都有较高的专业修养，对环评报告要求很高，一般要述及以下内容和目的：

（1）项目实施和实现欧洲气候变化与生物多样性保护的目标。

（2）项目工程措施与欧盟及各国法律和政策相一致。

（3）采取主动有效技术手段以提高项目的声誉。

（4）在气候变化背景下考量项目的适应性和生态体系的恢复力。

（5）气候变化、生物多样性、其他环境因素的共同作用与协调一致。

（6）项目措施从施工到运行均支持生态系统功能，有局部生态干预的标段采取生态补偿措施。

4.18 基于 LCA 的生态核算

本项目是典型的路桥隧道综合项目，条件复杂，需要投入大量的人力和物资。根据现行评价基础设施项目对生态体系综合影响的实践，除了常规环评指标，一般考察生态学方面的排放量，最多时可达 9 项，内容同 3.1 节。

4.19 将气候变化和生物多样性与环评衔接：步骤化流程

如前文所述，在早期就将其纳入环评过程（筛选和划界）。这样就可以将气候变化和生物多样性也纳入流程，它们就深入到各方的视野里，包括政府部门、群团组织、政策制定者、规划人员和环评人员。

结合具体项目的情况分析如何将生物多样性和气候变化衔接到其中。这不是简单的套用管理规范，而是要分析判断，因为每个生态环评内容都不一样。

4.20 识别环评中的气候变化与生物多样性因子

将所有的利益相关方召集到一起，他们与生物多样性/生态系统有关，而且是气候变化有关的决策者。

（1）在环评早期请他们帮助识别气候变化和生物多样性的关键因子。

（2）设计工作程序，选择最适合当前局面的（软硬件）工具。考虑环评需要，气候变化和生物多样性需要特别考虑。

理解气候变化和生物多样性如何与其他因子互相作用，即环评中需要评价的因子，以及它们如何自相作用。

4.21 环评中涉及气候变化和生物多样性工作的难点

（1）考虑预期的气候变化与生物多样性对本项目的影响，一般要持续很长时间，还要考虑项目的恢复力和应对上述影响的能力。

（2）考虑长期趋势，包括本项目实施前后两种情况，工作中避免以点带面。

（3）处理复杂局面。

（4）对生态系统而言，缓解气候变化，其影响一般是正的，但是对适应气候变化或者生物多样性的影响是负面的。

（5）考虑气候变化和生物多样性的复杂特性，以及本项目因其累积效应的潜能。

（6）处理不确定性。

（7）使用场景工具（软件仿真），例如最不利和最有利情况，来处理不确定性和不完整数据。如果预测环境影响太困难，就要考虑风险。

（8）基于谨慎原则、知识基础和知识局限性提出建议。

（9）实施时现实一点并相信常识。如果向相关方提供咨询，可避免偏离环评流程，留出时间评价复杂信息。

4.22 与气候变化和生物多样性有关的效应评价方法

（1）考虑气候变化的各种场景：包括极端气候场面和“重大意外”，这或者能极大地影响项目的实施和运行，或者能加剧其对生物多样性和其他环境因素的影响。

（2）分析演化中的环境趋势：包括关键因素随时间变化的趋势，变化发生的推动力，阈值和极限，可能会被特别影响到的区域和关键分布效应。

（3）使用脆弱性指标来帮助评价环境基线的进化，并识别出最具恢复力的替代结果。

（4）采用一体化方法规划和评价，调查适当的阈值和极限。

（5）从一开始就寻找避免影响生物多样性和气候变化效应的措施，而且是在考虑缓解或者补偿之前。环评应当聚焦在“无净损失”。

（6）评价替代方案（特点：在气候变化和生物多样性方面有区别）。

（7）采用生态系统为基础的方法和绿色基础设施，作为项目设计的一部分或者缓解措施。

（8）评价气候变化和生物多样性的协同行为，以及累积效应。

（9）因果链/网络分析。

4.23 环境和生态保护评价的例子

欧盟在其核心交通网（TEN-T）中规划了 9 条骨干道路，其中一条是从芬兰赫尔辛基到意大利的西西里岛。其控制性工程是穿越阿尔卑斯山的隧道。该隧道长度在 55 km 以上，投资 87 亿欧元（2013 年价格，图 4.23.1，图中线路从柏林到西西里首府巴勒莫），穿过的地区多数为生态敏感地区，对施工过程废水、废渣、噪声、植被恢复等因素有特别要求。能否施工曾经长期没法确定。后经过系统环评并不断探讨防护和补救措施，“规划确认流程”和环评得以通过。

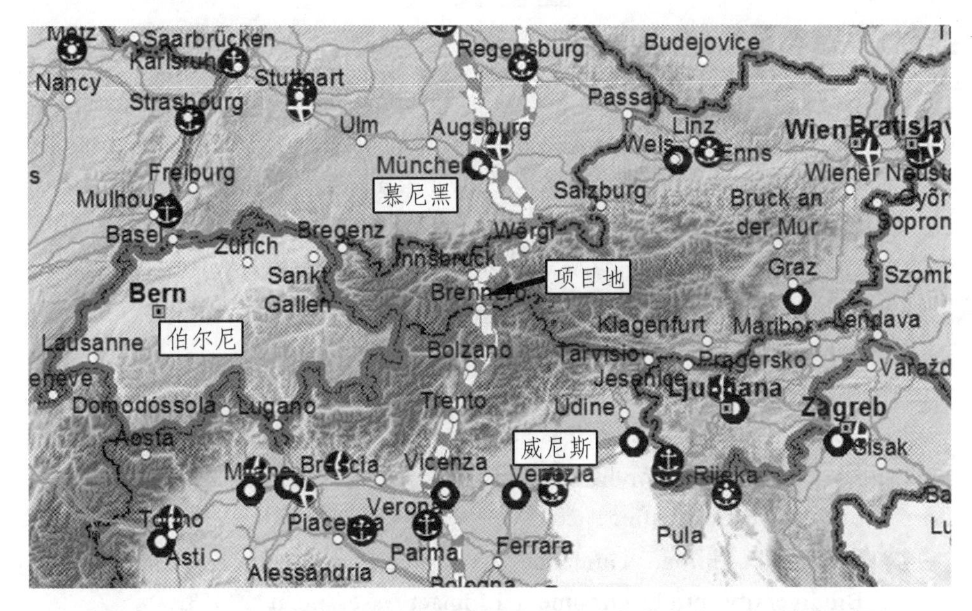

图 4.23.1 从芬兰赫尔辛基到意大利的西西里岛线路中 BBT 隧道位置

4.24 环境和生态保护评价的科学性与严肃性

欧盟对生物多样性保护极其严格，保护重点划分也非常细致，项目方一般委托给专业机构[411]，以期在生态核算和生物多样性保护方面做到无懈可击，因为欧盟法律给公众提供了各种积极保护生态系统和物种的条件。实践证明，当项目涉及保护区时，只要规划得当、措施到位、监控严格，是不会造成重大后果的，一般经过沟通会通过。一般很注意前期把工作做细，因为在生物多样性和施工排放方面的一些“突然发现”往往造成巨大的经济损失和工期延误。

上节例子中，《阿胡斯公约》和《埃斯波公约》的严肃性得以充分体现。奥地利蒂罗尔州 2011 年在行政法院判决前，曾经对环评及生态评价报告中的肯定结论提出反对意见[412]。根据欧盟最高法院判决，各国以及公众可以对运输部门的决定提出抗诉。本例中，运输主管部门已于 2009 年 4 月批准了项目。

参考文献

[401] UNECE. Convention on Access to Information，Public Participation in Decision-making and Access to Justice in Environmental Matters（usually known as the Aarhus Convention）. Danmark，Aarhus，1998-06-25.

[402] UNECE. Convention on Environmental Impact Assessment in a Transboundary Context（informally called the Espoo Convention）. Finland，Espoo，1991-02-25.

[403] UNECE. Kiev Protocol on Pollutant Release and Transfer Registers Kiev Protocol on Pollutant Release and Transfer Registers. Kiev，2009-10-08.

[404] European Union. Environmental Impact Assessment of Projects. Rulings of the Court of Justice，2013.

[405] European Union. Guidance on Integrating Climate Change and Biodiversity into Environmental Impact Assessment，2013.

[406] European Commission. The Environmental Impact Assessment Directive,

The EIA Directive（85/337/EEC）is in force since 1985 and applies to a wide range of defined public and private projects.

[407] European Union. Guidance on the Application of the Environmental Impact Assessment Procedure for Large-scale Transbounbary Projects, 2013.

[408] European Commission. Streamlining Environmental Assessment Procedures for Energy Infrastructure Projects of Common Interest（PCIs），2013.

[409] European Union. Council Directive of 21 May 1992 on the Conservation of Natural habitats and of wild fauna and flora，as amended，OJ L 206, 1992-05-21. [欧盟“栖息地”导则]（92/43/EEC，Amended）.

[410] European Parliarment and of the Council. Directive 2009/147/EC on the conservation of wild birds, 2009-11-30. [欧洲议会和理事会关于野鸟保护的导则，即“鸟”导则]

[411] KLEINSCHMIDT, VOLKER, WAGNER, et al. Strategic Environmental Assessment in Europe//Fourth European Workshop on Environmental Impact Assessment：59.

5 市政工程中的排放与生态核算——低碳市政的源头

5.1 绪 论

5.1.1 背景及问题的提出

人为向大气中排放的生产负荷已经成了一个全球性问题。气态排放物引起的环境问题包括气候变化、生态系统的富营养化和酸化、生物多样性减少、平流层臭氧层破坏以及夏季的尾气光化学反应。这些环境问题自 20 世纪 60 年代在发达国家，自 80 年代在我国成为社会的关注点，因为他们被看作对人类的直接或间接威胁。

气候保护中空气质量的改善因此成为持续发展道路上的一个挑战[501]。最重要的温室气体是 CO_2、CH_4 和 N_2O。在德国，这三种气体对温室效应的贡献率是 98.5%[502]。为了达成第二个目的，即保护空气质量，德国政府在哥德堡认定会承担了义务，即控制空气中以下几种气体的年排放量：SO_2、NO_x、NH_3、不可挥发有机碳氢化合物（不含甲醛），使其到 2010 年不超量排放。

根据科勒的研究，高层建筑领域，上述气体的排放量占到了 21%[503]。目前，使用寿命 50 年的建筑，其使用期间的一次能源消耗占 85%[504]。通过近些年大规模建造被动房和零能耗建筑，使用阶段的节能越发重要。这样一来，制造和拆除工作所占的能耗比例加大。Mösle[504] 预测，到了 2020 年，使用寿命 50 年的房子，其制造和拆除的能耗占到总能耗的 42%。

借助生态核算这一手段，可以计算建筑物在建造、使用和拆除阶段的排放物的环境影响。这方面有一些商业软件可用，其数据库包含了各种产品的参数模块，有行业环境数据，而与具体的生产商无关[505]。这些所谓的基础数据并不完整，不包括德国所有的产品[506]。因此，以此数据库作为设计工具是有缺陷的。但是要使建筑物的生态核算具有说服力，必须有完整的数据基础。如果数据缺陷太大，那么设计辅助工具的用户就会增加缓慢，甚至不增加。反过来，如果没有实际应用，就存在补齐数据缺陷的需求。在进行建筑物的生态核算时，数据缺陷被看成是最大的障碍之一[507]。

改革越来越多地要求进行建筑物的生态评价，这样促使业界在招标中增加生态标准。例如，在联邦建设部《可持续建设导则》第 4 节提出：建筑物整个寿命周期内要考虑必要的能耗和物质流，包括采矿、加工、运输、安装和拆除。还要考虑有害物质的排放，特别是建材生产和建筑物使用阶段的排放[508]。

联邦建设与区域规划局向周边资助了一个研究项目“可持续建设基础数据的更新、推进和协调”，结题报告中列出了上述基础数据，被看成与科技界、建材生产行业及协会交流的成果，可用于建筑物的生态核算[506]。基础数据库包括 423 种产品及工艺，将归拢到建设系统起始数据中。德国所需的数据被分成了 5 大类，见表 5.1.1。

表 5.1.1 基础数据划分[506]

类　别	说　明
A 类	工业界有数据提供
B 类	工业界答应提供数据，但是还有没有找到
C 类	某些研究机构有数据，并且可以用
D 类	某些研究机构有基本信息，通过补充数据输入可获得所需的数据组
E 类	既有信息不足以导出足够精确的数据组，需要从工业界获得数据，只可能做粗略的估计

A 类～C 类在建设部网络上免费提供，D 类和 E 类涉及 178 种建材，目前还不能使用，原因：或者缺钱进行调查，或者生产商不合作。

为了尽快补足数据缺口，本章将说明如何通过基础输入-输出的物料核算[509]（input-output based life cycle inventory）来计算产品（物资和服务）的环境影响，并由此生成基础数据。IO 物料核算的基础是环境影响模型，该模型的数据基础是全国统计数字。

IO-SB（输入-输出物料核算）方法在美日应用越来越多，目的是生成生态核算所需的数据。由此人们开发了一些工具，全国统计数字被录入。在德国，这个方法迄今为止尚未用于生成适当的建材数据，主要原因在于

IO-SB 的基础系统边界与物料核算的系统边界不同，而基础数据就由物料核算得出。

IO-SB 在计算某个国家或者地区的排放时，要计入所有的前期工作的贡献，因此，系统边界要比物料核算广阔。在后一种核算中，出于成本原因，不考虑非物质流以及某些基础设施（例如金融服务、公司办公场地、企业内部餐厅）。在物料核算中，将给出单个产品和过程的排放。而在 IO-SB 中，各种统计数字已经集成，因此不以单个产品为基础，而是基于某个经济领域。不仅如此，在环境统计中，并不给出所有出现的排放，而仅仅是上述 7 种。这样做的后果就是：大多情况下，IO-SB 中考虑的不同排放量不像物料核算中考虑的那么多，迄今为止，尚未验证 IO-SB 原则上适用于生成基础数据，用于建筑物生态核算。因此有必要做广泛的研究，以澄清用 IO-SB 是否能生成建材的基础数据，并且补齐设计工具中的数据缺口。

5.1.2 目 标

基于上述问题，本章的目标是进一步发展并验证 IO-SB 方法，以获得数据，其适合于与现有基础数据共同用于建筑物生态核算。

IO-SB 适应德国建筑行业的特点，使这种方法得以发展，用以生成的建材产品中累计排放的温室气体有 CO_2，CH_4，N_2O，SO_2，NO_x，NH_3，NMVOC，而且对每一种建材有一组数据：IO-LCI 数据。

IO-SB 方法应做验证，即检验使用该方法生成的 IO-LCI 数据组是否适用于进行建筑物的生态核算。

将 IO-LCI 数据组与既有的来自生态核算数据库的数据做比较，对差异做统计分析，目的是找出导致差异的关键因素，该因素可能导致不安全并否决上述方法的使用。

本章的一个目标是计算 IO-LCI 数据组的环境影响潜力。计算得出的基础数据应与设计工具中既有基础数据共同应用，因此要对数据结构做适应性调整。本章给出了如何在设计工具包里实施 IO 基础数据。

5.1.3 本章结构

本章研究的工作概况见图 5.1.1。

首先描述生态核算的基础，主要包括物料核算和环境影响两个阶段，因为其他内容以此为基础。

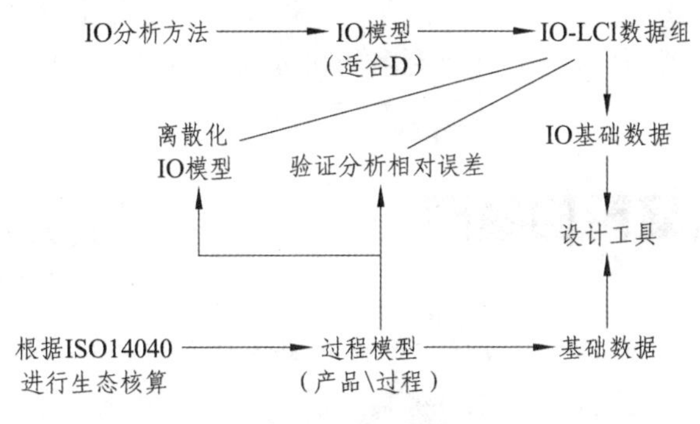

图 5.1.1　工作概况

物料核算由几个所谓的过程模块（P-LCI 数据组）组成，量化展示过程或产品的物质流和能量流，因此以下文中称为 P-物料核算。与此不同的是 IO-SB 基于宏观经济统计，由此计算某个生产领域用于销售的产品（最终产品）的直接及间接排放。涉及环境的 IO 分析的方法论基础以及以此导出的 IO-SB 将在第 5.3 节讨论。

第 5.4 节首先讨论既有的 IO-SB 分析软件，但是它们包含的数据并不适用于反映德国生产条件。

因此，这是借助联邦统计局的数据制定的涉及环境影响的 IO-模型，因此模型可计算其在德国生产的产品的累计排放。

P-SB 与 IO-SB 有区别，因此将其系统边界互相适应，可以生成 IO-LCI 数据组，其中未考虑一些前期工作的排放，以便于对两种模型做比较（第 5.5 节）。

系统边界互相适应后，计算所得的 IO-LCI 数据组在第 5.6 节得以验证，方法是将其与 ecoinvent（所谓的系统过程）的 P-LCI 数据库的数据组作比较，观察到的误差将做分析，并讨论误差产生的原因以及数据在建筑物生态核算中的适应性。

接着研究借助 P-LCI 数据组将生产领域进一步细分（离散化）是否改善数据的情形（第 5.7 节）（暂略——译者注）。环境统计中基本流数量基于上述联邦政府的政治目标，因此限于前文所述的 7 种气体排放。IO-SB 中忽略了政治上不重要的排放因子，导致的后果是一部分环境影响被忽略。这部分被忽略的环境影响在 IO-LCI 数据组特征化时的作用将在第 5.8 节（暂略——译者注）量化讨论。

第 5.9 节（暂略——译者注）里，IO-LCI 数据组和由此生成的 IO-基础数据被集成到建筑物生态评价设计工具中去。接着，在第 5.10 节（暂略——译者注）讨论 IO-SB 实用的可能，验算结果以及在其他行业使用的可能性、对 IO-SB 未来使用潜力的展望以及更多的研究需求将做出说明。

5.2 生态核算的基础

臭氧空洞以及温室效应等环境问题推动着生态核算的系统方法不断受到大众的重视[510]。在生态核算中，将某产品系统的产品流、物质流和能量流以及环境影响潜力统一列出并评价[511]。

根据 ISO14040/14044 编制的生态核算报告由 4 个阶段组成。第一个阶段给定目标和研究框架，随后是物料核算，环境影响估计，最后阶段是评价。

实施生态核算是一个迭代的过程，在此过程中，4 个阶段交叉作用。例如，在环境影响估计或者评价中可能出现生态核算的有关问题没有得到满意答复，这可能引起对目标和研究框架的修正。

5.2.1 设定目标和研究框架

经济资产表阶段情况见图 5.2.1。

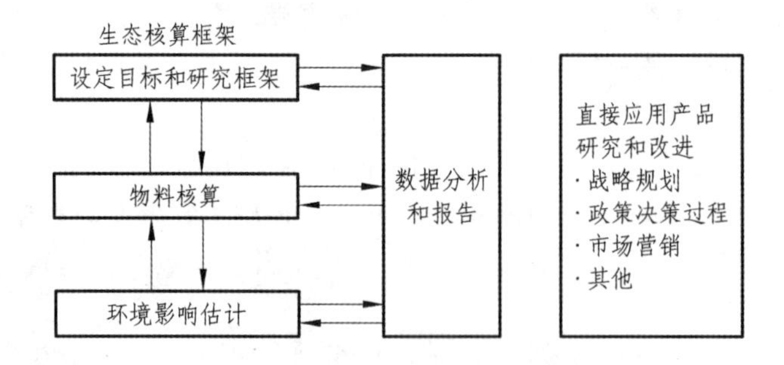

图 5.2.1 经济资产表阶段情况

进行生态核算主要出于两个原因：

① 针对某一用途比较不同产品的环境影响；

② 分析制造过程，找出其生态弱点。

生态核算的目标必须毫不含糊地给定预想的应用，并且列出进行研究的理由以及所涉及的目标群（企业、协会、环保组织等）。

在确定研究框架时，需要描述产品系统的功能，包括功能单元、系统边界、数据质量的确定，环境影响估计方法以及从中选出的影响种类等。

具体说明如下：

产品系统：包括所有的带元素流和产品流的过程，模块满足给定的功能（产品的使用）。产品系统可分为单个的过程模块，这是最小的单位，有关数据调查也是以此为单位而进行的。这是一些单独的过程或者过程组。在生态核算软件包数据库里有一些产品和过程的数据，其物料核算已经完成。上述数据库数据包括累计的输入-输出，在本章中称作 P-LCI 数据。

在土建领域，产品系统可处于不同层级上，系统的功能可以是生产一定量的某种建材，也可以是建造一栋建筑物。据此来规定有关研究报告的目标。

在建材层级上，首先是分析某个生产过程的弱点；在建筑物层级上，目标可以是完整的解决方案和一体化建造优化。衡量产品的尺度是功能单位（FE），它量化一个产品系统的用处。

所有的输入-输出流均基于此 FE。符合 FE 中给定用处的输出量，被称为参考流，例如提供 500 m^2 的储存空间。

系统边界是核算框架，是一套准则，用以确定哪些过程模块属于某产品系统。因此一个原则就是：尽可能将产品寿命周期内各阶段完整地勾画出来。寿命周期一般分为生产制造阶段（从获取原料开始）、使用阶段、重复利用以及处置阶段。

系统边界的选择对生态核算有着决定性的影响。分析结果的质量极大程度上取决于各个寿命片段的合理认知和边界选择。在实践中，寿命片断的划分原则是确保其对总体结果的最小贡献。如果有一些片段不予考虑，则应说明原因。

要理解生态核算的结果并将其归类，应对数据质量做以下说明：

① 有效期：数据的“年龄”以及采集时间间隔；

② 有效区域：数据的来源地（国家、地区）；

③ 技术领域：基础过程技术水平（科技水平、最好可用技术等）；

④ 数据来源（文献，自己调整）；

⑤ 数据程度说明，完整性、代表性、一致性以及可验证性。

5.2.2 物料核算

5.2.2.1 基 础

物料核算是生态核算的组成部分，考察一个产品系统“从摇篮到坟墓”

的材料流和能量流。单个的过程模块基于 FE，其输入-输出加入到总的核算中。

在输入端，考察所有需要的资源（原料和能量）以及运输，在输出端考察产品以及向土壤、水和大气的排放。

生态系统带寿命功能的不同阶段见图 5.2.2。

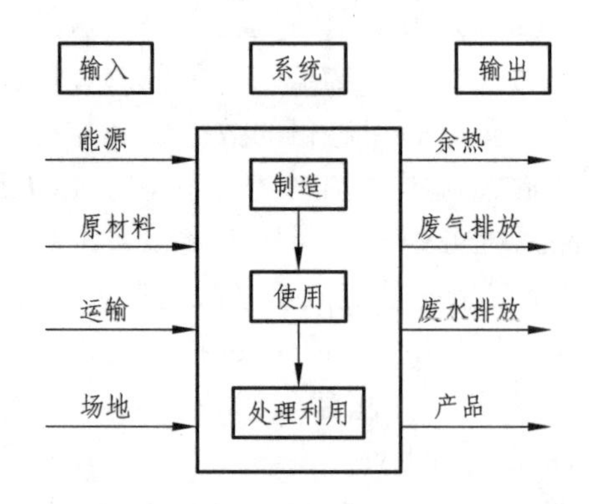

图 5.2.2　生产系统带寿命功能的不同阶段

在物料核算中，一个产品寿命周期的所有过程都被很透彻地展示出来。任意一个复杂的产品系统都被分解成有限数量的过程模块，后者是物料核算中考虑的最小组成部分，针对它进行输入-输出数据量化。

物料核算通过迭代进行。获取数据时，可能会出现新的状况，要求对此前确定的目标或者调查框架进行复核。

产品系统展示得越细致，过程数量就越多。由于种种原因（如保密），有时不可能对所有输入-输出进行系统的追踪或者追溯。这就导致生态核算报告并不是某个产品系统所有必要的过程模块均可用。

生态核算的基本思路是获取和评价某个产品系统所有输入-输出信息，这一点在实践中很难做到。借助于截断准则，物料核算的过程被排除。对输入而言，在此准则下常常确定一个百分比的门槛值，低于此值的物质流、能量流及其前链被忽略。但是对输出而言，即使可能的环境影响非常小，也必经考虑。一般情况下，被忽略的排放值不仅数量小，而且其影响也低于某个值。

5.2.2.2　如何处理物料平衡中的数据缺口

这是一个在制作物料平衡时世界广泛知晓的方法问题，因为不是对每种产品及过程都存在所需的输入-输出数值。由于这个原因，对每一个数据缺口都必须经单独判断如何补齐。图 5.2.3 说明了如何处理数据缺口[512-514]。

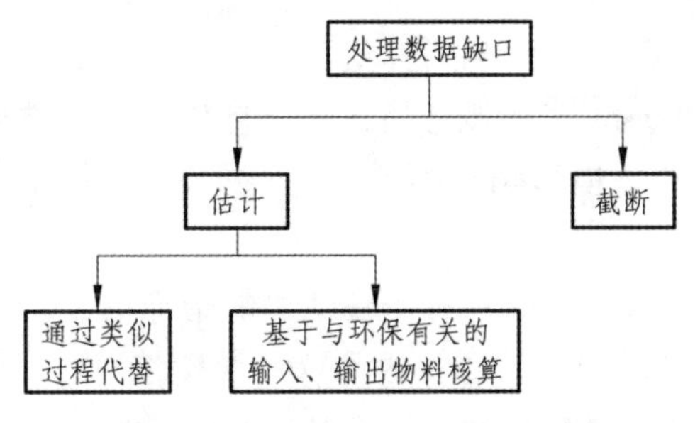

图 5.2.3 数据缺口处理流程

截断过程模块是处理数据缺口最简便的方法。过程模块的输入和输出被清零，就是说，相应的过程不进入物料核算。如果某个过程对整个产品系统的环境影响贡献率可忽略，就可用这种方法。Frischkecht 等人[515]给出了不同系统截断准则的综合对比。一些重要过程也可以因为认识不同加以忽略。后果就是：实际的环境影响在物料核算中被低估。截断误差有时可达环境影响的 50%。

至于被截断的过程模块的环境影响是否真的可以忽略，是无法检验的。因此，环境影响应对所有相关过程做估计，方法有两种：

（1）通过另一个已知过程模块补齐数据缺口（即替代）。这种方法有一种危险：该已知过程不合适，从而导致错误的生态核算结果。

（2）借助 IO-SB 估计输出。

第 5.3 节将仔细讨论这一估计方法。

5.2.3 环境影响估计

5.2.3.1 基 础

在环境影响估计阶段，要评价一个产品系统的环境影响潜力。物料平衡结果按照科学量化观点分类，以展示不同排放的作用，例如引起温室效应或者形成近地臭氧。因此，环境影响估计并不描述基础流（如 kg CO^2/FE），而是那些同为“此流”引发的环境影响，例如，环境影响指标“红外辐射”被归入“气候变化”这一大类。这个指标量化形式是 CO_2 等代值/FE，从不同的温室气体导出（CO_2，CH_4，N_2O 等）。生态核算中环境影响估计阶段包含三个步骤：

（1）选择环境影响种类、影响指标、等级和特征模型。

（2）归类（将物料核算结果归入上述所选的环境影响种类）。

（3）特征化（计算环境影响指标值）。

归类根据 ISO2006b[516] 的概念描述如何将物料核算结果按其相应的环境影响潜力归入所选的环境影响种类（如气候变化）。一种排放可以归入多个种类。

在“特征化”这一个步骤计算出环境影响指标值，物料核算结果被变换成统一的单位，并且将同一个种类内的这些单位汇总（如 CO_2 等代值）。进行上述变换时使用特征系数，这是一个从特征模型导出来的系数，用以将物料核算结果向共同单位变换[515]。

图 5.2.4 是划分等级的方法和特征化一览表。

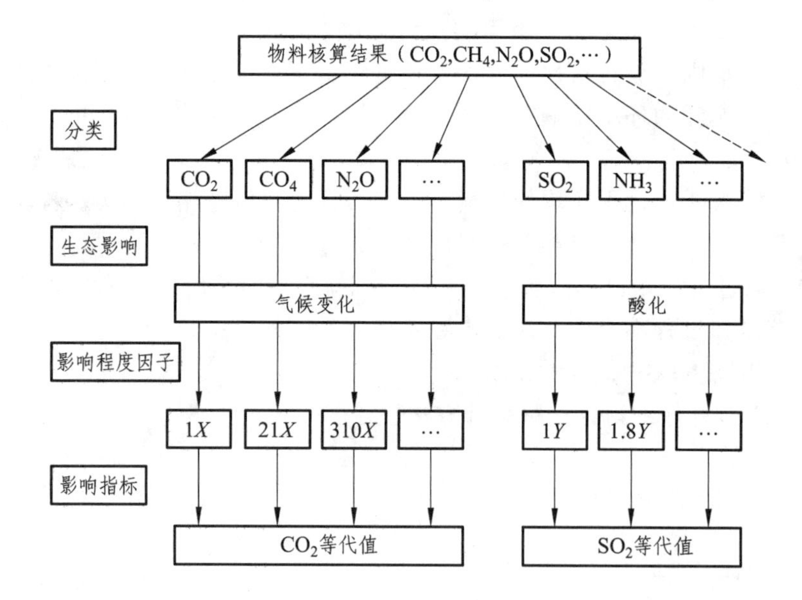

图 5.2.4 物料核算结果一览

5.2.3.2 IO-SB 环境影响估计

这时，计算出的输出值（大多情况下是废气排放，见 5.3.2 节），必须按照 5.2.2.1 节的方法做估计。经常遇见的情况是：基于统计资料（5.4.2.5 节）的单种物质数量明显低于物料核算结果。因为一些排放物没有系统地进入统计，就出现了一种危险：在环境影响估计阶段，实际产生但是没有进入记录的排放被算少了。第 5.8 节（暂略——译者注）讨论此问题，并尝试量化没有考虑的环境影响。

5.2.4 评 价

在这个阶段，物料核算结果以及环境影响估计与研究的目标作对比，一般重要的参数将被取出。评价的结果可以是结论和建议的形式，同时始终注意与目标和研究框架的一致性。

5.2.5 小结和展望

本节根据 ISO14040/14044 说明了生态核算的基础，介绍了处理数据缺失的各种可能性。选用了 IO-SB 方法，以补齐建筑业的数据缺口。使该方法融入生态核算方法的前提是：这两个系统必须一致。此后各节将优先研究如何将 IO-SB 用在德国，系统之间存在哪些共性和不同，以及会出现哪些不确定性。研究的目标是：提供定性适当的数据以补齐建筑物生态核算中的数据缺口。

5.3 环境 IO 分析

最近几年，在进行生态核算时除了截断产品流和相似过程模块代替（5.2.2.2 节），还讨论生成数据的一致性可能，以补齐生态核算中的数据缺口，即环境 IO-模型（uIOM），用于计算生成一种产品时直接和间接的环境影响[516]。

本节讨论基础方法。首先分析评价输入-输出表，即所谓的 IO 分析（IOA）。借助这个工具，有可能计算出直接和间接的（累计的）前期服务（金融输入流），服务的诱发是国家和私人订购产品（5.3.1 节）。

可以将 IOA 借助环境统计扩展，以计算订购某种产品的累计排放量。这个环境 IOA 将在 5.3.2 节描述。

5.3.3 节讨论 IO-SB 方法，可用于计算单个产品的累计排放。

5.3.1 IOA

5.3.1.1 基础模型

国民经济的各个领域通过货物交换相互联系，每个领域为了“做功”必须经过“输入”自身领域的“功”，也有来自其他领域的。这些货物通过价格和件数记录。

这种直接和间接关系，用IO模型描述。在这些模型中，整个国民经济被分成经济分支或领域。领域内的货物流用表格和矩阵形式列出。每个生产领域占一行和一列。在此所谓的输入-输出表里，列出一个领域所有向其他领域的销售，以及从其他领域的采购。

此外，某个领域的所有生产以及在该领域的订购也显示出来。“最终使用的货物”从国民经济中抽查，被家或人消费。

分析的基础IO型是一种静态开放式数量模型。

静态模型中，不对时间做量性考虑，就是说，所有的量（如价格）基于同一时间或同一时间段。“每个时间段的量”取决于时间段的长度，该长度是输入-输出的参照时间，在德国一般取1 a。

在开放模型内，并不是所有的变量相互关联。订单来自外部，在分析进程不再变化，即：它不和模型内某个量关联。这里不考虑经济过程的追溯作用（例如：增产使收入和消费增加。）

借助数量模型可以分析最终应用货物需求变化的直接和间接影响。因此对需求而言，使用某个数量，使单位货币在当时的价格下正好能买断（5.4.2.3节）。IO数量模型因此正好基于此“人工量”。

大多国家的统计局的例行工作之一是制定这些IO模型。各国的数据基础不同，本节来讨论这一点。

5.3.1.2 输入-输出表评价

国民经济中各因素的互相作用以及某个生产领域不同产品的意义，对此进行分析评价称为IOA。这是一种经验经济研究方法。

通过分析输入和输出的关系，可以判断：最终需求的变化如何影响单个经济分支和其他国民经济数值。例如借助IOA可以估计，增加化石燃料课税对整个国民经济有多大影响。用IOA也可以模拟结构变化，例如某些货物生产转移到外国或者对某个领域的需求发生变化对国民经济的影响，将产品生产转移到外国的生态影响（例如通过更多的CO_2税）（5.3.2节）。

在IOA中作如下假设：

（1）线性生产工艺：如果设备生产能力扩大10%，其产出也会增加10%，每一种输入物资也要增加10%。采购1 000欧元的每种产品对国民经济的影响是采购同一领域100欧元产品的10倍。

（2）总成：基于产品和生产工艺，假设国民经济某一生产领域完全均匀。如果某一生产领域里有多种生产方法（过程）和产品，不均匀性可能很大。仅仅当某一领域的所有企业生产同一种产品，且采用同一种工艺，才可以对输入结构和生产过程作出判别。

5.3.1.3 IOA 数学基础

本节阐明如何利用 IOA 计算某个领域的产品的直接和间接前期消耗。

做一个非常简化的输入-输出，由 1，2，3 三个领域组成，不考虑进出口（表 5.3.1）。借此说明，IOA 要用于哪些数学基础。

表 5.3.1 当地产品虚拟输入-输出表

领　域	领域 1	领域 2	领域 3	最终需求 y	总产品 x
领域 1	30	0	3	40	73
领域 2	20	2	2	20	44
领域 3	12	1	12	20	45

当地总的生产是三项之和，某个领域内部需要，供应其他领域，供应市场。对应于当地货物的总需求量。灰色部分是所谓的“前功”矩阵 $\boldsymbol{V}$，给出了领域内部的供货关系。各列给出了领域内资金输入，领域 1 需要本领域 30 个单位，领域 2 和 3 需要 20 个单位和 12 个单位，以生产出 $x_1 = 73$ 个单位的产品。

在每个输入-输出表中，某个领域内所有货物 x_i 总产量来自同一行各项求和，就是说，领域 1 总产量 73 个单位中，有 30 个单位产自该领域内部，0 个产自领域 2，3 个产自领域 3，40 个到最终用户。y_i 描述这些最终用户，他们需要不同的货物。经济体内部的互相作用（中间货物需求）用 v_{ij} 描述。通式是：

$$x_i = v_{i1} + v_{i2} + v_{i3} + \cdots + v_{in} + y_i \tag{5.3.1}$$

本章观察的 IO 模型里，假设：各领域之间的流动可以通过一个领域产出的百分比计算。其方法是：用领域 i 和领域 j 的“前功”（资金流）除以总的产出，就计算出上述流动：

$$a_{ij} = v_{ij} / x_j \tag{5.3.2}$$

式中　a_{ij}——输入系数，无量纲。

a_{ij}构成所谓的工艺矩阵（或者分数矩阵）$\boldsymbol{A}_{\text{dom}}$，是一个方阵，它说明某个领域直接供货的合理性：每一个列元素a_{ij}代表领域j对本土货物的直接采购，以产生出领域i中单位资金的货物[517]。

生产“前功”货物同样需来自其他领域的输入。这种交织关系给出两个相关性：一是在输入-输出表中给出直接关联；另一个是通过“前功”起作用的各领域之间的间接关联。为了获得总的输入需求，将矩阵$\boldsymbol{A}_{\text{dom}}$与单位矩阵$\boldsymbol{I}$一起求逆$(\boldsymbol{I}-\boldsymbol{A}_{\text{dom}})^{-1}$。总的输入需求的意思是：不仅来自“前功”货物直接供货的需求，而且是所有“前功”货物。逆矩阵$(\boldsymbol{I}-\boldsymbol{A}_{\text{dom}})^{-1}$的系数包含输入的直接和间接需求[519]。

必要的计算步骤如式（5.3.3）~（5.3.10）。

将（5.3.2）式变换解出v_{ij}：

$$v_{ij}=a_{ij}\cdot x_j \tag{5.3.3}$$

代入（5.3.1）式，有：

$$x_i=a_{i1}x_1+a_{i2}x_2+a_{i3}x_3+a_{i4}x_4+\cdots+a_{in}x_n+y_i \tag{5.3.4}$$

领域i（x_i）所有的本土产品包含在总的需求矢量$\boldsymbol{x}_{\text{dom}}$中。最终需求变量$\boldsymbol{y}_{\text{dom}}$描述每个领域$i$对本土产品（$y_i$）的最终需求。因此式（5.3.4）可写矩阵形式：

$$\boldsymbol{x}_{\text{dom}}=\boldsymbol{A}_{\text{dom}}\cdot\boldsymbol{x}_{\text{dom}}+\boldsymbol{y}_{\text{dom}} \tag{5.3.5}$$

式中　$\boldsymbol{y}_{\text{dom}}$——最终需求变量（欧元）；
　　　$\boldsymbol{x}_{\text{dom}}$——总的需求变量（欧元）；
　　　$\boldsymbol{A}_{\text{dom}}$——输入系数矩阵。

由（5.3.5）式可得：

$$\boldsymbol{x}_{\text{dom}}-\boldsymbol{A}_{\text{dom}}\cdot\boldsymbol{x}_{\text{dom}}=\boldsymbol{y}_{\text{dom}} \tag{5.3.6}$$

或者

$$(\boldsymbol{I}-\boldsymbol{A}_{\text{dom}})\cdot\boldsymbol{x}_{\text{dom}}=\boldsymbol{y}_{\text{dom}}\quad(\boldsymbol{A}_{\text{dom}}\neq\boldsymbol{I}) \tag{5.3.7}$$

式中　$\boldsymbol{I}$——单位矩阵。

为了每个领域（Bereich）能提供价值一个货币单位（欧元）的最终使用货物，其首先必经自己生产。单位矩阵$\boldsymbol{I}$描述这类生产价值，均为1。

只有在必经的“前功”也已生产的情况下，最终使用的货物才能生产出来。必经的“前功”的多少依据输入系数确定。

式（5.3.7）左乘$(\boldsymbol{I}-\boldsymbol{A}_{\text{dom}})^{-1}$有：

$$\boldsymbol{x}_{\mathrm{dom}} = (\boldsymbol{I} - \boldsymbol{A}_{\mathrm{dom}})^{-1} \cdot \boldsymbol{y}_{\mathrm{dom}} \tag{5.3.8}$$

对某领域某货物最终需求的变化用货币单位表达，直接或间接导致总需求的改变，同样用货币单位表达。利用式（5.3.8）可计算出本土总的生产总量 $\boldsymbol{x}_{\mathrm{dom}}$，由任意一个需求变化引起[520]。总需求矢量 $\boldsymbol{x}_i$ 中的每一个元素意味着每一个领域 i 必须直接或间接要生产多少，以完成其对总的最终需求 $\boldsymbol{y}$ 的贡献率。

在全国 IO-计算中，除本土数字外，还公布了一个输入系数矩阵，额外考虑进口。

如果要计算货物需求变化引起的总的生产量——无论是本土产品还是进口产品，可将式（5.3.8）写成：

$$\boldsymbol{x} = (\boldsymbol{I} - \boldsymbol{A})^{-1} \cdot \boldsymbol{y} \tag{5.3.9}$$

$$(\boldsymbol{I} - \boldsymbol{A})^{-1} = \boldsymbol{C} \tag{5.3.10}$$

式中 $\boldsymbol{y}$——最终需求矢量，含本土和进口货物（欧元）；

$\boldsymbol{x}$——总的需求矢量，含本土和进口货物（欧元）；

$\boldsymbol{A}$——输入系数矩阵。

系数逆矩阵 $\boldsymbol{C}$ 用于计算所有的直接和间接“前功”，即整个需求。每个系数 c_{ij} 反映领域 i（直接和间接）的必要输出改变，它用于制作领域 j 最终需求的额外单位[521]。

国民经济中领域之间的直接和间接联系会变得很清晰，如果系数逆矩阵 $\boldsymbol{C}$ 被写成潜式级数。在级序列中，直接和间接作用可见。

如果所有的特征值 $A<1$，$|\lambda_i|<1$，矩阵 $\boldsymbol{C}$ 可借助几何级数 $(1-q)^{-1}=\sum_{n=0}^{\infty} q^n$，$n \to \infty$ 写成如下形式：

$$(\boldsymbol{I} - \boldsymbol{A})^{-1} = \boldsymbol{I} + \boldsymbol{A} + \boldsymbol{A}^2 + \boldsymbol{A}^3 + \boldsymbol{A}^4 + \cdots + \boldsymbol{A}^n \tag{5.3.11}$$

矩阵 $\boldsymbol{A}$ 显示各领域（Bereich）之间的直接交织关系，它们生产最终使用的货物，另外一些为其做“前功”。矩阵 $\boldsymbol{A}^2, \boldsymbol{A}^3, \boldsymbol{A}^4 \cdots$ 表示货物生产所需“间接前功”，这些货物用于最后使用目的，此“前功”对应一个货币单位的价值。

领域 k 设定的最终需要量 $\boldsymbol{y}^k$ 引发的总的货物需求（总生产量）的表示如下：

将式（5.3.11）代入式（5.3.9），令 $\boldsymbol{y} = \boldsymbol{y}^k$：

$$\boldsymbol{x}^k = \boldsymbol{I} \cdot \boldsymbol{y}^k + \boldsymbol{A} \cdot \boldsymbol{y}^k + \boldsymbol{A} \cdot (\boldsymbol{A} \cdot \boldsymbol{y}^k) + \boldsymbol{A} \cdot [A \cdot (\boldsymbol{A} \cdot \boldsymbol{y}^k)] + \cdots \tag{5.3.12}$$

其中　$\boldsymbol{x}^k$——总需要量；

$\boldsymbol{I}\cdot\boldsymbol{y}^k$——最终需要量；

$\boldsymbol{A}\cdot\boldsymbol{y}^k$——直接前功；

$\boldsymbol{A}\cdot(\boldsymbol{A}\cdot\boldsymbol{y}^k)+\boldsymbol{A}\cdot[\boldsymbol{A}\cdot(\boldsymbol{A}\cdot\boldsymbol{y}^k)]+\cdots$——间接前功。

最后使用的货物需要量的增加，即来自领域$k(\boldsymbol{y}^k)$的货物的最终需要量的增加，在国民经济中引发领域k的直接生产（$\boldsymbol{I}\cdot\boldsymbol{y}^k$）（O级）。直接“前功”货物（$\boldsymbol{A}\cdot\boldsymbol{y}^k$）必须在整个国民经济中生产，以满足需要$\boldsymbol{y}^k$，该“前功”必经调到“1”级。在第2级（$\boldsymbol{A}^2\cdot\boldsymbol{y}^k$）准备好生产直接“前功”所需的货物。为了借助式（5.3.9）计算最终需要变化的累计“前功”，必须设法知道这种货物属于哪个领域［5.4.2.3节中第（2）点］。Holub&Schnabl[518]详细介绍了计算直接和间接“前功”的方法。

5.3.2　环境IOA

环境IOA拓展经济IOA，使经济数据与环境数据（如直接排放）互相联系。为了生产某个领域里的货物，需其他领域的“前功货物”，其生产中也有排放。

例如建筑玻璃加工业，生产过程不仅有直接负荷，即熔化前体的负荷（砂、苏打、白云石、石灰等），而且有间接负荷（来自资源获取，或者能源制备），不允许忽略。

其他领域的直接环境影响就是玻璃生产的间接排放，应算作玻璃工业的间接排放。在一些领域，如深加工和服务业，这些来自总“前功”的间接负荷很多。间接和直接排放之和，即累计排放，是某个领域某些货物生产中及其“前功”的排放。对于给定的最终货物需要这些累计排放可以用环境IOA（uIOA）计算。给每个领域的IO模型均加上环境指标，做法是在式（5.3.9）的IO关系式里拓展环境系数矩阵$\boldsymbol{B}$[520]。

这方面环境IO模型的概念（uIOM）得到了广泛应用。拓展中，原则上所有的因子基于同一个时间体系，拓展的结果就是uIOA的基本方程：

$$z_{\text{cum}}=\boldsymbol{B}\cdot(\boldsymbol{I}-\boldsymbol{A})^{-1}\cdot\boldsymbol{y} \tag{5.3.13}$$

式中　z_{cum}——累计环境负荷分量，如累计CO_2排放量（t）；

$\boldsymbol{B}$——环境系数矩阵，例如每1（欧元）产出对应直接CO_2排放（t）。

z_{cum}矢量的每个元素 z_i 表示第 i 个领域赋多少直接和间接环境负荷，以

生产出最终需要量 $\boldsymbol{y}_i$。

$\boldsymbol{B}$ 是一个对角矩阵，其中各系数 b_{ij} 的算法：领域 i 总的本土生产量的直接排放量 u_i 除以该领域总的货物需要量［国内产量 x_i，式（5.3.14）］。如果是排放量，结果就用单位产出（欧元）对应的矢量表示。u_i 不含进口货生成的排放量。

$$\boldsymbol{B}=\begin{bmatrix} \frac{u_1^{\text{dom}}}{x_1^{\text{dom}}} & & & & \\ & \ddots & & & \\ & & \frac{u_k^{\text{dom}}}{x_k^{\text{dom}}} & & \\ & & & \ddots & \\ & & & & \frac{u_n^{\text{dom}}}{x_n^{\text{dom}}} \end{bmatrix} \tag{5.3.14}$$

式中　u_i^{dom}——领域 i 在 D 释放的排放量。

如果排放量是基础流，如 CO_2，则矢量 $\boldsymbol{z}_{\text{cum}}$ 中的每一个元素 z_i 含有领域 i 所生产的所有货物的累计 CO_2 流。

在式（5.3.13）中，将矩阵 $(\boldsymbol{I}-\boldsymbol{A})^{-1}$ 和（本土）环境系数矩阵 $\boldsymbol{B}$ 及对 D 或外国的最终需要 $\boldsymbol{y}$ 相乘，随后，共同计算本土和进口货物的累计排放 $\boldsymbol{z}_{\text{cum}}$。对进口货物的处理方法是：就像它们是在本土生产的。假设国外的生产条件和技术与国内相同，可能会有问题，例如某些生产结构和环境标准与本土差异很大的话[521]。

将所有元素求和，即得累计排放：

$$E_{\text{cum}}=\sum_{i=1}^{n} z_i \tag{5.3.15}$$

在给定领域 K 中某个最终需要变化的时候，可以用式（5.3.15）产生一个矢量 $\boldsymbol{z}_{\text{cum}}^k$。为此，设定一个最终需要矢量 $\boldsymbol{y}^k$，所有元素清零，除了第 k 个分量 y_k。该分量体现制造价格是最终需要货物的量。转矩阵 $(\boldsymbol{y}^k)^{\text{T}}$ 体现求购货物的货币价值，可写成

$$(y^k)^{\text{T}}=\{0,\cdots,0,y_k,0,\cdots,0\} \tag{5.3.16}$$

式（5.3.15）中的单个系数 z_i 描述领域 i 的直接排放，以满足领域 k 对“前功”的需求，此需求用于排它性的生产最终需要货物。

将式（5.3.16）代入式（5.3.13），且令 $(\boldsymbol{I}-\boldsymbol{A})^{-1}=\boldsymbol{C}$， $\boldsymbol{y}=\boldsymbol{y}^k$，则有：

$$\begin{bmatrix} z_1 \\ \vdots \\ z_{k-1} \\ z_k \\ z_{k+1} \\ \vdots \\ z_n \end{bmatrix} = \boldsymbol{B}\cdot\boldsymbol{C}\cdot\begin{bmatrix} 0 \\ \vdots \\ 0 \\ y_k \\ 0 \\ \vdots \\ 0 \end{bmatrix} \tag{5.3.17}$$

矩阵 $\boldsymbol{C}$ 乘以矢量 $\boldsymbol{y}^k$ 得：

$$\begin{bmatrix} z_1 \\ \vdots \\ z_{k-1} \\ z_k \\ z_{k+1} \\ \vdots \\ z_n \end{bmatrix} = \boldsymbol{B}\cdot\begin{bmatrix} c_{1k}\cdot y_k \\ \vdots \\ c_{k-1,k}\cdot y_k \\ c_{kk}\cdot y_k \\ c_{k+1,k}\cdot y_k \\ \vdots \\ c_{nk}\cdot y_k \end{bmatrix} \tag{5.3.18}$$

与对角矩阵 $\boldsymbol{B}$ 相乘，并提出 y_k：

得
$$\begin{bmatrix} z_1 \\ \vdots \\ z_{k-1} \\ z_k \\ z_{k+1} \\ \vdots \\ z_n \end{bmatrix} = \begin{bmatrix} b_{11}\cdot c_{1k} \\ \vdots \\ b_{k-1,k-1}\cdot c_{k-1,k} \\ b_{kk}\cdot c_{kk} \\ b_{k+1,k+1}\cdot c_{k+1,k} \\ \vdots \\ b_{nn}c_{nk} \end{bmatrix}\cdot y_k \tag{5.3.19}$$

式（5.3.19）说明，由于有多个零项， y_k 中仅仅使用矩阵中的第 k 列系数，以计算价值 y_k 的最终需要货物的单位累计排放。

如果将所有的 z_i 相加［式（5.3.15）和式（5.3.19）］，则得到累计排放，由给定的最终需要 y_k 引起：

$$E_{\text{cum}}^{\text{fin}} = \left(\sum_{i=1}^{n} b_{ii}\cdot c_{ik}\right)\cdot y_k \tag{5.3.20}$$

在环境 IOA 中，计算累计排放，而这种排放是由对某领域最后使用货物需要量增加引起的，增加量是货币价值 y_k。为了计算货物的排放量，必须知道其销售额（货物价格乘以货物量）。如果对这种货物的需要提升，则根据销售额计算的排放量 $E_{\text{cum}}^{\text{fim}}$ 也成比例提交。

5.3.3 从 IOA 到 IO-SB

如果使用 uIOA，以补齐物料核算中的数据缺口，则该计算被称为基于 IO 的物料核算（IO-SB）。这其中借助 uIOA 通过货物价格计算排放量。

5.3.3.1 通过价格计算一种货物的累计排放

一种最终需要的累计排放量 g 可以计算如下：

将其价格 p_g 作为 y_k 代入式（5.3.20）：

$$E_{g,\text{cum}}^{\text{fin}} = \left(\sum_{i=1}^{n} b_{ii} \cdot c_{ik} \right) \cdot p_g \tag{5.3.21}$$

式中 $E_{g,\text{cum}}^{\text{fin}}$——某种最终需求产品的 g 的单位累积排放，单位是每件、每千克或每平方米产品的排放量；

p_g——货物 g 的价格，单位为每件、每千克或每平方米产品的欧元价格。

输入-输出表基于角度。式（5.3.21）中货物的价格应属于同一年。Hendrickson 建议，电子商务货物的价格信息从互联网上调用，必要时通过价格指数调整。

如果将式（5.3.21）计算的排放量用在物料核算中，则称之为 IO-SB[523, 524]。

5.3.3.2 计算出的排放量与价格波动的关联

在实践中，进行 IO-SB 时，价格数据很不一致。某种货物的价格因此会随着数据来源的不同而波动。因此必须说明如何从年均值估计某种货物的排放量。

互联网上或其他来源的价格每年变化大（例如原油价格，天天不一样）。这意味着，与价格线性挂钩的生态评估，也会相应与时变动。

如果某种货物的价格在一年内的变化是某个百分比，计算出的排放量也变化同样的比例，尽管作为计算基础的生产工艺（因此对应着实际排放量）从未改变。

另一个问题是：一些产品价格数据缺口，导致无法计算其环境影响。

由于价格变化，如果为了比较相似产品，或者改进某一产品，不应该使用 IO-SB[525]。

因此，在进行 IO-SB 时应用不变价格信息。为了避免短期价格被动，一方面有必要覆盖较大的时间跨度，另一方面应当统一确定价格，理想情况下采用同一数据源。第 5.4.3 节讨论如何解决这一问题。

5.3.4 应用 IO-SB 的好处、优势和局限

IO-SB 可用于补齐生态核算中的数据缺口。用宏观经济数据生成直接和间接（累计）环境负荷，与其他方法相比有好处，例如：相似过程模块或者耗费巨大的直接企业数据调查（5.2.2.2 节）。

三个最重要的好处是：

（1）定期更新：输入-输出表和直接排放量定期由国家统计机关以及环保局调查并更新。

（2）成本：输入-输出和直接排放量由统计机关和环保局免费提供使用，涵盖了国民经济的所有方面，用于所有货物。应用 IO-SB 生成产品累计排放量与现场数据调查相比，制作 P-LCI 数据更加快捷而节省。

（3）完整性：在 IO-SB 中，无须定义截断准则（5.2.2 节），因为考虑了所有的直接和间接排放。

但是在应用 IO-SB 来补齐 OEB 数据缺口的时候也会出现很多问题，后文将提及并讨论，包括如何解决这类问题。

IO-SB 应集成到 SB 里（5.2.2 节），后者在 ISO 14040 中给出，基于过程模块以及 P-LCI 数据组。但这并不容易，因两种模型 IO-SB 和（基于过程模型的）SB 差异很大：在 P-SB 的总链中，主要考虑制造过程；而 IO-SB 中考虑了整个国民经济中的所有交叉作用，如金融或其他服务，或者多个企业。另一个不确定因素是比例假设（Annahme von Proportionalitaeten）。例如电价可能剧烈波动，如果 OIOM 与此价格绑定，则其波动幅相同。货币交织并不代表物理交织[512]。因此，可以根据物理参数如质量来分配排放量。

德国将整个国民经济分成 71 个领域，与美国（500 种）相比已经大大紧缩了，这也限制了 IO-SB 在德国的实际应用。德国数据的大幅压缩导致一个领域里的货物种类比美国多，每个领域产品的差异性大。该领域所有货物的输入说明在德国更加平整。

同一领域生产的两种不同的货物，且价格相同，按照 IO-SB 方法将被赋

予同样的“前功”和排放，尽管其生产过程可能差别巨大。

在相似生产多件下制造的类似货物，这种取平均值的方式不像一个领域里不用货物那样突出。

与 P-LCI 数据组相比，国家环保统计中基本流的个数相对较少。在德国可以考虑 7 种空气排放，它们被列入环境经济总计算表。向水域以及土壤的排放以及生产产品必要的输入（资源需求）却没有提供。

5.4 德国产品的 IO-SB

本节首先阐明，那些既有的用于进行 IO-SB 的软件里使用的 IO 模型，不适合计算德国建材的排放。因此本节将编制一套德国 IO 模型，使补齐建筑物的数据缺口成为了可能。为此需讨论统计基础，这是进德国产品 IO-SB 需要的（5.4.2.2 节）。进行 IO-SB 遇到的问题是价格在一定时间内是波动的（因此基于价格的累计排放量也是波动的）。因此引入一种准则，计算一年以上的平均值，这种方法本章后面也会用到，用以通过 IO-SB 计算德国产品的累计排放（5.4.3 节）。

5.4.1 软件里各国 IO 模型的差异

5.4.1.1 IO-SB 软件

几年来已经有利用 IO-SB 进行生态核算的经验。这导致软件的出现，其中嵌入了这些方法：

EIO-LCA 模型可直接从互联网使用。

最初版本是免费的，基于美国宏观经济统计。在此期间加拿大、西班牙、中国和德国等国民经济统计数也已纳入。已有使用该模型的很多经验和出版物，例如道路桥梁建设和建材的环境影响[524]。

独立的盘点软件 MIET3.0 版被植入生态核算软件 Simaprr[526]。

借助 MIET3.0 可以估计难以应付的材料或过程的环境影响，并报废经济建筑物和机器。这方面可用美国或荷兰的统计数。

德国建材的累计排放可利用 EIO-LCA 模型计算，因为该模型含有德国的输入-输出表以及 58 个领域 1995 年的直接排放值。这些数字仍然以马克计价，是德国统一之后几年的经济情况。当时德国东部经济处于统一后的剧烈转型期，东部很多工厂关闭，废气排放大大减少。除此政策影响和随后几年各领域经济的不同发展，可以肯定，1995 年以来技术水平明显取得了显著进步。

EIO-LCA 模型因此不适合计算建材的累计排放，因为它基于老化数据，涉及的领域少于现状输入-输出表。

因为德国数据少且老化，下文将讨论上述两个软件里差别巨大的国外 IO 模型是否适合计算建材的累计排放。

5.4.1.2 软件里各国 IO 模型计算建材累计排放的适用性

（1）各国 IO 模型比较。

这些模型有一点是共同的，即基本数学公式一样，主要差异在于各国经济分支之间的交织关系不同。

各领域关系交织的经济学数据由各国统计局定期公布。某个领域的直接排放常常因方法要求也是可得的（例如美国的免费数据库 Toxic Release Inventory，或者欧洲统计机关对各领域直接排放的说明[527]）。

对比领域数量显示，美国的输入-输出表有 491 个领域，遥遥领先，德国的表格有 71 个领域，信息量少。W.Leontief 于 20 世纪 30 年代在美国开发了最早的 IO 模型，因此积累了更多的经验。在其他国家 IOA 的意义均不如美国，结果，各国 IO 模型中领域数少。

美国的经济数字源自商务部下属的经济分析局（BEA），生态数据是各职能部门公布的信息：排放量由环保部公布，能耗由能源部公布，相关基础见（Norris 2001）[528]。

在这些调查中不包括中小企业的排放，这可能导致不确定。美国考虑的物质比德国多（表 5.4.1）。

表 5.4.1 美国、德国 IO 模型比较

项　目	美　国	德　国
领　域	491 来源：BEA	71 来源：Destatis
考虑到的排放	SO_2，CO，NO_x，VOC，Pb，PM10，CO_2，CH_4，N_2O，FCKWs 来源：EPA，能源信息管理部门	SO_2，NO_x，NMVOC，CO_2，CH_4，N_2O，NH_3 来源：UBA
价格概念	制造价、采购价	制造价

表 5.4.1 所给排放两国有区别，不过都考虑了温室气体（CO_2，CH_4，N_2O）和最重要的有害气体（SO_2，NO_x）。

在德国输入-输出表是制造价，美国同时公布了售价。5.4.2.2 节详细描述了德国统计源数字。由于缺少透明度，不能区别各国经济数据的可靠性。同样的，生态数据也如此。Loerincik 因此在其论文里尝试着审核统计数据的可靠性及代表性，他比较了德国官方直接排放和计算出的累计排放（CO_2）。经济数据作间接对比，因为它们在计算累计排放时作为 Leontief 的逆过程进入。

在调查中注意两国经济分支的归类方法不同。就是说，多个美国的领域对应一个德国领域。因此计算环境影响不在领域层面上，而是在不同产品层面上进行。

在比较 CO_2 直接排放时，Loerincik[529]发现了一个系统区别：德国单一产品的直接排放比美国低两个数量级。他指出了不同参数（电价、效率）的影响。

在观察累计 CO_2 排放时 Loerincik 发现，误差低于直接排放误差。这种差异依然可达一个数量级。

为了量化误差，Loerincik 作了一个线性回归分析。直接排放的相关系数 $R = 0.41$，累计排放的相关系数是 0.53。显然，相关性较低，由此可见，两国数据存在着巨大差异。

Loerincik 确定了很多美国和德国经济领域交织方面的区别，它们导致误差，包括生产工艺、能源价格、经济重点、能源效率、法规环境等。

除了两国经济的区别，还有一个原因反对使用外国的 IO 模型计算德国建材的累计误差：IO-SB 中建材的价格用当地货币标注。

如果将德国价格用到基于美国或者其他国家情况的 IO 模型上，会扭曲计算结果。

（2）德国建材工业的宏观经济观察。

本节精确审视德国建材工业，以便能够判断选择参照地理区域对计算建材累计排放有多重要，还要讨论建材工业对德国经济的重要性。

在采集和加工石头及土壤（包括玻璃和陶瓷生产）方面，德国 2001 年营业额为 420 亿欧元，是欧洲生产建材最多的国家（占全欧洲的 20%），生产效率高出欧洲平均值[530]。

建材行业以中型企业为主，扎根当地，与建筑业构成紧密的交织关系。一大部分产品依靠开发当地本土原料，因此与选址有关。天然石料、石子、砂和黏土等原料主要是露天开采。原料的加工包括破碎、过筛、打磨、继续加工（如灼烧），这就要求相对较高的耗能。大部分产品，如石材、混凝土、钢渣等一般很重。建筑行业因此具有运输量大、运距短的特征，也因此多用本国建材。

因为德国建筑物与美国有很大的区别(保温、混凝土房子多于木头房子)，使用不同的建材会导致经济交织关系（总链）的区别，以及生产工艺不同而形成的排放区别。因此，在 IO-SB 中使用国外 IO 模型不适合德国建材产品。

5.4.1.3 小 结

无论是 EIO-LCA 中使用的老化 1995 年的 IO 模型，还是其他国家较新的 IO 模型，均不能用来计算德国建材的累计排放。建筑业在欧洲经济中有决定性作用，在该行业使用美国的数据合适。

除了这里讨论的地理和时间差异，使用现有 IO 软件还有一个问题：软件不可能使 IO-SB 与 P-SB 系统相适应，以实现验证所生成的 IO-LCI 数据组的目的（第 5.6 节）。

使 IO-SB 与 P-SB 相适应，可通过排除某些生产领域（Bereich）的“前功”实现（当然也因此排除其环境负荷，如服务业引起的排放）。这一点将在第 5.5 节讨论。

因此可以确定，现有可用的 IO 软件不适于刻画德国建材的环境影响。

也因此就有如下想法，使用这些工具生产德国的 IO 基础数据。

为此目的，本章设计了一种德国的 IO 模型。下文将详细讨论为此所需的统计资料。

5.4.2 设计 D IO 模型

5.4.2.1 方 法

所有现有的 IO 模型具有相同的方法基础。IO-SB 方法可以计算某种货物需要的累计排放，需要用价格体现，其关系为线性，即：价格越多，累计排放越多。这种方法作为标准方法已经得到了广泛应用。也有很多出版物讨论，如 Matthews 的教科书。

一般用户并不能见到软件（如 EIO-LCA，5.4.1.1 节）的基础数据，因此也无法更换或者更新其中的数据。为了借助新的统计数据生成 IO-LCI 数据组，相关的计算用 MS Excel 进行。

这样做的优点是：计算所需的所有统计数据（输入-输出表、来自 UGR 的直接排放、价格信息）已经以 Excel 格式公布，因此很容易介入 IO 模型。

一旦有新的统计数据，更新模型相对较快。

如果使用 IO-SB 来补齐德国建材生态核算的数据缺口，必须考察以下几点：

（1）在 IO-SB 中使用适当的德国统计数据（第 5.4 节）。

（2）对比且在必要时调整 IO-SB 系统边界，使之适应过程模型 SB（ISO 14040/14044）（第 5.5 节）。

（3）验证 IO-LCI 数据组（第 5.6 节）。

（4）基础流数较少时估计环境影响。

以下各节讨论的方案建议将被用来生成数据组以补齐建筑行业实际存在的数据缺口，使之可作为工具用于建筑物的生态核算（第 5.9 节）（暂略——译者注）。

5.4.2.2 德国统计数据基础

有两个官方统计数据来源是德国 IO-SB 的基础：

（1）IO-Rechnung 表（IOR 表），来自宏观经济总账[531]（5.4.2.4 节）。

（2）经济分支直接排放表，来自环境经济总账（UGR）[510]（5.4.2.5 节）。

表中的内容以经济分支（常也称为领域）和货物为基础，按照设定的规则划分和归类（5.4.2.3 节）。

用这种归类方法可以将宏观经济中一种货物准确地与另一种货物区分开来，或做相关侦判，以确定该货物产自哪个领域。

5.4.2.3 统计归类系统

官方统计中，各种信息以一种直观的方式表达。因此，统计的一个基本前提就是存在一种广为接受的系统来划分和界定可用的统计数据，以便对其进行表达和分析[532]。

这样的有约束力的划分称为归类。它可对数据做完整而无缝的收集。下面分别描述经济分支和德国统计中生产货物归类（依照欧洲的准则）。

（1）经济分支归类。

经济分支归类的目的是将统计数据分门别类，以统计单位为基础，如单个企业或者企业集团。这些统计单位尽可能合并归类到同一个经济分支（均匀的）。这样宏观经济的复杂相关性就变得尽可能直观，例如 IO 计算（账目）。

1990 年，欧洲提出了“欧共体经济分支通用系统划分”（NACE）。该归类方法囊括了所有经济活动。随后该方法不断完善，以保证经济分支数据贴近实际。

现行版本是 NACERev1.1。宏观国民经济在 NACE 中被划分成分片（表 5.4.2）。

表 5.4.2 经济分支层次划分段落表

剖面	经济分支构成
A，B	农业、林业
C，D，E	制造业
F	矿业
G，H，I	商业、餐饮、交通
J，K	企业、金融服务业
L ~ Q	公共私人服务业

NACE 按照一定的等级构成，即分片（代码 A ~ Q）、二级分片（AA ~ QA）、部门（两位数）、组群（三位数）和班组（四位数）。德国版 NACE 即“经济分支归类法”（WZ 2003），其中含有本国特色的等级小班（五位数），见表 5.4.3。

最底层在统计局大多数数据调整中不考虑。

表 5.4.3 经济分支划分层级表

经济分支等级		代码		例子
1	剖面	A ~ Q	D	加工业
2	子剖面	CA ~ DN	DI	玻璃厂、陶瓷制造、土石料加工
3	部门	01 ~ 99	26	玻璃厂、陶瓷制造、土石料加工
4	分支	011 ~ 990	261	玻璃及制品制造
5	生产分类	0111 ~ 9900	2614	玻璃纤维及制品制造
6	细分类	01111 ~ 99003	26142	保温玻璃纤维等

部门和班组划分有三条标准：

① 产品和服务的种类；

② 产品和服务的用途；

③ 生产因子、工艺和生产技术。

这三条标准在不同经济领域的权重不同。如果是半成品，则材料的组成和加工深度一般权重最大（标准 1）。如果生产工艺复杂，其最后应用和生产技术的权重大多大于材料组成（标准 2 + 3）。

（2）货物归类。

货物分为实物货物和服务。实物列在货物生产统计目录里，现版是 GP2002，建立在欧洲货物归类手册 CPA 上；后者可基于联合国货物归类的 CPC。

货物归类按等级组成，与经济分支的归类类似，可深入到货物种类（表 5.4.4）。代码是 9 位数，即所谓的登记码。现在已有 6147 种货物有了此代码。

表 5.4.4 经济分支等级（以压制屋面瓦为例）

分 支	代 码
压制屋面瓦	2640 12 503
砖瓦及其建筑陶瓷	2640 1
货物分组 砖瓦及其他	264
货物部门 玻璃、土石料制品	26

货物种类涵盖一种或多种货物。GP2002 有关键词目录，有 45 600 个词条，用于将某种货物归类。德国生产的几乎每一种产品都可以在线准确无误地归类。货物种类又可准确无误地归入经济分支，其分支的典型货物即如上文所述。

理由是，经济分支和货物归类总体上可分为“矿业和石土”（部门 10 ~ 14）、“加工业”（部门 15 ~ 37）以及“水务和能源”（部门 40 ~ 41）。这些联系（一般可到班组，4 位数）体现在代码的前 4 位。图 5.4.1 显示了这种关系，所选货物是“玻璃建材”，属货物种类“建材砖瓦”板材、瓷砖等，包含建筑玻璃、装饰玻璃、多层玻璃、发泡玻璃，登记号为 2615 12000。在 NACE 的班组号是 26.15“专用玻璃等制造加工”。

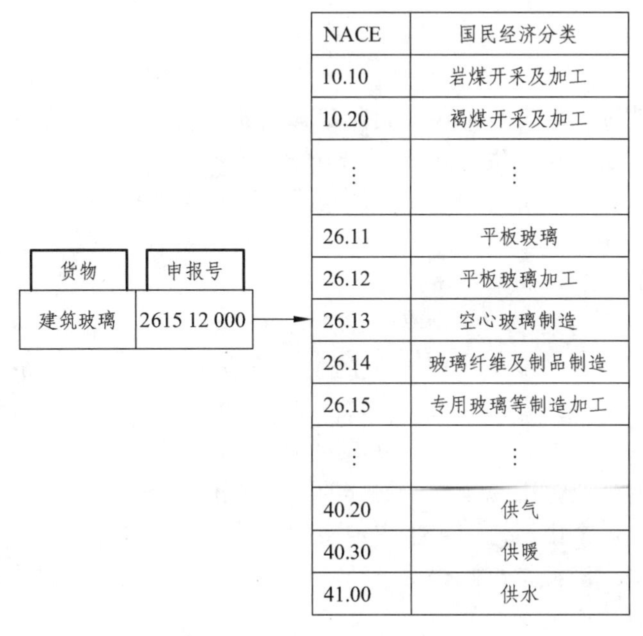

图 5.4.1 建筑玻璃货物归类

5.4.2.4 IO 计算

（1）基础。

IOR 是国民经济总计算（VGR）national accounts 的一部分，是总体经济的计算方法，用于全面系统定量地描述一个经济体过去某个期的总量。基础数据材料不基于本来为此目的所做的调查，而是基于二次统计，采用已有的为其他目的所做的调查数据。因此，此数据在纳入 VGR 之前要做适应性调整[518]。

Brümmerhoff[518]比较了砖瓦初始数据，它还必须进行加工，通过内外完善。联邦统计局因使用假设和估计，以便从这些单个数据生成完整的无瑕的国民经济总图像。

IOR 最重要的目标是：详细量化显示分析宏观经济领域之间货物及生产交织的关系，以及与外部世界的关系[533]。

IOR 耗费很大，很花时间，因为需要外观不同的来源数据，几乎囊括了整个官方经济统计［5.4.2.4 节第（3）点］。

（2）德国经济领域的组成。

经济分支（领域）可分成两个主要部分：

① 机构划分法；

② 功能划分法。

前者针对生产者，涵盖企业、工厂和其他机物单位，依据其主业归入 NACE 经济范围；后者也可包括副业，其产品归入其他经济分支。由于 IOR 的目标是给出宏观经济生产和货物之间的交织关系，表中的经济分支按照产品特征定义。为此经济范围按照功能构成，即尽可能按照同一货物划界（同类），而与企业的从属关系无关。企业的“副业”有自己的单位，性能相似的产品归到一起，以使企业划分成若干个“尽可能单一的生产单位”。生成的生产范围就是理论构架，其搭建要以相关的 IO 为基础。

生产范围不含副业，按照 IOR 的生产范围组成。IO 从经济分支归类法 WZ2003 以及 NACE 直接导出［5.4.2.3 节第（1）点］，因此可以和生产统计货物目录的归类法合并。德国的 IOR 区分 71 个生产范围和 71 个货物班组。按功能划分的生产范围和按机构划分的经济范围均按 WZ2003 划块。区别在所生产货物：一个生产范围仅生产定义的某种货物，例如生产范围为“机械制造”的仅生产机械。与此相反，经济领域“机械制造”中除了主业机械，也生产“副业”如金属产品。

统计调查经常按照经济范围进行，因为如果按照功能观点对企业做问卷调查，则企业的花费太大。例如：调查企业进料是编制输入-输出表的重要基础。输入-输出表与调查不同，是按功能构成的。因此，在编制输入-输出表时，经济范围里的活动必须传递到功能划分的生产范围里去，它们所产货物的种类使它们属于该范围[534]。这说明了如何借助联邦统计局所谓的传递模型将机构领域构成法转换成功能领域构成法。

该模型基于假设：相同货物的产品总是按照相同的输入结构进行，而与具体在哪个经济范围生产无关。上述传递的结果就是生产范围，其不产“副业”，仅制造主业。生产的所有货物均归到货物班组概念下。

（3）IOR 表格。

国民经济领域间和国际间的货物流（以及经济分支之间的交织）在 IOR 中用表格的形式表示。货物流基于总的生产，即除了对外生产还要计入公司内部供货及服务（深加工生产）。

在 IOR 中，我们要区分基本表、输入-输出表和分析评价表（图 5.4.2）。

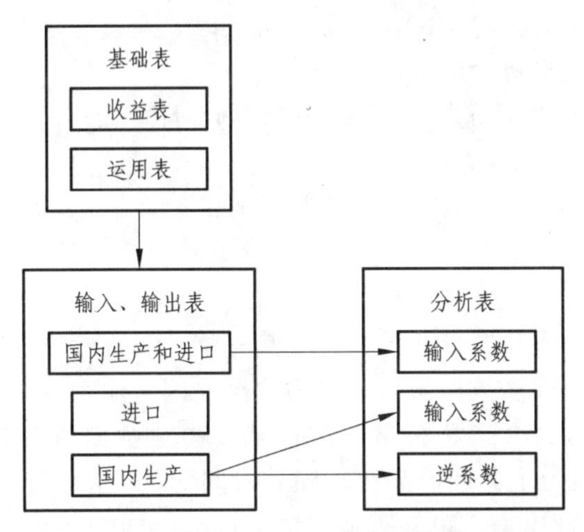

图 5.4.2　IOR 发布计划[535]

编制表格时，要对很多数据源做分析，几乎涵盖整个经济统计。编制基本表格时考虑的统计数据包括：进货调查、生产调查和外贸统计（如果要考虑进口的话）。除此之外，营业额和运输信息同样要计入。

尽管分析很多数据源，初始数据仍然有缺口，有两种方法将其补齐：借助更多的数据源（协会、政府机构等），或者通过估计。

因数据缺口产生的不确定性，可通过估计和假设使其最小化。此外，计算也产生不确定性。这里不深入讨论如何编制基本表格（损益表和应用表），该表格要和输入-输出表合并（图 5.4.2）。

从输入-输出表可计算评价表（图 5.4.2），这是输入系数表和逆系数，其计算方法在 5.3.1.3 节已介绍。下文各节阐明输入-输出表的说服力。

（4）输入-输出表。

有些货物以不同的量词单位纳入调查，如件数，或者其他物理单位，如果不进行换算就无法做运算。在编制输入-输出表时，用宏观经济中带物理量的货物流乘以制造价，由此计算的销售额用于编制货币输入-输出表。

在评价生产范围的经济交织性的时候，销售额不可以理解为数量单位。制造价格就是生产方就其生产的每单位货物和服务从买方得到的数额，不含税，并加上补贴；后者与产量或者销售量挂钩。

选取制造价格，以便在输入-输出表中能够单独标出流通“功”（运输、交易等）。货物的价值不会因为不同的运输方式而扭曲，而贸易的交互作用按净值计入，即不计制造价格。

分析需要变化的影响（IOA，5.3.1 节）时，通过绑定制造价格，可不受生产和应用时的价格概念的影响。

一般情况下，“生产范围”不仅生产货物，且货物多时，使用的也不仅是“生产工艺”。输入-输出表中的每个系数是一个价值，由某生产范围的所有货物取平均。由于一个生产范围的货物数量通常远大于 1，而且价格变化很大，所以离散性常常也很大。

① 时间和工艺的适用范围。

IOR 表格基于公开发布的数据，受其完整性和程度影响。IOR 很费时，原因就是要分析这许多数据源。也因为这个原因，输入输出表要滞后几年才发布。本章使用的 IOR 表格公布于 2007 年，基础数据源自 2003 年。太老的数据会有问题，因为工艺和产品需求随着时间变化，这可能影响生产和价格。观察美国的输入-输出表，可知，逆系数（Leontief Inverse）反映经济分支之间的交织关系（包括所有“前功”），在过去几年没有经历较大的变化。所用的生产工艺与企业大小有关。

这些技术差异已经能有条件地体现在 IOR 中，因为工人数量小于 20 的企业不进入统计。

② 地理使用范围。

IOR 的基础是国内概念，以境内生产的收入为基础。

输入-输出表公布的内容包括：国内生产、进口以及两者组合。

进口包括位于国外的经济单位之间实物和服务交叉作用（卖出、馈赠或者转移）。

进口按照货物类别分门别类，以 CIF（到岸价）评价，总的进口量用 FOB（离岸价）评价。进口不含储存地转运（即途经港口和海关的运输）和跨境收入。在德国外贸统计中，要列出进口货物。国外提供的服务由联邦银行归口统计。

这些信息由联邦统计局（Destatis）进一步处理，目的有二：一是按照货物归类法存档；二是使其适应宏观经济的总算法。

③ 德国输入-输出表构架。

输入-输出表由 3 个正方形组成，各含一个矩阵（图 5.4.3）。1 号是中心或“前功”交织矩阵，按照货物类别生产范围排列。各列的系数表示每个生产范围需要将多少“前功”货物（输入）进一步加工，以及这些货物来自哪里。各行是“前功”货物的分布情况，由生产范围之间供货。

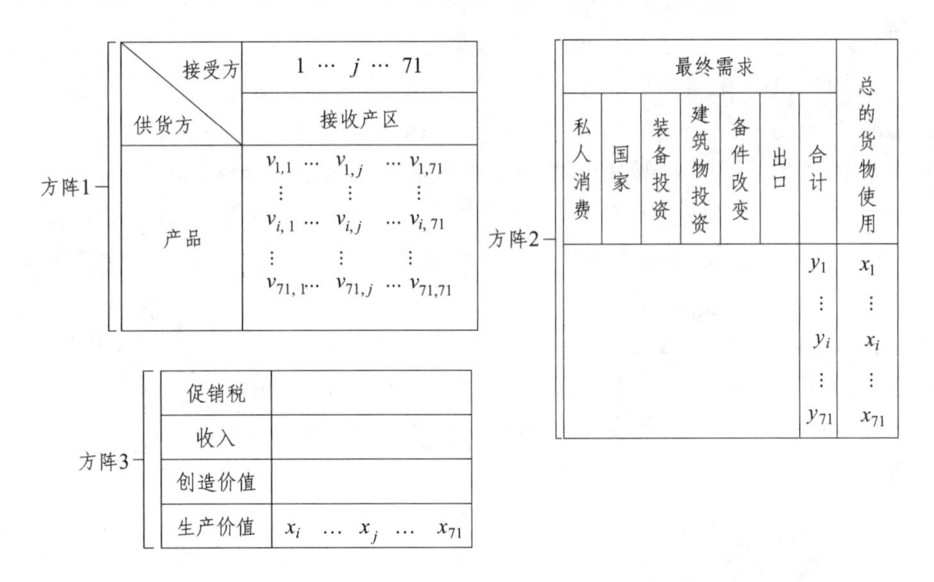

图 5.4.3 输入-输出表构成

每行之和就是一个生产范围向所有其他范围提供的前功。每列之和含有一个生产范围对“前功”的总消耗。

1 号右边是 2 号，列出了几个生产范围为最后货物使用的供货（货物按照类别），以及货物的总应用（最终需要）（图 5.4.3）。各行表示一个生产范围的供货如何分配到最后使用中。每行的和是最后需要矢量 $\boldsymbol{y}$ 的系数。中间使用矢量（1 号）和最后使用矢量 $\boldsymbol{y}$ 之和给出总的货物使用量，通过生产矢量 $\boldsymbol{x}$ 沟通，与在德国生产的货物产值相对应。

3 号是初级耗费矩阵，位于 1 号下方，显示所谓初级输入在各生产范围的应用。

初级输入包括生产范围内毛价值创造的组成部分和进口。最后一行包含了产值，即各个生产范围内总的收益。每生产范围对应于 2 号所列出货物 x 总的使用。

5.4.2.5 环境经济学总计算（Umweltökonomische Gesamtrechnung，UGR）

宏观经济总计算（VGR）所考察的经济活动关系到环境影响。为了掌控一个经济体的生态行为，在 VGR 中扩充计入环境数据是有意义的。涉及经济分支和环境的概念及归类数据被归拢在一起，在形式上，便于将两个范围（经济分支和环境）按照统一的行业构架对比，后者的建立依据 5.4.2.3 节第（1）点的经济分支归类法。NAMEA（National Accounting Matrix including Environmental Accounts）将环境信息与 VGR 的经济数据相联系，NAMEA 是一个总计算矩阵，由两部分组成，其中 NAM（National Accounting Matrix）包含了 5.4.2.3 节描述的 VGR。另一部分（Environmental Accounts）包括了用于 UGR 的环境信息（同一生产范围内），例如“三废”[5.4.2.5 节第（1）点]。

在德国，VGR 的这种扩展称之为环境卫星系统。该系统是指：拓展 VGR 的显示范围，增加展示经济系统与环境的实质关系。采用统一的边界和构架，使用 UGR 和 VGR 在种类和显示形式上与 NAMEA 概念完全一致，因此完全兼容。

（1）UGR 模块。

在德国，UGR 和 VGR 一样，是一种二次统计，就是说，数据不是由联邦统计局自己调查的，而是直接借用其来源，采用新的方法加以计算的。

UGR 分成 3 个模块：

- 材料流和能量流计算；
- 环境状态（定性描述，有关措施如何发挥作用）；
- 环保措施。

按行业不同，也有专门的报告模块，可用于深入分析一些重要领域的情况。目前这种模块有 4 个：

- 交通与环境；
- 农业与环境；

• 森林总计算；

• 私家与环境。

（2）材料流和能量流。

UGR 表中材料流和能量流每年按照 71 个生产范围更新并发布，即输入-输出表中的 71。它包含了时间顺序，用以将下述材料直接计入环境报告：

① 空气有害物质和温室气体（CO_2，CH_4，N_2O，NH_3，SO_2，NO_x，NMVOC）；

② 温室气体的 CO_2 等代值（CH_2，CH_4，N_2O，借助特征化系数）；

③ 废水量（直接和间接排放，处理或者不处理）；

④ 其他信息（能耗、原材料等）。

（3）直接排放。

5.4.2.5 节第（2）点里列出了 7 种有害气体和温室气体，它们来自国内各生产范围的活动。来源有多种，各生产范围单独计算，每个范围的直接排放与总产量挂钩。

这里需要了解某个生产范围内出现的过程及产品。每个过程的直接排放需要计算出来，公式如下：

$$E_{过程} = AR_{过程} \cdot EF_{过程} \tag{5.4.1}$$

式中 $E_{过程}$——直接排放（7 种有害气体）；

$AR_{过程}$——产业排放气（量数）；

$EF_{过程}$——排放系数（7 种有害气体/单位数量）。

某个生产范围的所有过程的直接排放均可用式（5.4.1）计算求和。需要考察的是 7 种气体，由此可得到 7 个值，作为直接排放在 UGR 表中公布。一些与能耗无关的排放的计算将不用式（5.4.1），而是直接从 UBA 信息读取。

（4）生产排放率（AR）。

AR 是排放原因（如燃料投入、生产排放等）的社会经济学参考量。SO_2 和 NO_x 的 AR 可从其能源投入量导出。NMVOC 的 AR 从溶剂使用量计算，氨的 AR 主要从农业活动计算（某种牲畜的存栏数）。AR 部分由联邦统计局，部分由协会提供。

与能耗有关的 AR 由德国耗能算出，能耗工作组（AGEB）每年要算出数值，时间滞后（2 ~ 3）a，1990 年以来每年以矩阵形式公布。从 AR 矩阵可直观看出能源经济的交织关系，以及经济领域的能耗。

（5）排放系数。

排放系数是单位原料的排放量，与原料特性、工艺过程的排放物有关。对燃料而言，也可计算单位热值的排放。

全国环境报告里的 EF 是 UGR 的基础。这些 EF 由 UBA 管理，放在排放系统中心（ZSE—Zentraler System Emissioner），是一个中央数据库，体现数据计算的要求，并供计算自动化，包括排放计算、误差分析、盘点和质量管理。

所含的排放系数（EF）或者估计模拟得出，或者检索以往数据源的研究报告、协会报告、原始统计、国家及国际条例、专家意见、国际规定。

ZSE 包括其 EF 的有害气体，在国际分级里给定，如 UNFCCC 和 CLRTAP（表 5.4.5）。UBA 每年按约定向 UNFCCC 提交德国温室气体盘点表。

表 5.4.5　必须上报的排放量和环境经济学总计表（UGR）

有害物质	UGR	UNFCCC	CLRTAP
CO_2	×	×	
CH_4	×	×	
N_2O	×	×	
NH_3	×		×
SO_2	×	×	×
NO_x	×	×	×
NMVOC	×	×	×
CO		×	×
尘			
PM10			×
PM2.5			×
TSP			×
Pb			×
Cd			×
Hg			×
As			×
Cr			×
Cu			×
Ni			×
Se			×

续表

有害物质	UGR	UNFCCC	CLRTAP
Zn			×
Aldrin			×
Chlordane			×
Chlordecone			×
Dieldrin			×
Endrin			×
Heptachlor			×
Hexabromo-biphenyl			×
Mirex			×
Toxaphene			×
HCH			×
DDT			×
PCB			×
DIOX			×
Total PAH			×
benzo（a）pyrene			×
benzo（b）pyrenefluoranthene			×
benzo（k）fluoranthene			×
indeno（1, 2, 3-cd）pyrene			×
HCB			×
PCP			×
SCCP			×
Total HFCs		×	
HFC-23		×	
HFC-32		×	
HFC-43-10mee		×	

续表

有害物质	UGR	UNFCCC	CLRTAP
HFC-125		×	
HFC-134		×	
HFC-134a		×	
HFC-152a		×	
HFC-143		×	
HFC-143a		×	
HFC-227ea		×	
HFC-236fa		×	
HFC-245ca		×	
Total PFCs		×	
CF4		×	
C2F6		×	
C3F8		×	
C4F10		×	
c-C4F8		×	
C5F12		×	
C6F14		×	
SF6		×	

在上述两个环境报告义务说明书里，确定了要调查哪些排放源和汇总的信息。排放源按照 UNFCCC 报告表的标准格式分类（CRF 格式）。

UBA 将 EF 归纳成结构元件，按排放源 CRF 格式传递给联邦统计局，再与“生产范围”组对。这种方式可能引起不安全，因为排放源结构元件按照 CRF 格式，而生产范围按照 NACE 分类。附件 A 给出了详细信息，说明 CRF 格式以及 UGR 中如何进一步加工 EF。尽管分类系统有区别，UGR 数据与

CO_2和其他温室气体与UBA根据排放源公布的数据完全相容[536]。因此认为，考虑到可量化的概念区别，这些数字是“相通的”。这一论点没法核实，因为“就位”的关键没有公布，即使询问也无法获得。借助此“关键”，结构元件被“赋予”德国的生产范围。

① 时间适用范围。

生产范围的直接排放可能每年不同，因为随着生产技术的发展，效率更高（图5.4.4）。生产技术的变化对EF也会有影响。EF在ZSE中按时间顺序给出，并按规定每年由UBA负责人更新。但实际上并不是每个EF都每年更新，因此同一数据可能使用几年。

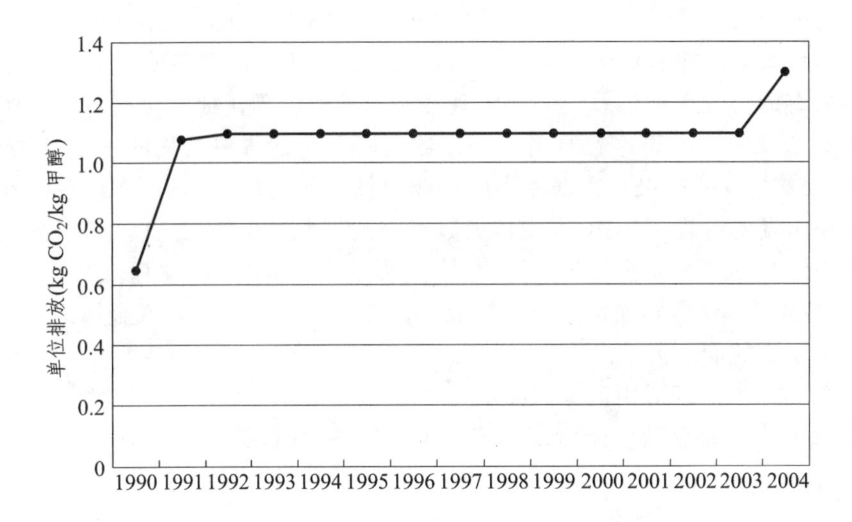

图5.4.4 甲醇生产中排放系数随时间变化

这对UGR中按时间顺序排列的直接排放有影响。尽管UGR每年更新，实际其EF数据基础仍有可能是变化的。

可用的EF数量每年都在增加，因此结构元件也增加，由UBA供给统计局（SBA）。结果是，其生产范围过程排放可能被考虑多了。为适应此变化，将UGR表中的时序回溯更新。这可能导致某些年份做参照，一些生产范围直接排放与2005—2007年公布的情况之间的误差可大于100%（表5.4.6）。2006年的公告中，生产范围26.2～26.8以及27.1～27.3引人注目，它仍与其他年份的数字相差很远。可能的原因是计算直接排放时的系统误差。

表 5.4.6 部分生产领域排放波动情况

生产范围	生产领域	2003 年排放量为 1 000 t		
		2005	2006	2007
26.1	玻璃及制品	4.647	5.502	3.767
26.2 ~ 26.8	陶瓷制造、土石料加工	26.748	43.062	29.736
27.1 ~ 27.3	生铁、钢材及合金制造	49.615	5.809	59.164
27.4	非铁金属及半成品制造	3.397	3.321	2.275

② AAA 技术适用范围。

在决定 ZSE 数据库中的 EF 时，决定由 UBA 相关人作出，他们遵守国际规则，后者要求排放源数据完整。国家报告意义上的完整性意味着，要考虑本国所有的排放源和汇总。一些宏观经济上的不合理排放源可能对其生产范围是有意义的。由于这个原因，ZSE 数据库仅包括重要过程的 EF［5.4.2.5 节第（5）点］——ZSE 数据库中所有能源投入的 EF，但是不含所在的宏观经济中出现的过程。UGR 表中排放数据因此主要基于能耗 EF。国家盘点报告 NCR 和 ZSE 数据还在建设中，生产过程和货物的 EF 还没有。例如，生产范围 27.4“非铁金属加工”的直排放的计算方法是：五种非铁金属的 EF 和四种重金属的能源需求。

③ AAA 地理适用范围。

UGR 中的排放值应能体现德国的生产条件。EF 要进入 UGR，主要基于德国过程。如果没有德国的 EF 数据，则采用国际给定值。

EF 的技术适用范围在 NIR 中并不总是很详细描述。而且，NIR 中的系统边界在有些过程中不比 OEB 更窄。因此，可能只收集到部分过程，如 Warsen[537]所举的铝生产例子。EF 描述现状，部分也包括最佳可得技术（BVT）。与 AR 组合，不同的技术能导致：某个生产工艺的实际排放量被低估或高估。

在查看 ZSE 数据库中的结构元件时注意到：主要列出了各排放源的 CO_2 排放，其他气体只考虑了一部分，因为觉得它们不重要。例如排放源 CRF 2A7（玻璃生产中）仅考虑到了碳酸盐释放的 CO_2，而没有考虑玻璃熔化生产中的其他排放，即使它们在生产中确实出现。

生产过程因此被截断，因为一方面不是所有 UGR 所需的 EF 在 ZSE 中包含，另一方面，仅对部分气体调查其 EF。

综上所述，ZSE 中 EF 的使用范围在时间、地理和技术上并不统一。

5.4.3 年均价格计算

要知道某些货物的平均价格，一致性好的数据来源就是调查结果[538]，其中所列销售额及产品数量，可以给出某年的价格，大多产品均包括在其中。

在德国大约有 40 000 家采矿、采石和采土企业，还有部分是从事加工的。员工 20 人以上的企业就有义务在联邦统计局登记，并说明其产品。

通过统一的调查，生产信息就一致统计、定量描述，而且每年在产品调查报告里公布。

货物的排列按照产品统计目录 2002 段（GP 2002）[5.4.2.3 节第（2）点]，包括以下信息：

① 登记号；

② 品名；

③ 可预期销售额、数量、计算单位等。

并不是所有货物都有上述信息，有的因为保密原因，有的则因为不在德国生产。

调查报告里列了 6 147 种货物，它们是所谓的商品。这些是可销售的供应市场的出产物（不含贸易或分装），以及自用的产品，大多情况下按照数量和价值排列。

待售产品的价值的基础是可预期的，出厂价含包装成本，但是不含营业税、消费税、单独计算的运费、打折费，也不含贸易和运输服务。

一种货物的销售额、价格和数量的关系是固定的（图 5.4.5）。因此可以借助产品调查报告算出每一种货物的一致价格，它对应可能波动的价格的年均值。

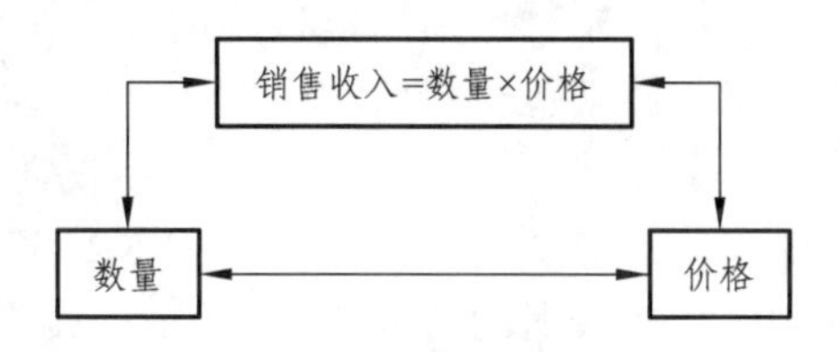

图 5.4.5 价格、数量及销售收入的关系

如何处理不同的价格概念：

统计数字的价格概念各不相同。PE 中采用出厂价，而在输入-输出表中考虑制造价 [5.4.2.4 节第（4）点]。它与出厂价的区别在于：制造价要考虑货物税，扣除货物补贴。图 5.4.3 中输入-输出表的第 3 个正方形，因此包含一列，从货物税里扣除补贴即在此发生。货物税即消费税、保险税、基本营业税、增值税和进口费用，而货物补贴是公交补助以及对农业企业的补偿。

如果在 IO-SB 中使用出厂价，可能导致排放扭曲。由于 Deststis 没有公布制造价，本章在产生范围层面上研究两个价格概念相差多远。基于输入-输出表，计算了（货物税-货物补贴）与“前功”货物的比例。为 71 种生产范围做此计算的结果就是，农林业出厂价和制造价之间的差异是 5%，生产型企业是 0%～2%，服务企业是 14%。两个价格概念之间的差异在生产企业中可忽略。

本章因此将出厂价作为近似值用在生产企业产品的 IO-SB 中，因为这种情况下两种价格概念差异很小。

5.5 IO-LCI 数据计算

这里讨论如何计算 IO-LCI 数据，它们用于补齐生态核算中的数字缺口，而且可用已知数据验证。基于此，可以说：IO-SB 中的“前功”以整个宏观经济的所有交叉作用为基础。与之相反，按照 ISO 14040（5.2.2 节）所做物质核算的系统边界收得更紧。SB 的前提是过程模块（P-SB），因为某些服务领域的前链及相应的排放（如研发、金融服务）一般都没有考虑。因此，IO-SB 的系统边界比 P-SB 更能反映实际情况。

但是不能就此说通过这种更广泛的系统边界的 IO-LCI 数据适合补齐生态核算的数据缺口。因此，本章的目标是：用 LCI 数据库中既有数据来验证 IO-LCI 数据（第 5.6 节）。

为了使系统和谐，必须首先对比不同模型间的异同（5.5.1 节）。将既有 P-LCI 数的系统边界扩充，使其包含“前功”输入，并不琐碎。为了在验证 IO-LCI 数据时有相似的基础，将 IO-LCI 的系统边界收紧，方法是：正好将某些生产范围（及其排放）的前功消除，后者是 P-SB 也不需考虑的（5.5.2 节）。由此导致出计算 IO-LCI 数据的公式在 5.5.3 节介绍。

5.5.1 P-SB 和 IO-SB 的异同

根据 ISO14040，SB 包括产品系统所有的过程模块，由所选的系统边界给定，过程模块以及 P-LCI 数据包含产品生产引发的基本流和产品流的信息，如其在调查中所示。

进入过程模块的“流”包括材料、能量、场地需求和运输情况。

流出过程模块的“流”是一种或多种产品及向大气、水及土壤的排放。这些“流”与一过程或者产品关联在一起，以物理单位核算，从“摇篮到出厂门”。

总体上，P-SB 的截断规则按照 ISO 14044 执行。在实践中，在输入端，基本流里小于 1%的常常不考虑。截断的总量不应超过 5%。同样，在输出端，对环境影响小于 1%的允许做截断。有可能出现一种情况，即描述一个过程的信息不完整。这些未知的基本流在 IO 处理时可省略。

IO-SB 基于宏观经济中与环境有关的 IO 模型，模型里与货物生产直接或间接相关的流基于宏观经济的生产范围。在 IO-SB 中，最后使用 y_k 的货物生产中累计排放通过制造价格计算。这个排放值包括最后使用货物生产过程的直接排放和所有“前功”的间接排放。

地理差异：uIOM 生产中“前功”货物的排放量从 UGR 计算，仅和本土生产有关。进口的“前功”在 IO-SB 处理，就好像它们是在德国生产的。这里当然假设，国外生产条件与德国一样。因此，对国内的前功货物也赋以排放值，当然按照德国的情况。与此相反，在 P-SB 中国外前功产品（前提是数据允许做此运算）借用过程模块描述，可体现那里的生产条件。

uIOM（5.3.2 节）中的数据基于统计调查和经济分支归类系统。如果使用货币 IOT，各种“流”也以货币为单位核算。产品和服务从自身或其生产范围流出，作为另一个生产 K 的输入。

与 P-SB 相反，不可能对每一种货物计算其“总链”，因为这些“前功”赋给生产范围所有货物是均匀的。（PB=Produktionsbereich）这个前功需求用来在 PB k 生产货物。

在 IO-SB 中，有一种截断准则：员工少于 20 人的企业在统计调查中不计入，这和在 P-SB 一样。另外，由于保密原因，并不是所有的 IO 信息都公布。但是不存在针对输入流本身的截断准则。

在 UGR 中，直接排放公布在 PB 归类中，这也是输入-输出表的基础［5.4.2.3 节第（1）点］。这些排放基于对其 PB 内所有货物的需要 X_p 向水域和大气的排放不进入 UGR（5.4.2.5 节第（2）点），这些排放目前仅在 P-LCI 数据中有。从时间、地理和技术适用范围看，5.4.2.5 节已讨论过，UGR 的直接排放数据含有不安全性。

两种模型的区别见表 5.5.1。

表 5.5.1 IO-物料核算与 P-物料核算之间的差异

项　目	IO-物料核算	P-物料核算
系统边界 前期工作	总的国民经济 加上进口	国民经济领域 （也加上进口）
寿命历程	制造阶段 （摇篮到出厂门）	寿命历程的所有阶段
产品与元素流平衡	货币单位	物理单位
直接排放的参考量	产品分支 （某个生产领域的 所有货物）	出自一个生产过程的所有货物
截断标准	企业大小	截断规则，定义输入-输出门槛值
排放途径	排向大气	排向陆地、水域和大气
技术	清一色本国	本国和国外

5.5.2 系统边界调整

5.5.2.1 P-SB 系统边界作为参照

统计数据和 SB 过程模块的系统边界（SG）不同：统计数据在前功里统计整个宏观经济的活动，就是说，所观察的 IO-SB 在制造阶段比 P-SB 产品系统更广，后者由 P-LCI 数据构成。例如，与 P-SB 不同，在宏观经济输入-输出表中的服务，如贸易、咨询、机器磨损、纸张消耗、银行服务、广告、工作餐。

尽管上述有排放，但是在编制中 P-SB 时一般不考虑，因为实践调查 P-LCI 数据将花费大甚至不可能。Rebitzer[525]曾尝试给这些未考虑的排放赋予相应的 PB，并使用一个美国的 uIOM 量化。他指出，这部分排放不占前功的 20%。

按照 ISO 14040 进行 OEB 包括过程模块与 P-LCI 数两部分。P-SB 不考虑上述排放源，其模型因此可作参照。为了能够将 IO-LCI 数据和 P-SB 数据一同录入 OB 中，必须使两个模型相适应。为此选出那些 PB，其特点是排放在 uIOM 中不予考虑（5.5.2.2 节）。从计算上看，现在可以计算某个 PB 的累计排放，减去其他若干 PB 的排放。

5.5.2.2 确定待删除的产品核算（PB）

IO-SB 和 P-SB 的 SG 要相互衔接，由于这个原因，如果某个 PB 中 P-SB 的材料和能量流调查很困难，那么这个 PB 就不应在 uIOM 中考虑。涉及的 PB 见表 5.5.2。

表 5.5.2 某国民经济中未在 P-物料核算中考虑的生产领域

代码	生产领域和私家消费
50	为机动车的商业服务、机动车维修、加油服务
51	商业中介和批发服务
52	零售服务、消费品修理
55	便捷餐饮服务
64	新闻传播
66	保险业（不含社会保险）
67	信贷和保险辅助业务
70	房地产服务
71	可移动物品出租服务
72	数据处理和数据库服务
73	研发服务
74	企业服务
75.1 ~ 75.2	公共管理服务、国防
75.3	社会保险服务
80	教育与课程服务
85	健康、兽医及社会事务服务
91	利益代表、教堂等
92	文化、体育和娱乐
93	其他服务
95	私家服务

5.5.2.3 如何删除选出的 PB

Rebitzer[525]描述了一个计算方法，可以从 uIOM 中删一些货物的经济流和 PB：起始点是矩阵 $\boldsymbol{A}$，包含每个 PB 以及货物群的输入系数。用在 uIOM 里，以模拟整个国民经济。在此基础上编制一个经济模型 $\boldsymbol{A}_r$，其中有几个货物群不进入，因此不引发行业间货币流（以及相关的环境影响）。

“修正了的输入系数”矩阵 $\boldsymbol{A}_{\mathrm{r}}$ 通过矩阵 $\boldsymbol{A}$ 与辅助矩阵及特定算式相乘生成。矩阵 $\boldsymbol{R}$ 的元素中，对应于待删货物和经济分支的行列位置上设零，所有其他元素是 1。

这种方法“element by element”的优点是：矩阵 $\boldsymbol{A}$ 和 $\boldsymbol{A}_{\mathrm{r}}$ 的数值相等，而在 $\boldsymbol{A}_{\mathrm{r}}$ 中，待删除行列元素设零。这样，所有不应考虑的 PB 清零：

$$\boldsymbol{A}_{\mathrm{r}} = A.^{*}R \tag{5.5.1}$$

式中　$\boldsymbol{A}_{\mathrm{r}}$——修正的输入系数矩阵；

$\boldsymbol{A}$——输入系数矩阵；

$\boldsymbol{R}$——“单位”矩阵，含“0”；

$.^{*}$——Element-Element-Multipulikation。

如果在 IOA 基本方程（5.3.15）中代进新计算出的矩阵 $\boldsymbol{A}_{\mathrm{r}}$［式（5.5.1）]，就得到一个计算累计排放的公式，不含删掉了的经济分支：

$$z_{\mathrm{cum}}^{\mathrm{r}} = \boldsymbol{B}\cdot[(\boldsymbol{I}-\boldsymbol{A}_{\mathrm{r}})^{-1}.^{*}\boldsymbol{R}]\cdot \boldsymbol{y} \tag{5.5.2}$$

如果按式（5.5.2）重新计算 Leontief 逆 $(\boldsymbol{I}-\boldsymbol{A}_{\mathrm{r}})^{-1}$，并考虑相关说明，就可以计算某个 PB 最后需要的货物（单复数）的累计排放，减去待删 PB 的排放。

5.5.3　建材 IO-LCI 数据计算方法

需要计算生成 IO-LCI 数据的建材需要有一个登记号和货物种类［5.4.3.2 节第（3）点］。在生产调查中，登记号对应着预期销售额和产量等信息，由此可算出年均价格（5.4.3 节）。

考虑服务业的 IOM 用式（5.5.2）代表。该模型从输入系数矩阵 $\boldsymbol{A}$ 编制，并按式(5.5.1)修正成 $\boldsymbol{A}_{\mathrm{r}}$。还有来自 UGR 表的直接排放矩阵 $\boldsymbol{B}$，以及矩阵 $\boldsymbol{R}$，后者可根据从表 5.5.2 选出的 PB 编成。如果生成 IO-LCI 数据时不忽略服务业排放，式（5.5.2）按照 5.3.2 节简化成：

$$z_{\mathrm{cum}} = \boldsymbol{B}\cdot(\boldsymbol{I}-\boldsymbol{A})^{-1}\cdot \boldsymbol{y} = \boldsymbol{B}\cdot \boldsymbol{C}\cdot \boldsymbol{y} \tag{5.5.3}$$

如果已有建材销售额和产量数据，可生成 IO-LCI 数据。平均价格作为 $\boldsymbol{y}$ 代入式（5.5.3)，以计算排放，包括所有前功和总链。如果不考虑一些 PB 的前功，则用式（5.5.2）计算。IOM 计算结果是 7 个排放值，给出有关产品的

IO-LCI 数值。

附件 C 里是如此生成的建材 IO-LCI 数值，它的过程数据已录入 ecoinvent 数据库（考虑篇幅，这里未列出附件 C——译者注）。IO-LCI 数据按式（5.5.2）和式（5.5.3）计算，并用在第 5.6 节验证。

5.6 验证生成的 IO-LCI 和 P-LCI 数据

按 5.5.3 节的方法算出的建材 IO-LCI 数据在本节进行验证，以记录和证明：IO-LCI 数据适用一些目标，并且满足要求。

将 IO-LCI 数据与 ecoinvent（V1.2 版）中的 P-SB 数据对比，后者作为参照。之所以选用数据库而没选 Ökobaudat（5.1.1 节），是因为 Ökobaudat 数据不含基本流信息，而是环境影响估计值。因此，没法用来验证 IO-LCI 数据。

在 ecoinvent 中一共确认了 106 种系统过程。借助 uIOA 计算出的 IO-LCI 数据在附件 C 里。它们分别赋予下列 PB 的货物：14，20，24（不含 24.4），25，26.1，26.2，26.8，27.1 ~ 27.3，27.4 和 32（赋值方式见附件 B）。考察的排放即 uGR 中的量：CO_2，CH_4，N_2O，NH_3，SO_2，NO_x，NHVOC（5.4.2.5 节）。IO-LCI 排放数据首先用两种方式计算：① 考虑全部前功；② 忽略服务业排放。附件 C 中，即 IO-LCI 数据，按照式（5.5.2）算出，不考虑服务业排放，以及按式（5.5.3）算出，考虑所有前功排放。用这两种不同 IO-LCI 数据的相对误差做对比诠释。此后，确定 IO-LCI 数与 P-LCI 之间的误差并进行诠释。

参考文献

[501] Preese und Informationsamt der Bundesregierung (Htsg). Fortschrittsbericht 2004-Perspectiven für Deutschland, Bonn: Bonifatius GmbH, 2004.

[502] Statistisches Bundesamt （Hrsg）. Umweltnutzung und Wirtschaft-Bericht zu den Umweltökonomischen Gesamtrechnungen，Wiesbaden：Statistisches Bundesamt，2007.

[503] KÖHLER N （Hrsg）. Stoffströme und Kosten in den Bereichen Bauen

und Wohnen. Berlin，Heidelberg，New York，Barcelona，Budapest，Hongkong，London，Mailand，Paris，Singapur，Tokio：Springer，1999.

[504] MÖSLE P. Green Building Trends in Europe. Ecobuild London，March，3rd，2010.

[505] KÖNIG H. Umweltorientierte Planungsinstrumente für denLebenszyklus von Gebäuden （LEGOE）. Dachau：Verlag Edition Aum，1999.

[506] KREISSIG J，BINDER M. Aktualisieren，Fortschreiben und Harmonisieren von Basisdaten für das Nachhaltige Bauen. Leinfelden-Echterdingen：PE International，2007.

[507] LÜTZKENDORF T，ZAK J. Erkennbare Probleme und Hemmnisse im Datenfluss. Netzwerk Lebenszyklusdaten AK Nutzersichten im Baubereich，27，März，2007.

[508] Bundesministerium für Verkehr，Bau und Stadtentwicklung (Hrsg). Leitfaden Nachhaltiges Bauen[EB/OL]. [2010-11-24]. http：//www.nachhaltigesbauen.de/leitfaeden-und-arbeitshilfen/leitfaden-nachhaltiges-bauen/oekol ogische-bewertung.html.

[509] SUH S，HUPPES G. Methods for Life Cycle Inventory of a product. Journal of Cleaner Production，2005，13（7/S）：687-697.

[510] SCHEBEK L，BRÄUTIGAM K R. Von der Wiege bis zur Bahre - Eine Einführung in den Schwerpunkt “Lebenszyklusanalysen in der Nachhaltigkeitsbewertung//Technikfolgenabschätzung-Theorie und Praxis Nr. 3，16. Jg，Dezember，2007.

[511] International Organization for Standardization（Hrsg）. ISO 14040—2006 Environmental management - Life cycle assessment：Principles and framework. German and English version EN ISO 14040：2006.

[512] GUINEE J B（Hrsg），GORREE M，HEIJUNGS R，et al. Life cycle assessment-An operational guide to the ISO Standards：Part 2b Operational annex. Final report，Leiden：Leiden University，2001.

[513] GUINEE J B （Hrsg），GORREE M，HEIJUNGS R，et al. Life cycle assessment - An operational guide to the ISO Standards：Part 3 Scientific background. Final report，Leiden： Leiden University，2001.

[514] HUIJBREGTS M A J，NORRIS G，BRETZ R，et al. Framework for Modelling Data Uncertainty in Life Cycle Inventories. International Journal of Life Cycle Assessment，2001，6（3/S）：127-132.

[515] FRISCHKECHT R，JUNGBLUTH N （Hrsg），ALTHAUS H J，et al. OverView and Methodology//Ecoinvent report No. 1：Swiss Centre for Life Cycle Inventories，Dübendorf，2004.

[516] International Organization for Standardization（Hrsg）. ISO 14044—2006 Environmental management - Life cycle assessment：Requirements and guidelines. German and English Version EN ISO 14044：2006.

[517] HORVATH A，HENDRICKSON C. Steel versus Steel- Reinforced Concrete Bridges：Environmental Assessment. Journal of Infrastructure Systems，1998，4（3/S）：111-117.

[518] BRÜMMERHOFF D. Volkswirtschaftliche Gesamtrechnungen，8：überarb und erw Aufl. München，Wien：Oldenbourg，2007.

[519] HOLUB H，SCHNABL H. Input-Output-Rechnung：Input-Output-Analyse. München，Wien：Oldenbourg，1994.

[520] LEONTIEF W W. Environmental repercussions and the economic structure：an input-output approach. Review of Economics and Statistics 1970，52（3/S）：261-271.

[521] MOOSMÜLLER G. Methoden der empirischen Wirtschaftsforschung. München，Boston：Pearson Studium，2004.

[522] MOLL S，ACOSTA J，VILLANUEVA A. Environmental implications of resource use - insight from input-output analysis. European Environment Agency，European Topic Centre on Waste and Material Flows，Copenhagen，2004.

[523] SUH S. Functions，Commodities and Environmental Impacts in an Ecological - economic Model. Ecological Economics 2004，48（4/S）：451-467.

[524] HENDRICKSON C T，LAVE L B，MATTHEWS H S. Environmental Life Cycle Assessment of Goods and Services. Washington DC：RFF Press，2006.

[525] REBITZER G. Enhancing the application efficiency of life cycle assessment for industrial use. Lausanne：Ecole polytechnique federale de Lausanne，2005.

[526] WEIDEMA B P，NIELSEN A M，CHRISTIANSEN K，et al. Prioritisation within the Integrated Product Policy，Danish Ministry of the Environment. Environmental Protection Agency，2005.

[527] Statistisches Amt der Europäischen Gemeinschaften.. Statistische Systematik der Wirtschaftszweige in der Europäischen Gemeinschaft: Methodologische Einleitung. NACE Rev 1.1.[EB/OL][2011-01-10].http://ec.europa.eu/eurostat/ramon/nomenclatures/index.cffn? TargetUrl-LST_CLSDLD&StrNom=NACE_1_1&StrLanguageCode=DE&StrLavoutCode=HIERARCHIC.

[528] NORRIS G. Non-Energy related emissions in IOA. Beitrag zu NIELSEN A M, WEIDEMA B. Input/Output analysis - Shortcuts to life cycle data? Environmental Project No. 581 2001 Miljpprojekt.[EB/OL].[2011-01-10].http://www2.mst.dk/udgiv/Publications/2001/87-7944-365-6/pdf/87-7944- 366-4.pdf.

[529] LOERINCIK Y. Environmental impacts and benefits of information and communication technology infrastructure and Services, using process and input-output life cycle assessment. Lausanne: Ecole polytechnique federale de Lausanne, 2006.

[530] GRÖMLING M. Ein volkswirtschaftliches Porträt der deutschen Baustoffindustrie : Institut der deutschen Wirtschaft Köln[EB/OL].(2005-06)[2011-01-10]. http://www.baustoffindustrie. de/webseite/download/BBS_BranchenprQfil.pdf.

[531] Statistisches Bundesamt(Hrsg). Volkswirtschaftliche Gesamtrechnungen: Input-Output Rechnung 2003. Fachserie 18 / Reihe 2, Wiesbaden: Statistisches Bundesamt, 2007.

[532] Statistisches Bundesamt （Hrsg）. Klassifikation der Wirtschaftszweige mit Erläuterungen. Ausgabe 2003. Wiesbaden: Statistisches Bundesamt, 2003.

[533] FRENKEL M, JOHN K D. Volkswirtschaftliche Gesamtrechnung. München: Verlag Franz Vahlen, 2006.

[534] STAHMER C. Verbindung von Ergebnissen der herkömmlichen Sozialproduktsberechnung und der Input-Output-Rechnung : Überleitungsmodell des Statistischen Bundesamtes. Allgemeines Statistisches Archiv 1979（4/S）: 340.

[535] Statistisches Bundesamt (Hrsg). Volkswirtschaftliche Gesamtrechnungen: Input-Output Rechnung 2000. Fachserie 18 / Reihe 2, Wiesbaden: Statistisches Bundesamt, 2004.

[536] Statistisches Bundesamt （Hrsg）. Umweltnutzung und Wirtschaft - Erläuterungen zu den Tabellen der Umweltökonomischen Gesamtrechnungen. Wiesbaden：Statistisches Bundesamt，2007.

[537] WARSEN J，BAUER C，SCHEBEK L. Usability of national reporting data as a reference for generic unit processes. International Journal of Life Cycle Assessment，2009，1（14/S）：52-61.

[538] Statistisches Bundesamt（Hrsg）. Produzierendes Gewerbe：Produktion im Produzierenden Gewerbe 2004. Fachserie 4 / Reihe 3.1，Wiesbaden：Statistisches Bundesamt，2005.

6 缓解与适应——气候变化背景下市政工程规划考虑

6.1 绪　论

6.1.1 概　述

最晚从 IPCC 2007 年发表的第 4 个气候变化报告起，科学界不再怀疑人类活动排放的温室气体促成了全球变暖。即使全球的排放马上稳定在当前的水平上，甚至减少排放，气候系统的惯性仍然使今后几十年全球温度持续上升[601]。因此，及时研究如何适应必将出现的气候变化显得很有意义[602]。2006 年年底，斯特恩报告发布前，人们对气候变化的关注还主要集中在其对经济的影响上，相应的国际国内的气候政策也主要带有气候保护的特征（例如，以《京都议定书》为框架，促进再生能源的使用，淘汰落后的设备等）。斯特恩报告的结论指出，气候变化的影响可以通过适当的适应措施减轻[603]。自那时起，适应气候变化越来越受公众重视。在国际上，发展中国家的适应气候基金就是例子，该基金的设立是在 2007 年 12 月联合国巴厘岛气候变化会议上决定的[604]，欧盟委员会 2007 年发布了绿皮书《适应气候》，该书 2009 年初改为白皮书[605, 606]。在德国，人们采取了各种行动，包括德国在内的许多国家近年制定了适应战略，指明如何在国家高级别上促进和形成适应过程。市政规划应对气候变化的方案，见图 6.1.1。

通过欧洲的适应政策可以发现，各国的行动集中在分析问题、研究问题、信息传播措施、行动网络、协调一致、架构过程和适应政策等方面，而具体的适应措施的制订和实施则向后放[607, 608]。在地方实施层面上，适应气候变化的挑战似乎才刚刚被提到。

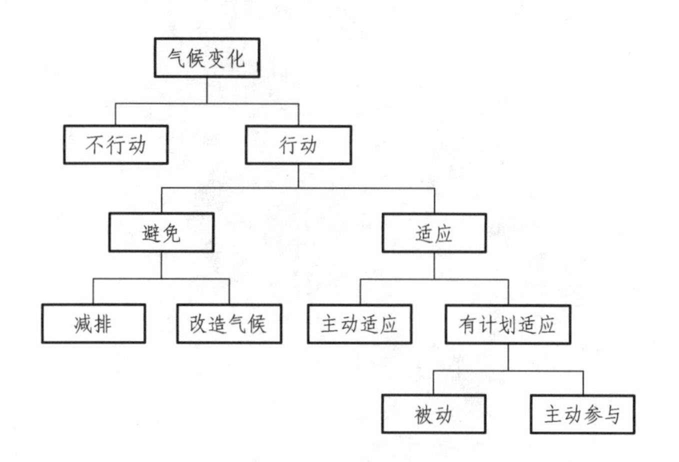

图 6.1.1 市政规划如何应对气候变化

本章讨论地区层面上的适应战略，根据科学讨论的成果，地区是重要的操作平台[609-611]。即使适应性措施大多在地方上或者其他组织（企业、私人家庭）框架内实施，在建立适应性战略概念的时候也应将注意力集中在地区层面上。有两个主要原因要指出：

第一，气候变化后果的直接影响，主要体现在地区这一层面。2007 年 IPCC 的第 4 份报告说明了气候变化的影响以及因此多发的极端天气，如全球暴雨、洪水、风暴和热浪等。

没有适当的适应措施，无论是人口密集而且经济强盛的城市还是偏远乡村，极端天气都会带来经济损失[603, 612, 613]。不仅预期的极端天气增加会提出行动要求，气候渐变带来的湿度和降水变化也不容低估，它会对经济和社会造成巨大的负面影响[614, 615]。因此，气候变化的后果不仅限于若干个特殊的敏感区域，而是涉及生活和工作的各个方面，地理位置和土地用途等均有决定性影响。德国各地区对气候变化的脆弱性见图 6.1.2。

第二，地区在分析气候变化影响时是一个重要的参照面，同时又是国家和地方基层的衔接面，是重要的操作环节，尤其是当国家层面仅提供框架环境的时候。

图 6.1.2　德国各地区对气候变化的脆弱性[616]

国际比较显示，在大多数已经制定了对策的国家，这一点是成立的[617]。因此在国家层面上，迄今为止主要是一些“软”的调整构成。只有在个别情况下，才有协调一致的适应战略，其不仅涵盖不同的调控机构，还有各级政府的政策领域（如英国、加拿大）。基于此，国家层面的计划一般是定原则，而其下的各级行政机构在操作上意义重大。观察一下地方各级政府就能发现，它们在城镇规划框架里面有许多选择空间，涉及气候变化影响的许多因子也只能有选择地关注，而且许多时候，地方各级政府受其行政和决策能力的限制，会觉得力不从心[618, 619]。因此地区级将会是合适的参照面，需要制定适合本地气候变化的战略概念，包含不同的政策领域和调控机构，并且一体化运作。

与之对应，在一些政治文件中（如欧盟的气候变化绿皮书、白皮书，德国适应战略）已经提出，要求地区制定适应战略。如何在德国地区一级层面实现这一点，目前没有明确的说法，因为德国区政府行政能力一般较弱。

6.1.2　研究目标和内容

本章的目的是制定和实施地区适应战略。本研究主要基于德国的情况，不过叙述和结果也适用于其他国家。

本章的讨论中假设下述各点已经有研究结论：

- 涉及观察到的和未来可能的气候变化的基础研究；
- 将气候变化的后果拓展到具体的区域（区域后果与脆弱性分析）；
- 适应气候变化主要的行动领域；
- 行业适应战略的可能内容（作为技术和非技术适应选择）。

上述各任务已有多个研究项目正在进行中。随着气候适应领域行动压力上升[620]，现在需要指定跨行业一体化的要求，而且要面向实施。IPCC 指出，战略性和各方均参与的气候变化适应措施已经出现，一些科学家将这种适应看成应对气候变化的“主流政策反应”[621]。另一些科学家对此表示怀疑，他们指出适应措施的规划与实施之间存在巨大鸿沟，并且认为待观察的适应过程效率低[622]，更像布瑞布斯克斯-林德布洛姆定律中的“离散增量”法[623]。本章正是在这一点上开展研究，从区域规划的前景中促进参与适应气候变化的规划和实施的讨论。

不过，目前德国的组织架构看上去不适合制定地区适应战略。设立新的机构甚至专业设计院来实现适应战略也不可行。事实上，不同的领域，采用的空间尺度也千差万别，而且跨专业的合作对解决问题至关重要。因此有必要将所有政策领域一体化考虑，在现有的组织框架内处理。除此以外，引入长期目标、强化实施是一种新的挑战，地区适应气候变化要考虑到今后很长时间，而且在首期措施实施后必须雷厉风行接着实施后续的措施。从条块到整体的变化以及从短期到长期规划的变化，均使战略行为成为必需。

地区适应气候变化战略，一般基于整体观察和长期考虑，借助适当的参与形式和联动机制来推进本地区适应气候变化措施的建立和实施，这样的战略在实践中少之又少。适应战略可能的内容以及涉及具体行动的适应性选择在很大程度上是已知的，需要强调的是地区适应战略如何与气候变化相衔接、组织并且目标明确地实施。这期间需要特别注意的问题是对战略实施过程有直接影响的因子，它们的作用以及动力来源均要做讨论。最后商讨是否可以找出对建立和实施地区战略特别有利或者有害的框架条件。

本章主要涉及以下问题：

- 在建立、实施和应用地方适应战略中，有哪些原则上必须考虑的方面？（即谁是战略家？谁是合理的演员？）
- 哪些因子何时发挥何种作用？
- 谁为谁做战略规划？谁规划？谁实施？
- 如果既有规划中需要加入紧急动议，如何调控其措施？
- 如何启动这样一个战略？

下列假设是讨论的基础：

- 地区适应战略提高实施层面的适应能力（A）；
- 区域规划在适应气候变化中有重要作用（B）；
- 战略规划的调控法则在建立地区适应战略中是有力且适合的手段（C）。

本章研究的目标是将适应气候变化的社会经济学研究中的不同概念放在一起，并取得可用于指导实践的成果结论。

理论导出关于地区适应战略的知识将通过实例加以检验。这样，就可将本研究看作地区“合成研究”的一部分，也是对地方适应战略现有各研究项目结果进行的系统分析。对比分析是十分必要的，而迄今为止，这类研究很少。

6.1.3 所用方法

在前文论及的问题以及同样的基础上，本章选择旨在应用并且跨学科的研究方式。能用的方法在很大程度上基于范德文的“学者模型”[624]。这个模型是一种社会学研究方法，旨在克服理论和实践之间的鸿沟。按照此模型，学者是研究参与者，就是说，在解决复杂点时，将不同关键人物拉进来（范德文分类归纳，比如研究者、应用者、客户、资助者和实践者）。而对研究人员的要求是：在研究进行的各个阶段与其他人物开展讨论和争议。这些研究步骤可以以不同的次序与起始点进行，故各种行为之间存在关联，因此这可能是一个迭代过程。所谓的“钻石模型”展现了这种关联（图 6.1.3）。

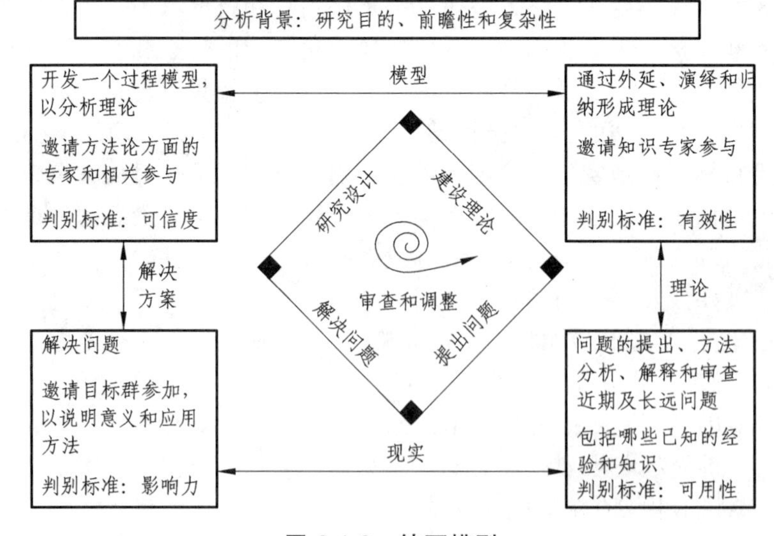

图 6.1.3　钻石模型

本章中，问题形成和理论构成的过程遵循“地基础理论”，基于下列步骤：开始时收集少量数据，以后逐步建成一个种类和概念齐全的系统，以解释所观察到的现象。涉及的种类可以进一步细分和拓展，随着研究的深入，可以分析个案。上述种类可以细化、重设、编写以及比较。在树立种类时需增加数据，并对其加以分析和诠释，以检验种类系统的属性。整理过程的最后一步是找出核心种类的个数。其作用在于，使各种源于上述数据的理论上的概念实现统一。这样就形成了基于数据的理论，根据喜尔登布兰的研究，遵循“地基础理论”的研究过程的主要特征是：从一开始就进行分析，而且根据目标需要从所获得的信息中做出选择。由此获得的认知被用于构成理论，也可以在数据采集中加以考虑，这样就产生了一种可能，即将“研究的闪光点”加以培养，对过程进行研究[625]。

上述就是本章的主要研究基础，即范德文的“学者原则”[624]和格拉泽施特劳斯的“地基础理论”[626]。

6.2 理论和概念

6.2.1 基本情况和概念说明

6.2.1.1 适　应

1992 年之前，“适应”（Adaption）一词在有关科学讨论中只是偶尔出现，该词的出处是达尔文的进化论以及自然选择的过程[627]。1992 年，联合国气候变化框架等决定引入两个不同的战略以应对气候变化：减缓（Mitigation）和适应（Adaption）。“减缓”即减少温室气体排放，以使大气中的温室气体浓度达到某一稳定值，而且该值可以避免人为干扰气体系统造成危险后果[628]。“适应”一词公约的多个条款里均有提及，但是文中没有准确定义[629]。

尽管联合国各缔约国借助该概念，间接承认气候变化及其影响，在 20 世纪 90 年代初期的科学与政治讨论中主要问题还是能否确定气候变化真有其事，是否有必要提出以及可以采取哪些措施避免气候进一步变化。根据 IPCC 1995 年的报告，凯茨认为，两个不同的思路阻止了对适应气候变化进行适当的争论[630]。一方是“预防主义者”，其主张大幅度减少温室气体排放以避免气候变化，同时又认为主动采取适应措施为时过早，并因此拒绝更多的气候保护措施。另一方是“适应主义者”，他们认为既无须努力适应，也没必要避免。持这种想法的人认为，即使气候变化发生，其出现也足够缓慢，这样自然界和人类社会就有足够的时间渐渐适应[630]。

这两种观点阻止了适应研究的部分时间，一直到另一种观点形成，即“现实主义者”[631]观点。这种主张介于前两个极端主张之间。他们承认气候变化的事实，但又怀疑气候变化的准确影响。他们认为，适应措施的规划和实施需要时间，因此应马上开始进行这些工作，将“适应”作为一种必要和现实的行动选项，除此之外还应有进一步的措施来促进气候保护[632]。2001 年，IPCC 在起草第 3 次报告的时候，人们给了“适应”一词足够的关注。IPCC 第二工作组引入的许多定义在今天仍然是争论的基础，如“影响”(Impacts)、“适应”(Adaption) 和“脆弱性”(Vulnerability) 等。

第 3 次和 2007 年发布的第 4 次报告将涉及“适应”“适应能力”和“脆弱性”等话题的科学、社会及大众的讨论彻底表面化。IPCC 2001 年的报告中，将“适应”解释为生态、社会或者经济系统对现实或者未来气候状况的适应。该定义的限定前提是将气候变化看作适应措施的触发器，因此受到了多方的批评。例如斯莱特和万德尔认为，无论是自发的还是有计划的适应，很少是对气候变化的回应，而更多的应该放在自然和社会经济框架条件的变化中去分析[633]。此外，IPCC 2001 年的定义还清楚地说明了“适应”的意义。

根据适应的时间点以及有意识适应的程度，可以区分不同种类的适应过程：

（1）主动适应自主发生，没有计划，无意识地。自然界因生态环境变化导致的适应以及企业对市场变化的适应均属于主动适应。例如：在进化的过程中，植物对气候变化幅度增加的适应，或者市场上某种商品供应量减少使得价值上升进而导致的需求下降，均属于这种情况[634]。

（2）与上例相反，有计划的适应是指对气候变化做出的经过深思熟虑的反应，有两重意思：① 为修复受损的系统，而对某种环境变化做出的反应，或者为了避免新的损害发生；② 提前调整适应，以此作为前瞻性措施，使气候变化的影响降至最低，乃至避免。计划性措施可以是技术性的，也可以是规划性的。例如技术性适应措施可以是建设更多的蓄洪区以防止洪涝灾害，也可以是农业生产种植作物种类的变化。规划性措施更多体现在如何操控和实施技术性措施。

6.2.1.2 适应能力和克服能力

适应能力（Adaptive Capacity）的概念，自 2001 年 IPCC 第 3 次报告发布后受到多方关注。在气候变化影响的意义上，适应能力描述了某个系统或者社团的应对潜力。适应能力是指有计划的适应，它可以表征适应气候变化带来的风险和机会的能力，或者克服气候变化带来的不利影响的能力。因此，主动适应不包括在适应能力范畴内[635]。

克服能力（Coping Capacity）的概念，是指直接克服极端事件的能力（如洪水等）。适应能力是基于上述极端事件前后较长的时间框架，因此需要一定的时间学习[636]。在克服能力和适应能力之间存在机会窗口，对其加以观察是有意义的。在此意义上，机会窗口是指灾害发生期间和之后的时间区间，在此时间区间内，预防性的技术措施和反应机制的及时性是防止灾害的前提条件[637]。实践中，这个时段对于唤醒大众的危险意识并且采取预防措施显得太过短促。研究奥德河与易北河 1997 年及 2002 年的洪水灾区发现，洪灾发生后的 6 个月内，对于人和财产受损予以解决的积极性很高，此后急速下降[638]。也正因为此，除了提高克服能力，增强适应能力也很重要，只有这样才能长期减少一个系统的脆弱性。

社会系统对气候变化的适应是一个动态过程，影响因素包括社会、经济、生态、技术和政治等，而且随时间、地点和观察角度的变化而不同[639]。这个复杂的混合条件决定着系统的适应能力。目前已有各种文献讨论如何精确描述和评价适应能力。其共同点是：观察不同的特征或者主要因素，它们对社会或者团体的适应能力有着决定性的影响，如 SchrÖter 等人的研究。

（1）经济资源/富裕程度。

一个国家的经济力量灵活性越大，就越容易承受适应的成本。

（2）技术。

缺少技术的话，适应性措施实施的广度就会受到限制。相反，促进措施包括预警系统（针对风暴、洪水和热浪）、防洪措施以及新的农业种植方式。

（3）知识。

既有的气候变化影响信息、适当的适应措施方面的知识、革新能力、对比性评价以及适应措施的优先性等都能促进适应能力建设。

（4）基础设施。

基础设施使人们更容易获得资源，因而促进适应潜力。另一方面，既有的基础设施也可以对适应能力产生负面影响：技术性基础设施（如供排水系统）一般是按长期使用设计的，因此不能灵活适应短期和中期气候变化。

（5）政府机构支持。

没有机构支持，实施适应性措施就会受到极大的阻碍。反之，有机构支持，与气候变化有关的风险管理以及适应能力均可获得决定性的发展。

（6）平等性。

在知识、基础设施、技术和经济资源方面的不平等会降低适应能力。因此，在这里可以明显看出各因素之间的相互影响。

在应用上述 6 个因素时，IPCC 第 3 次报告的作者提出，经济资源有限、技术发展水平低、教育和知识水平低、基础设施差、政府机构弱或者政局不稳、资源分配不平等因素会导致该地区适应能力低，因此面对气候变化显得很脆弱。

6.2.1.3 脆弱性

基于上述内容，适应能力的概念已经清楚。显然，为了解释气候变化的后果，还必须考虑社会及政治条件。这一点对脆弱性的适应就损失了很大内涵。脆弱性（Vulnerability，无论气候变化的影响是有利的还是不利的）体现的不仅是克服能力和适应能力，也体现了脆弱性的内涵。脆弱性与系统性集体暴露（作为极端因子）描述了气候变化的冲击影响。上述集体暴露一方面可以用不同的方法观察，另一方面可以用自然气候变化解释。由此可知，如果一个系统受到气候变化的负面影响且依靠自然能力不能克服，那么该系统是脆弱的。反过来，一个系统、地区、社区或者家庭克服能力和适应能力越高，其脆弱性就越低[640]。因此，适应能力的提高是降低脆弱性的主要条件，适应能力建设是适应战略的最高目标（图 6.2.1）。

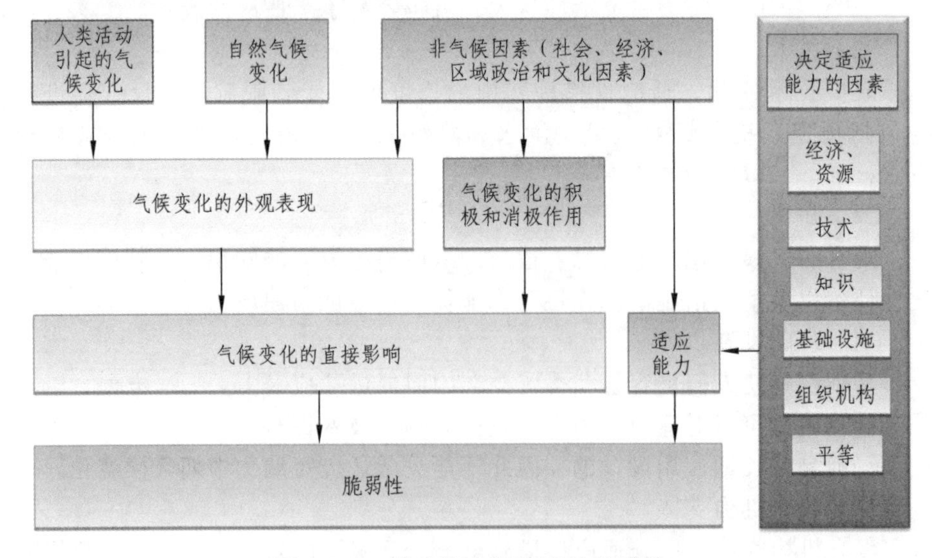

图 6.2.1　适应能力和脆弱性关联性

如果尝试测量脆弱性，不同专业就会得出不同的“脆弱性评价分析方法”(Vulnerability Assessment Method)。这些评估中总是引入不同的参数来分析脆弱性。关于气候变化的后果的研究，在脆弱性分析方面已有“几代”理论[641]。以前的工作主要集中在气候变化对“暴露的目标”的影响，而较少注意如何适应这种变化。这里有两个例子：如引用较多的“SCOPE Report or Impact Assessments”[642]，或者联合国环境署手册[643]。对气候变化问题越来越多的研究，依靠了各种脆弱性分析理论，而且不断增加社会因素。有些新的方法和指导条例就基于这些经验，例如联合国气候变化框架等级里的国家适应气候变化行动计划[National Adaption Plans of Action(NAPA) Guidelines]，或者联合国发展计划署(UNDP)适应气候变化政策框架。新生代脆弱性分析理论除了考虑气候变化，还考虑其他因素的变化(例如社会变迁、社会经济变迁)，它可帮助找到特别脆弱领域，即所谓的“热点”(Hot Spots)问题，这些“热点”可以是国家领土的某个部分、某地区的一部分、某些行业或者某些人群。现行的制定气候变化适应战略的条例强调“影响脆弱性评价”(Impact and Vulnerability)，因此是适应战略重心的一个重要成分[644]。

6.2.1.4 恢复力

恢复力(resilience)是一个新的名词，在气候变化方面的讨论中发挥着越来越多的作用。这个概念源自生态学，最早由霍林(Holling)提出。在生态系统研究中，恢复力是一个核心概念，描述了生态系统对冲击力的消解能力，并且在不受损害的情况下继续存在[645]。今天，这个概念被转借到社会生态系统[646]和社会经济系统研究中[647]，许多学科均借用这一概念，因此导致了不同的定义。不过，有一点没有争议，即恢复力是一个值得追求的属性，因为恢复力越强，自然与社会系统就越能经受环境变化的冲击[648]。

在讨论气候变化时，这个概念经常被理解为抵抗力(Resistance)，和生态缓冲能力类似，其含义是将极端冲击和干扰吸收并且维持系统的核心功能。图 6.2.2 显示的是初始状态与下限阈值之间的差异，低于下限阈值系统就不能维持其功能，或者不能回到初始的功能水平上。初始状态与阈值之间的差距越大，系统的抵抗力越大，要颠覆系统所需的外部干扰也就越大。

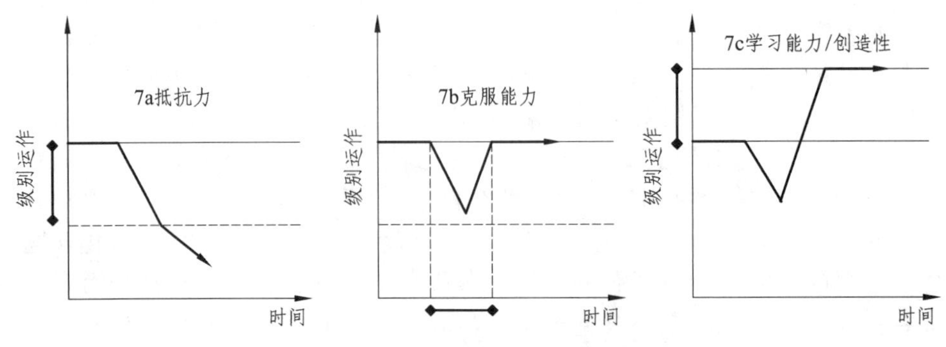

图 6.2.2　恢复力的 3 个特性

恢复系统的第二个属性是：在冲击和干扰作用下自身恢复到初始状态的能力（The ability to bounce back）。这个特征在英语文献中被称作 Recovery 或者 Coping，等同于前文所述的克服力。“工程恢复力”的概念强调这些属性，并且依据恢复到初始状态所需的时间来衡量。从这个意义上来说，系统的恢复力越强，在受到冲击和干扰后恢复越快[649]。

有的学者不赞成将恢复力的概念限定在抵抗力和克服力上，建议引入第 3 个恢复力因子即学习能力。这个因子也可以叫作创造力，描述一个系统学习冲击和干扰的潜力，以及自身适应变化的环境条件，这样就有可能出现高于初始状态的功能水平（图 6.2.2 中的 7c）。据此，一个具有恢复力的系统或者社会拥有高的适应能力，有能力在自身经验的基础上被动或主动超前地适应环境的变化。

在恢复力、适应能力和克服能力之间存在着概念的交织是显而易见的。这两个概念与相关概念（如脆弱性）之间的准确关联至今仍不清楚[650]，主要原因是各学科和领域的视角不同。卡本特（Carpenter）从生态角度认为适应能力是恢复力的一部分。而培令（Pelling）将社会学意义上的恢复力看成脆弱性的主要部分，该学者对恢复力的理解与 IPCC 对适应力的定义相近[651-653]。本章将恢复力看作脆弱性的反义词，并将其看作独立的概念。原因是：脆弱性包括了在外部因素前暴露的内容，而恢复力是一个系统的内在属性，与适应能力的概念紧密相关。恢复力概念有一个特别的强项，它可以将 3 个内在属性即抵抗力、克服力和学习能力统一起来。

6.2.2　核心“适应政策”

6.2.2.1　国际上的适应政策

如前文所述，对气候变化的适应是一个统一的概念，而在 UNFCCC 中又被长期忽略。该机构在 1992 年就已经要求各方制订国家计划以促进适应能力建设[628]。自那以来，定期举行的缔约方会议产生了许多文件，将适应气候变化在全球范围内推进，其中有特别意义的是内罗毕工作纲领（2005—2010）和适应基金（在 2007 年巴厘岛行动计划会议上决定成立的）。

通过内罗毕工作纲领，所有的缔约方都改善其关于气候变化的知识和与之相关的脆弱性和可能的选项。这样就可以帮助各个国家制定可操作的适应性措施，以便从科学、技术和社会经济层面上应对气候变化。内罗毕工作纲领在其两篇内容中提及了具体行动的许多企业以及建议，这两篇内容分别是“影响与脆弱性”（Impact and Vulnerability）和“适应规划、措施和行动”（Adaption Planning，Measures and Actions）。这样，有关气候政策的争论就有了一定程度的开放，它和纯政治误判不同，是给各个相关方一个可能就气候保护和适应气候变化的目标正式发表自己的意见或者交流项目经验的平台[654]。

阻碍适应措施实施的因素不仅缺乏知识，还缺乏适当的融资渠道，因此 UNFCCC 各个缔约方建立了“适应基金”，在 2001 年马拉凯什第 7 次缔约方大会上引入，2007 年巴厘岛大会上通过。该基金已经生效且付诸实施。很多专家认为，该基金是一个 UNFCCC 框架内资金管理的新规划。根据非政府组织“国防环境和发展研究所”（International Institute for Environment and Development，IIED）和“德国观察”（Germanwatch）的估计，该基金在支持发展中国家解决气候变化引发的后果方面可以发挥关键作用[655]，这个适应基金的资金来源不是公众资金，这和许多国家基金不同。它的资金来自 CDM 排放权交易提成。通过这种市场机制，就产生了适应气候变化所需的资金，它是国家间发展援助之外的。

为了将适应措施融入各行业的计划，联合国发展计划署 2004 年制订了一个适应政策框架（Adaption Policy Framework，APF）。这个框架可作为适应战略、适应政策和适应措施制定和实施的指导条例。APF 含有项目设计和实施建设，使气候变化更难造成损害，阻止其潜在的负面影响并充分利用气候变化带来的有利作用，目标在于将国家的政策制定过程更加开放透明。APF 的实质原则是适应力在各个社会层面上开展，适应战略及其实施过程同等重要，提高适应能力是一条引导社会未来气候变化的适当途径。APF 由多个专业论文组成，介绍各种简便方法分析脆弱性、资金有效发挥作用、多元分析以及决策方法。考虑广泛的官方和非官方因素，被看作成功建立和实施适应战略的关键因素[656]。

6.2.2.2 欧洲的适应政策

欧盟委员会 2007 年夏天通过了一个欧洲适应气候变化绿皮书，该书介绍了欧洲受影响特别大的区域并描述气候变化如何影响欧盟经济——在一些行业这些影响暂时是有利的，但是总体上是负面的。该书形成了 4 个行动重点，目的是推动欧盟各个政策领域就“气候适应”取得统一。这 4 个行动重点是：① 欧盟要及早采取行动；② 将适应性要求纳入欧盟外交政策措施；③ 通过一体化的研究减少科学上的不确定性；④ 将欧洲社会、经济和公共领域纳入协调过程，而且具备广泛的适应战略。因此，绿皮书不仅指向欧盟各国的政策行动，同时也体现了欧盟在世界范围内的负责态度。在讨论各个成员国的作用时，绿皮书强调地区层面的作用，认定区域规划具有战略剖面的功能。

绿皮书提出了 28 个关键问题，欧盟因此引发了全欧范围内就绿皮书的内容与目标的公开讨论。公开探讨的结果被纳入到随后的“适应文件”中。在此基础上，2008 年欧盟又推出了适应气候变化的白皮书：欧洲行动计划。该白皮书作为欧盟的适应框架，将逐步成为欧洲适应战略。2012 年将制定一个基础，2013 年初实施。这个欧洲适应战略第一阶段的行动重点就是：① 建立共同的知识基础；② 将适应观点纳入到欧盟重要的政策领域中；③ 确保适应战略的有效实施（通过面向市场的机构）；④ 强化国际合作。

6.2.2.3 国家层面的适应政策

德国适应战略（DAS）于 2008 年 12 月 17 日由联邦政府通过。由此满足了 2005 年气候保护纲领确定的义务，即制定国家适应战略。适应战略的长期目标是：减少经济对气候变化的敏感性，维持和提高自然、社会及经济系统的适应能力，并利用可能的机遇。DAS 起草协调工作由联邦环保部（BMU）负责，它们与其他部委衔接。DAS 是联邦适应气候变化（对德国）的影响文件，为今后其他行动提供框架。其中定义了德国适应气候变化的目标和基本原则，粗略介绍了已经出现和即将出现的气候变化及其潜在影响，给出了不同因素的行动方向，是下一步行动的基础。

在起草第一个版本时，联邦环保部广泛调查了联邦及各州的现状，以获得气候变化的风险和机遇的情况。此外，各种专业会议和报告会的举办将各专家的经验提供给公众分享。在此基础上确立了 DAS 的 15 个行动领域：① 人类健康；② 建筑业；③ 水资源，供排水，海岸与海洋保护；④ 土壤；⑤ 生物多样性；⑥ 农业；⑦ 森林业；⑧ 渔业；⑨ 能源；⑩ 金融业；⑪ 交通及设施；⑫ 工商业；⑬ 旅游业；⑭ 区域及建设规划；⑮ 民众保护。前 13

个方面是行业，而民众保护和区域建设规划明显是作为观察剖面。DAS 研究各个行动领域气候变化的潜在影响，这样就描述了所有涉及的行动领域，研究的内容包括风险和机遇以及行动选项。

DAS 的实事工程包括 3 个主要步骤：

① 2011 年初之前建立起有具体措施的行动计划；

② 继续进行各种国家和非国家因子之间的跨专业对话与参与；

③ 拓展基础知识，以实现为各种因子提供信息和决策帮助的目标。

在 DAS 对话和参与方面，强调地区和地方层面在实施适应措施中的作用。在与乡镇和县级机构合作中，联邦政府要讨论地方上的适应措施要通过哪些措施能够得以建立和实施[657]。

支持战略过程的构架在联邦层面是丰富多样的。为了制订“适应行动计划”及综合各种倡议，联邦政府 2009 年成立了“部委间适应工作组”（IMA），由环保部牵头。IMA 也要参加适应框架内的对话，为之提供指导和服务，并且负责使联邦政府各部门的行动一致。IMA 定期发布适应战略和行动计划报告，并且评价和实施，首次在 2013 年进行。通过了 DAS 之后，环保部倡议的“联邦和各州之间气候变化信息交换”将继续进行，职能是：要求联邦和各州部长会议将适应气候变化纳入日常行动计划，如环保部长会议、农业部长会议以及区域规划部长会议。2009 年，环保部长会议成立了一个常设委员会“适应气候变化”。

环保部成立的“气候影响与适应工作中心”（KomPass）和科技部倡导的“气候服务中心”（CSC），在实现行政与科技、经济和公众的有机联动方面具有特别的意义。KomPass 是一个路标和联络中心。作为气候研究、社会和政治的连接点，这个中心自 2006 年秋天成立以来汇集了德国易受到气候变化损害的领域和地区，评价气候后果，指明适应措施的成功机会及其实施障碍。为完成这项工作，KomPass 与科技界、政府、专业协会以及企业密切合作，并建立了自己的网站，介绍气候变化的信息、其对各行各业的影响、适应措施等。

与 KomPass 的作用类似，联邦科技部发起了 CSC，这是“气候保护高科技战略”的组成部分，2009 年夏天引入，作为政界决策者与投资者的对话平台。CSC 将最新气候系统研究成果汇总，并对成果的应用者进一步加工。由此形成对决策者有用和有说服力的决策基础，也促进消除气候研究者和数据使用者之间的鸿沟。在 CSC 成立之前半年，DAS 的决定中已经有一项内容：CSC 在任务划分上要与 KomPass 及其他联邦机构协商，以形成一种互相支持的工作格局[657]。

6.2.3 规划研究现状

6.2.3.1 适应气候变化的研究

如前文所述，政策强调地区层面在实施适应措施中的作用。研究资料也越来越多地在地区聚集。除了联邦，各州也最大限度地启动了研究计划。

在上述研究计划中，主要是基础研究，如观察到的气候变化以及今后的发展趋势（气候模型）、气候变化对具体区域的潜在作用、不同行业的适应选择等。德国最大的科学组织赫姆霍茨研究中心（HGF）主要支持研究气候系统和后果。HGF 新建立的 4 个地区气候办公室是服务机构，其口号是“扎根地区，联网全国”，这里收集和传递各地的研究成果，因此是研究界与社会的交汇点。这类机构的利用率和利用效果以及多大程度上消除气候研究者与成果应用者之间的鸿沟，目前尚不能断言。

目前，实际上大多数研究资金是用在地区层面的气候适应上，而且主要是基础研究。也有一些资助项目，数量和资金总量均小，面向应用，目标是建立和实施地区和地方层面的适应战略。这类项目见下节。

6.2.3.2 地区市政规划适应战略的研究

Klimazwei：主要研究气候保护和应对气候影响。

KLimzug：研究气候变化对地区未来的影响。

KlimaMORO：建立气候模型，用于区域规划。

INTERREG：欧盟地区间研究项目。

6.2.3.3 今后地区适应战略规划面临的挑战

目前，已有众多地区层面建立和实施适应战略的研究。联邦和各州在研究与实践之间搭建衔接平台，以支持适应战略建设。有一个问题一直没有搞清楚，即这些面向应用的研究计划和服务机构将带来哪些长期影响。例如：哪些过程通过研究得以启动，哪些行动领域和具体内容要在研究中加以讨论，地方上的适应战略是否通过研究得到了促进，等。对服务机构，人们也期待着弄清它们如何与目标人群“接上头”，以及它们提供的服务多大程度上被采用。

由于资助项目很多，现在服务内容与利用上已经出现了明显的脱节，许多地区并不利用那些资助。在一些地区，有多个“地区气候适应”研究项目在做，而另有一些地区是空的。为填补这些空白，需制定其他措施来吸引应用。研究计划和服务机构的作用如何？要回答这个问题，今后的地区适应研究的资助方向应当向系统处理既有研究项目的成果以及合成研究靠拢。社会科学的方法在气候选用上有望提供关于适应过程的障碍和成功因素的新知识[658]。

6.2.4 行　动

气候变化的不利影响可以通过适当的适应措施显著降低。适应战略、计划和措施的实施会带来马上的和长期的好处。如果能和其他非气候因素（技术经济因素等）衔接好，则特别容易出效果。因为这种情况下，气候适应措施的可接受性会提高[659]。

系统具有适应能力，是降低易受损性的前提。适应能力也使系统具备利用气候变化带来的机遇的能力。即使如此，适应能力高并不一定意味着实施适应措施。适应能力取决于社会的集体行动能力和解决冲突能力，因此受各种制约。

如果把适应能力理解成变化过程，就有必要精确分析适应的阻碍和推动因素。迄今为止所定义的适应能力有一个大缺陷，就是他们不考虑这些因素。在区域层面上（作为实施层面），将区域看作有学习能力的系统是一种挑战，其作用是决定性的。

6.3 在区域科学层面上规划对气候变化的适应

6.3.1 区域规划在适应气候变化上的可能影响

6.3.1.1 区域规划可能的角色

区域规划由于其跨学科和整体凌驾的特点，在适应气候变化中扮演了重要角色。在气候保护中，主要目标是土地、大气和地面物体，而区域规划在适应气候变化上有内在的重要功能[660]，在建立广泛的战略时，所有的政策领域均应参与。区域规划只能完成部分阶段任务。但是在未来气候变化的影响下，区域和土地空间的使用将有巨大的改变，区域规划担负着巨大的任务[618]。因此，各种对气候适应影响巨大的政治文件均强调将区域规划作为任务剖面和综合牵头的意义。

在各级层面，从高等级区域规划到乡镇建设规划，区域规划有多种途径影响适应战略。它可以引用广泛的正式和非正式的手段（表 6.3.1）。

表 6.3.1　区域规划对气候变化的可能影响

序号	影响类别	措　施	备　注
1	场地直接作用	标出对应自然灾害的场地，例如：保护雪崩危害区，标出蓄洪区	各级规划部门
		标出风险缓冲区，例如：规划让出过水空间，设蓄洪区	设蓄洪区主要起防护作用
		扩大森林面积，或者强化应对设施的有效性	预留逃生和集合场地
		预留空气流通空间，例如：绿带、绿廊、通风林间空地	各级规划部门
2	场地间接作用	技术及非技术方案，通过业务部门实施，例如：防洪工程措施，交通设施，依据欧盟条例 EUWRRL 做出经营计划	由规划部门启动并协调
		根据上述条例制订洪水风险管理方案，包括种植方法，好经验，森林经营计划	
3	制定条例，规定危害区的居住和建设活动	居民区和建设活动安排（城镇层面），例如：降低建筑密度、强化绿化，立面以及屋顶绿化，雨水利用，建筑物性能预测	
		可规定一些建筑物的性能	例如：屋面倾角，禁止设地下室
4	支持规划者估计风险和机遇	分析：分析危险，脆弱性和风险（各级规划部门）	制定脆弱性地图，区分风险等级
		评价：评价方法（也可用于确定可能的机遇，各级规划部门）	例如：性价比分析，价格效果分析
		沟通：例如区域发展概念（REK），城市发展概念，地区大会，21 世纪议程内容	各级部门

除了考虑如何应对异常和极端事件，区域规划可以影响计划及方案中的长期“气候相容性”。例如，可以检验计划和方案在战略上是否通过环评。一起检验的还有气候变化对当地损害程度上升的潜力。作为补充，区域规划可以通过制作脆弱性地图（分布）来展示土地利用方案在气候变化的背景下多大程度上是脆弱的。

当然，还要注意的是在气候变化可以适应的范畴内，预防措施与实践之间的差距非常大。气候项目不同的时间尺度之间（几十年到几百年）以及土地利用规划[(10~15)a]的差异，使适应措施的必要讨论被拖延。同样，气候项目的不确定性（不同的预想场面、预测值不集中等）经常被政府作为不采用行动的合法的理由。而且，正式区域规划，包括未来的居住区和空地安排，常常利用不到，因为它对既有区域规划中事物的影响甚微[661]。

有关区域规划的正式手段的力量及其讨论才刚刚开始，例如，里特在当时区域规划修订时就要求规划目标是否可以灵活一些[618]。同样，格来劳和富来施豪尔提出区域可持续发展的草案建议[662]，他们建议制定新的区域规划原则，将气候变化的因素纳入《区域规划法》，他们也强调非正式气候风险管理原则的必要性。在2008年生效的新版《区域规划法》中，明确加入了气候变化的内容。但是在规划原则里，除了洪水没有提其他气候相关事件，新版没有讨论恢复力或者适应力[663]。

很明显，诸多因素需要衔接和协调，以应对气候变化的战略挑战。整体策略是：将所有涉及的经济行业和领域衔接起来。同时，将适应措施纳入到气候保护和其他基础设施中去。因此，今后在区域规划中需要更多的协调[618, 660]。

6.3.1.2 在区域规划层面上通过正式力量实现气候适应

说到正式区域规划的力量，对地区层面，尤其是《区域规划法》中的土地及空间安排，在区域规划中如果确定了居住区和空地，地区规划区完全可以控制适应气候变化的过程并防止潜在的危害。

气候变化导致极端天气事件频发且强度大，在此背景下，在居住区规划中更要预留空地。这种空地有两个作用：其一，它们往往是自然灾害的直接受损地（如洪水、暴雨、雪崩、泥石流和山体滑坡）；其二，需要由它们来避免或减轻这类灾害的损失（如蓄洪区、防护林）。在这个机制中，标出某种规划用途的土地属于“优先预留和适当”属性是有意义的（如防洪设施用地）。同样，在地区规划中有意义的是：将确保规划措施有效实施的土地留成空地（规划控制）[664]。

除了这些单独提到的极端事件防护措施，通过地区规划还可以对已观察到的气候渐变伴随现象作出反应。例如，夏季居住区常见频繁的热浪，或者地区水资源变化，通过保留新鲜空气供应通道（所谓的绿带等）变得更有意义。传统意义上节约土地型居住区规划与确保正常的空地原则是冲突的，而在考虑气候变化因素的情况下，这种所谓的“冲突”需要重新认识和评估[665]。考虑到地区水资源短缺会进一步加重，规划中要重点保护一批水源地。随后标记出“优先和预留保护地”，还必须提及以下对保护地十分重要的设施：例如，地区绿带不仅对居住区的环境和通风意义重大，它们同时对地区水资源保护和生物多样性保护非常重要。在考虑气候变化使动植物生存环境漂移的情况下，后一个保护显得更重要。它们还扮演着自然分类汇总保护与加强的角色，还有就是增强了休闲观光风景的吸引力。

为了深入探讨气候变化的影响，《区域规划法》还规定可以制订相关的专业分规划，构建出受气候变化特别明显的分块（如山谷在大雨时易受到损害，内城区地面全部硬化处理的地方夏季易发生高热）和“气候及热浪敏感设施”（如养老院、医院、幼儿园、学校）。由此，在地区层面上综合考虑气候变化、原因、影响和应对手段。

借助现有的地区规划套路，同样可以施加影响。例如，至少将防波堤后面的蓄水区标注成洪水影响区，作为规划信息在相关工作交换交叉中流通。考虑到海平面上升以及一些区域受洪水损害日益严重，这种做法是行得通的。在受气候影响较小的地方，通过长期强化“发展轴”（或者称之为“中心地带”），可以推动制定具有恢复力的区域结构。长期来看，区域利用规划对气候变化没有抵抗力，也就是说，在气候变化情况下，要维持它越来越困难，或者在损害发生后的再恢复在经济上已经没有意义（如因毁坏或者洪水淹没），那么就要考虑将其规划功能转移[666]。例如，通过保险金额的设置或者引入一种强制保险。上述措施是经济手段的有益补充。

各方有需求，规划机构要灵活，特别是区域规划目标要灵活，这一点可作为例子[667]。克罗普建议今后区域规划中，在区域功能上不做静态“赋予”，而是设置成一种带可逆区域功能和补偿系统的区域规划[668]。

2008 年年初，“气候变化和区域规划”工作组在全德国区域规划系统做了一次问卷调查，其结果显示，许多规划者能将气候变化与气候保护相联系，但是缺少规划“适应”所需的经验。而且，区域规划在与气候变化打交道中的作用也没有明确的定义。迪勒的研究结果类似：只有年轻的规划者将气候变化因素部分纳入。因此，格莱芬等在 2008 年指出：在发挥区域规划的强项使学科专业协调气候适应战略上，非正式规划原则是很重要的补充。

后面章节将描述区域规划的非正式手段在地区气候适应中的作用。

6.3.1.3 在区域规划层面上通过非正式手段实现气候适应

适应气候是一个非常复杂的问题，因为不仅要考虑气候变化的影响，而且要考虑社会经济的变化过程（人口变迁、全球化）。根据基尔伯的研究，对于这个复杂的问题，只有把所有因素均纳入考虑并采用新的思路才能解决[669]。

因此，将注意力放在公共与人员之间的沟通合作的非正式和网络形式上是恰当的。

借助非正式手段在地区层面上倡导和控制是一个涉及面很广的过程，下列原则需系统遵循：

① 语言沟通方面：借助信息手段（如 GIS）提供咨询和信息；制作空间图像和场景；传播和媒体，如地区因素网络和地区大会。

② 机构方面：建立地区网络，成立地区大会和论坛；建立地区管理/地区土地管理机制；成立地区发展机构，制定地区发展概念。

③ 财政方面（在财政帮助和参与市场框架内）：有自己的预算经费（可来自地区基金、捐赠、基金会）、公私合作关系等。

上述各点上，面向合作与共识的地方规划可以扮演主要的地区“信息掮客”角色。方式就是：找出信息需求，加工处理已获得的信息并加以应用，随后倡议各方参与做出决策，由此建立各种因素的气候变化意识；如果拥有自己的资金，或者资金来源，可以举办各种活动来吸引各方。

在处理气候变化的影响方面，咨询和信息构架是必要的：

① 因为在许多领域依然缺少对气候变化可能造成的影响的认识（缺少意识，缺少敏感性，认识不到气候变化对地区也有影响）；

② 地区缺少知识以及缺少气候变化可能造成的影响的具体信息；

③ 因为气候变化后果的实际研究成果的可获得性尚不清楚（缺少到哪里去寻找适合本地的研究信息和数据）；

④ 因为必须对气候变化对本地的影响作出解释。

决策者需要的是具体的行动需求，而且要能向第三方以数据为基础讲清楚此事。气候数据和信息的处理过程也应以此为目标。这就有必要使用基于信息的手段和辅助评估方法。因此，在实际研究项目框架内，继续推进脆弱性分析，其间使用 GIS 或者决策支持系统。通过这种方法，气候变化对一个区域的影响可以直观展示，并且在使用上述分析方法的基础上（如性价比分析、使用价值分析、多参数分析、专家评价等）给出具体适应措施的性价比，以此支持适应战略。不过，这里需要注意的是：适应气候变化的方案并不是唯一的（尽管实践中有这样的愿望），而是某个带状分布的“解区”。对此必须有清醒的认识。这里可以使用几年前已成功使用过的“场景规划”技术[670]。前景规划对气候变化这个话题特别适合，因为它可以不受日常惯例的约束，不设任何政策禁忌，例如可以讨论极端大水或者极端干旱事件发生时如何应对[671, 672]。

一般前景规划会带附件，附件之一是规划主线，它可以纳入多方讨论一致的意见和建议，从而使人较准确和更容易地理解什么是一个具有气候适应能力以及有恢复力的地区[673]。这里已经介绍的方法实际上为区域规划者在估计气候变化的机遇和风险时提供了辅助资料。它们可以在正式规划过程中应用（如地区规划），当然也可以作为非正式文件在地区研讨气候变化影响中使用。例如，它们可以作为地区论坛、地区大会、地区发展概念和地区网络的组成部分。这些在《地区规划法》中规定的地区规划的非正式形式有利于吸纳各种非国有因素参加，因此在准备和实施区域规划以及其他对当地发展有重要意义的计划和措施时非常有用。

地区大会和地区论坛是重要场所，用以探讨对地区发展有意义的话题。参加者来自各个阶层和界别[674]，经常和地区发展概念（REK）捆绑开展，作为后者的沟通场所。REK 是一揽子计划和思路，包括区域规划、地区构架政策、欧洲的地区政策和农村地区发展计划。在促进政策框架内，已将资金与 REK 挂钩。因此，尽管它们不具有约束力，但是政治地位很高。尽管没有法定的要求，但 REK 一般包括以下元素：现状、SWOT 分析、主线，行动框架以及相应的措施、项目。所有 REK 过程的上述元素中，可以加入新的话题以适应气候变化，例如适应城乡热浪、其他农业种植方法（品种选择、灌溉技术、防止水土流失）。

实施地区发展概念一般有一个地区管理机构，其作用是联系和协调决策者与专家，在实践中形式多样，但有一点是共同的，即该机构不是领导机构，而仅仅是群团组织[675]。地区内的各种组织，依据其法律和政治条件，可以有一定的行动和决策权。

地区管理机构也可以发挥咨询和智囊作用，可以作为地区发展的协调者和促进者，从而在地区适应气候变化上发挥重要作用，协调地区适应网络方面发挥倡导和协调作用。这与其原有职能即制定和实施 REK 就无关了。地区网络的标志是：它将地区不同行业和机构的各方召集在一起。网络的开放结构是非强制性的，在实施已有的认识和行动计划上这是不利因素。

通过上述网络可以为现有的地区结构注入新的内容而不需要另设新的组织形式。这些内容的实施很大程度上取决于各参与方的动机和决策能力[676]。合作规则的制定应通过吸引手段得到支持，因为很多新的想法在引入的时候往往由于缺少资金和人员而导致失效。如果有基金支持，那么地区可以自己设立吸引手段。而大多数情况需要联邦和州政府的官方配套支持，可以以辅助经费或者组织配合的形式提供。

6.3.1.4 前景转化

气候验证（Climate Proofing）与气候相容的规划的操作中，人们越来越多地使用“气候验证”的概念。但是对此概念迄今为止没有统一的定义。在一些气候政策和发展合作辩论中，已经较多用到此概念，通常理解是：考虑现实和未来气候变化的影响，以确保计划、规划和项目的实施。例如欧盟在气候适应绿皮书里定义道：“通过显性考虑气候变化，确保投资项目全寿命内的可持续性[601]。”

技术合作会（GTZ）的“气候验证工具”CPT（Climate Proofing Tool）提供了一个实际的例子。这个例子是作为跨世纪专业的方法“气候核对”（Climate Check）开发的，并且在一些项目里得到了验证。CPT 包括全面分析项目暴露在气候变化面前的各种风险。这个过程中确定的特别的易受损的项目将在后面的检验步骤里进一步分析，关注点是气候变化的影响评估。在此基础上，建立起多种方法，以分析出风险和适应措施的优先性，由此形成建议。已有经验显示，CPT 在揭示项目的脆弱性和行动选择中很有用，在 GTZ 内部以及受援国项目承担院所中，培养建立相关意识至关重要。因此在气候合作中，CPT 被看成是强化争论的好的切入点。这个方法需要拓展和应用[677]。

实践“气候验证”已经在应用，而科学界对其定义的争论开始很晚。比克曼将各国际机构的研究和区域规划领域知识作为基础，给 CPT 如下定义：CPT 是一种方法、手段和流程，其作用是确保计划、规划策略以及与之相关的投资在气候现状和未来变化作用下仍具有恢复力和适应性，并且在计划、规划和策略中考虑气候保护[678]。这样就将气候适应和气候保护均纳入了概念定义。而在其后的叙述中，作者仅仅谈“适应”。作者认为，“气候验证”在区域规划中应如下考虑：在规划过程中影响决策，使规划成果（今后的区域结构）对气候变化是有恢复力的。有恢复力的区域结构有两层含义：①“实体结构”（如基础设施）具有高的承受能力；② 区域结构具有适应能力。除预防之外，容错能力、学习能力、计划可修改性等均作为“气候验证”的主要原则。

“气候验证”可以与“环境相容性检验”（UVP）和“战略环境检验”（SUP）比较。UVP 和 SUP 分别检验项目的环境相容性和计划规划的环境相容性，而“气候验证”要求作为前景转化。这里要分析项目规划及其使用在环境因气候变化而改变后，仍然允许土地等资源的可持续利用。也就是说，不是调查规划和项目对环境的影响，而是气候变化对规划和项目的影响（图 6.3.1）。

根据比克曼的研究，借助“气候验证”可以判别哪些项目在气候变化背景下最符合可持续及有恢复力的区域发展精神。

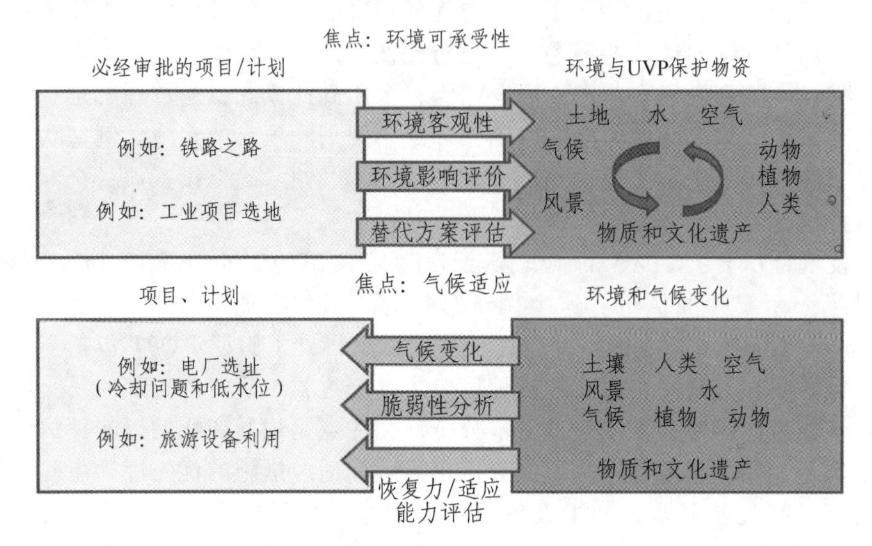

图 6.3.1 UVP/SUP 的前景变化

6.3.1.5 行 动

在全球和地区变化情况下，地区层面的区域规划必须超出区域布置规划的框架。着眼于气候保护和适应气候变化，必须将正式和非正式手段紧密结合，以发挥各个手段的长处（图 6.3.2）。

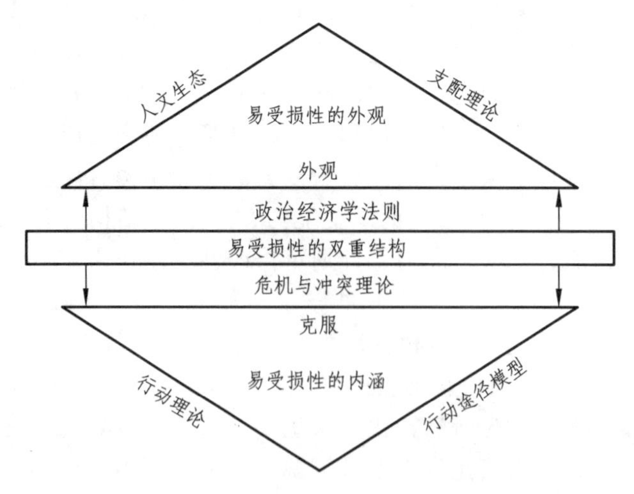

图 6.3.2 易受损性的双重结构

正式规划手段可以供“适应”进入区域结构。首先确保地面设施功能（空地保护、防洪设施、水务、电力系统、交通设施）。这样气候变化就对旅游业有影响，而旅游业发展或者基础设施受正式规划手段的影响有限。类似的结论在卫生领域作为防灾的一部分也存在。所有领域以不同形式共同作用，因此需要互相衔接。地区规划的非正式手段在识别地区间关联性方面发挥着重要作用，因为它非常适合。同样上述手法可用在吸纳地区因素和倡导必要的行动上[679]。

因此，非正式地区规划手段可以告知气候变化的后果，而且可以和其他地区因素一起，制定协调一致且具有战略意义的操作方式。下列不同领域的参与对培养适应意识和责任感至关重要：

① 经济领域（旅游业、工商业、创新型企业）；

② 行政领域（卫生、防灾）；

③ 教育界（学校、校外机构）。

地区因素除了承担责任，还要明确政治态度，即如何对待气候变化后果。这是地区气候适应的基础。长期地看，各方的合作及沟通方式也要正式而有约束力地固定下来。

在气候保护和适应中，区域规划在官方机构与其他组织的互动中并非一直是核心因素。例如，地区发展可以通过县级单位等牵头推动。每个地区根据内在挑战以及因素的构成，制订自己的解决方案。地区规划因为其跨领域和行业的特点，很适合做地区气候保护和气候适应概念的推动者。这种规则可借助监控将气候变化的真实历程、气候保护的目标的“达标”和气候适应实现透明化。

对区域规划影响范围的讨论显示，在地区层面上存在着多种手段和方法适应气候变化。不过，在规划实践中，几乎没有现成的经验说明使用现有机构来应对“气候适应”的挑战。对现有规划手段的发展也仅限于研究项目。为了克服这一不足，规划讨论呼吁战略规划的回归，它的特点是注重指向和实施功能，是一个极富成就潜力的文件。因此，后一节讨论战略规划对制定和实施地区适应战略的作用。

6.3.2 战略规划对制定和实施地区适应战略的作用

如前所述，地区适应战略应当在提高地区适应能力和促进具体适应措施方面发挥作用。因此，在制定适应战略时选择一个规划，可以确定关键因素，因为一个合格的战略只有与受到影响的各方共同制定才会成功[680]。实现共同的利益是一个核心因素，战略的可接受性、决策和措施的实施均取决于该因素。现实的关于“战略规划的复兴”提供了许多联系因素。

6.3.2.1 战略规划准则

今天的战略规划不同于20世纪70年代的一体化发展规划，并不追求全面的规划目标。它是长远的共同目标的规划，成果形式是广泛接受的主线和目标，而且在个案情况下，给了决策者灵活性[681]。在影响因素变化并且不清楚气候变化如何影响地区的情况下，战略规划提供了更大的行动选择空间和较大的变通性。战略规划不应理解成统一而自成体系，党沙特认为它更多的可看成一族规划准则的共同点[682]。

理由：战略规划基于外部边界条件（如人口变化、经济变化、气体变化）。整体观察所面临的挑战，这种规则应试图找出一体化解决办法。

控制形式：战略规划并不寻求凌驾式控制，而是基于说服和自觉遵守。因此，其特征往往是网络型的合作伙伴关系。

构架：战略规划的特征是整体观察所选出的关键话题，面向实施和项目操作，加强合作关系的形成以及跨专业工作。

内容：专注于某些话题和区域（不搞全面的规划），以此决定重点内容。明确目的和目标与行动的联系，项目关联是战略规划的特点。项目的产生不仅按照目标“从上到下”，而且也可以反过来，将既有项目作为新的目标“从下到上”。

面向过程：长期看，战略规划有许多地方需要检查和修正，有利于共同公开的学习过程，不同形式的知识在此得以激活并综合。

各种因素的加入：建立战略要将当地的政策、政治、民政、经济和科学方面的因素加入（加入形式可以不同），这能促进战略的可接受性以及实施。规划的发展功能起主要作用，而不是其等级功能。

强调发展功能，与法鲁迪[683]的观点一致：他要求评价规划看其“执行效果”（Performance），而不是其“照章办事”（Conformance）。后者对应于规划、方案与实施过程之间的一致，而前者注重整体总的行动能力，即应当追求战略的灵活运用，而不是死板的简单实施。与此评价上的理解相应，战略规划提供一个“指向与实施之间的合成”，可以理解为一个永久的学习过程。两者之间的互动应产生如下效果：一方面避免经常出现的主线思路产生不了实际效果，另一方面避免单纯的项目行动主义[684]。

6.3.2.2 战略规划对于适应气候变化

对于适应气候变化，按照下述广泛总结，对战略展开内容丰富及灵活的理解（其他影响广泛的社会政治挑战可以做同样处理，如社会结构和人口的变化）：

（1）按照需要，扩充内涵外涵。适应气候变化的不同行动领域，按照需求可以统一纳入考虑，或者集中在若干选择出来的话题上。

（2）定义内容，纳入各种因素。这很重要，因为在“适应”气候变化方面，实施措施的能力一般在专业领域。

（3）促进多种多样的学习，参与气候适应的各种评价方法可作为决策支持工具，填充确认措施和实施措施之间的空白。

（4）目标群可以因此获得信息，并成为解决问题的一个方面。

虎特[685]根据民茨伯格[686]的研究定义战略为“样板”或者“文化前景”，而不是“计划”或者“清单”。他认为，只有当内外条件衔接一致时，才能产生战略。因此，观察分析整体的内容、过程和前后联系是战略规划基本的要求。

战略规划不仅为制定地区适应战略提供适当的基础，而且更重要的是根据地区学习和控制所需的观点，核查上述基础是否适合本地。

6.3.2.3 战略规划作为地区气候适应准则的界限

在战略规划这样的开放式控制循环中，必须与以下三个方面的不确定性打交道：

① 发展方向总体上的不确定性；

② 有时候并不完整的信息；

③ 各种因素的行为难以预料。

基于信息、确信和自觉性，战略规划一般假设“分散控制”。

但是，如果分配上冲突严重，不再可能出现双赢结局，必须尝试凌驾式的手段以实现目标[681]。这和威西曼的结论一致：一个成功的战略要求同时管理线性合埋规划和控制适应性（应急制定的时候需逐步调整）过程。因为将“线性”和“适应性”两个战略模型统一后，各自的缺点将得到补偿。例如，适应战略处理动态变化的环境中特别复杂的事物较好，线性模型方法无法胜任对这类复杂事物的分析。与此相反，在“结构”简单的决策局面上，线性规划准则优于适应性战略[687]。

6.4 地区适应气候变化的战略规划模型

6.4.1 过程模型的构架

第 6.2 节描述了社会科学意义上气候适应研究的基础。第 6.3.1 节描述了区域规划影响气候适应的可能性，第 6.3.2 节简要说明了战略规划的理解方法。基于此，下文设计一种地区适应气候变化战略的过程模型，按照本章的目标，该模型描述一种地方适应战略，基础是一体化分析，考虑长期作用，可以借助适当的参与方式推进地区内具体的适应措施的建立和实施。

相应于一种战略的指向作用，过程模型包括 UNDP 的“适应政策框架”和其他指导文件里所提的“适应战略的关键因素”，即“意识唤醒”“沟通”“关联方参加”和“能力建设”。这些将作为指向作用在模型的外壳上描述。模型的核心是实质规划步骤的排列。这些规划步骤不同于经典的合理的规划过程，它支持战略中的实施功能。这样设计出来的战略为短期和长期决策及行动提供后续的可实现的方案。此外，它还描述一种迭代式的连续学习过程。

6.4.1.1 过程模型的外壳：指向作用

过程模型的外壳上第一个组件是“建立意识”。这是一个主要目标，因为目前对气候变化问题的认识及影响范围的认识还很不够，单纯的非面对面的信息传播措施（如小册子、互联网等）会使知识的缺失更严重。在气候变化方面同样要顾及到会出现以下情况：

① 人们对信息的拒绝或者不相信；

② 对问题边缘化；

③ 对潜在影响的错误估计或者不做估计。这样气候变化作为事实始终被质疑。或者人们认可其影响，但只是作为未来的问题看待。气候变化经常被估计成全球的威胁，并未引发局部或者个人的得失。“地区适应气候变化”策略循环见图 6.4.1。

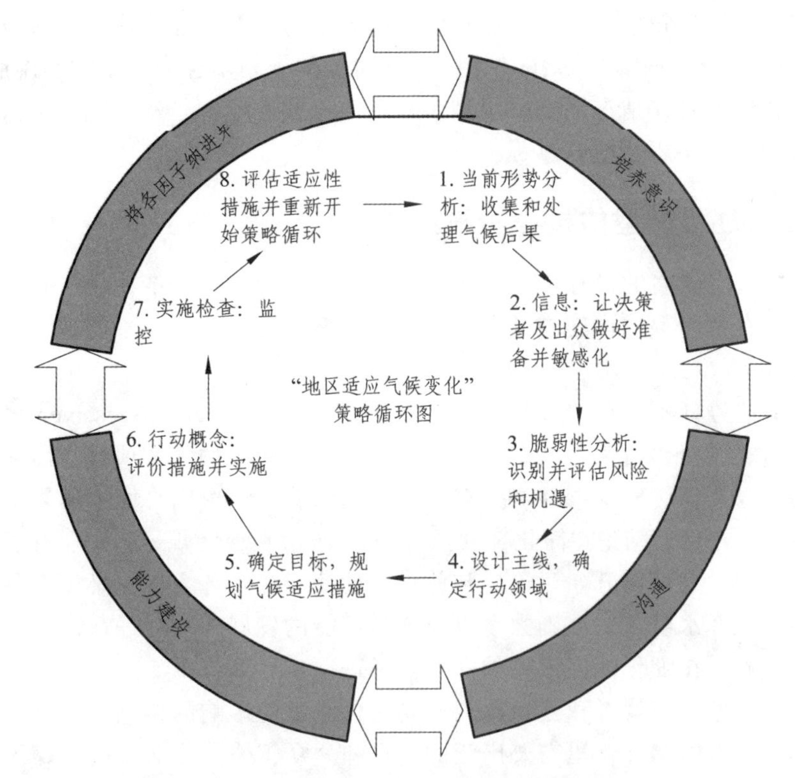

图 6.4.1 "地区适应气候变化"策略循环图

为了促进当地认识问题和认识自身受到的潜在危害，UNDP-APF 几乎所有的规章都强调在制定适应战略时沟通手段的必要性[680]。沟通以及各种因素的加入构成模型外壳上的第二、三个组件。在前面已经探讨过，在战略过程的不同阶段有不同的方法可用。同时要区分，是为了向各因素传授信息，还是为了开发利用其知识，是否应当交流经验和意见，是否应当共同制订解决问题的方案，是否应当加强各因素的责任意识、自觉意识及行动能力。为此，可以采用各种非当面和当面方法传授知识、组织问卷、采访、工作室、报告会和讨论，或者建立固定形式如工作组和地区网络[688, 689]。

在制定适应战略时，通过参与及合作不仅对建立意识和敏感性有用，各种因素的参与还可以开发各种重要的当地知识，以使掌控者和实施资源的组织机构及早介入。在"能力建设"的意义上，有利于克服吸引力不足并提高适应措施的可操作性。就实施和应用地区适应战略而言，能力建设是战略过程的一个重要元素，以免地区适应战略降格成为一种纯形式上的目标而不具有执行力。因此，能力建设是模型外壳上的第四组件。

现有的规程和指导文件将过程模型外壳上的4个组建看成建立适应战略的关键因素，促进战略的指向作用。下文讨论的规划步骤为战略的实施服务。焦点视各地的具体情况而定，规划步骤指出一些手段和行动方式，可以以不同的力度和顺序用于战略过程。

6.4.1.2　过程模型的核心实施功能

地区适应战略的过程模型的核心可以通过规划步骤概括，这里介绍这6个步骤。在各步骤的内容与结果之间存在着多个交叉关系，不能追求单一的顺序排列。

（1）情势分析：在“气候影响评价”（Climate Impact Assessment）框架内，找出气候变化对当地的影响，可以依托地区化了的气候项目，前文提及的机构可以提供（KomPass 和 CSC 等）。如果需要，可以将模型的复杂性和深度减小，并将其结论“简化”。例如，对于城市和地区规划，往往有了气候变化的趋势，就可以开始讨论。与此相反的例子是水务方面，必须有各种因素（温度、降水量）的准确数字以及今后可能的发展，才能进行讨论。一些情况下，需要在细化地区模型的框架内做进一步计算。

（2）信息：决策者和公众得到气候变化对本地影响的信息，而且对适应气候变化变得敏感。这里需要广泛的信息和公众工作。有必要调动媒体（报刊、广播）并组织公众活动（信息传播日、消费者展览、地区论坛、未来工作间）。为了让经济界加入，要与工商联密切合作，当地的主要协会也要加入，议会里的委员会可以从相关内部机制获得信息。

（3）脆弱性分析：在第（1）步气候影响评价基础上，以及脆弱性分析的框架内，进行地区易受损性分析和评价。在这一步，还要找出气候变化给当地带来哪些风险和机会，本地是否存在“热点”。还要考虑其他边界条件的变化（人口迁移、人口增减趋势、经济社会发展）。需要弄清楚，气候变化对其他过程的影响（例如现有基础设施的负荷情况及人口减少情况下其变化情况）。理想情况下，在评价步骤里含有确定出现的概率、可能的受损程度，或者气候变化可能带来的益处。性价比、效价比和多指标分析、专家评价均可作为评价方法的支持手段。

（4）指导线路和行动领域：在前面步骤的基础上，可以制定地区未来发展的指导路线，当然包括气候变化因素。就是说，基于地区具体情况，可以定义具有气候适应能力和气候恢复能力的社会经济。根据指导线路的不同，可以确定出行动领域，原则上可以分级进行。相应于此前提及的“热点”，一般情况下从最紧迫领域开始是对的。随后的行动领域可以灵活，只要与地区行动要求合拍即可。

（5）寻找目标和措施：这个步骤使此前定义的行动领域（尽可能可操作）具体成目标。而基于目标又可以制定适应措施。在这一步骤中，各因素的加入与合作很重要，由于政府部门职能的不同，措施制定和今后的实施涉及多个部门。这一步所确定的措施可以是技术性的，也可以是规划性的。因此，可选择的内容包括：结构变动（区域结构、基础设施）、产品、生产过程等。实施气候验证（Climate Proofing）可作为建立关联的重要途径。在第（3）步脆弱性分析中确定了地区以及局部系统的可受损性，而且以此为基础制订了指导路线、目标和措施。在这个阶段实施气候验证，可以检验所制订的适应计划、规划和项目的气候恢复性。

（6）行动概念：在从战略规划向实施方案的过渡中，有必要作一个行动概念，以评估所制订的措施，并制订实施计划，包括时间表和优先顺序（短期、中期和长期措施）。如果负责实施措施的因素很卖力地介入评价过程，这里可以用第（3）步的评价方法。

6.4.2 关键点：地区适应规划中的参加者

6.4.2.1 参加者组成

如何应对气候变化的影响，对整个社会都是挑战，对气候可能后果的适应不仅要在新规则里考虑，而要特别关注解决。因此，适应战略中，多样性的因素是行动必需的[690]。

上述因素哪些是单个的及其在建立战略过程中的作用，在有关战略规划的讨论中没有深入进行，这类讨论主要是英国在组织的。例如，屈恩[684]就批评希里（Healey）将战略规划定义成社会过程，用于区域结构转变的管理，但是没有深入讨论战略规划里人和物的设置。施特劳斯[691]在其关于控制层面和主体的研究中（在气候变化中一体化与合作控制），没有就控制的参与者给出具体说法。但是他指出，气候变化将地区规划机构推到了中心位置，而不再是城镇一级，这一点和人口变化时城市转型相反，他认为，迄今为止，仅有少数私人参与者，而且其来源行业和城市转型情况不同。施特劳斯猜测，形成这种情况的原因是市场还不敏感，而德意志银行研究所及武珀塔尔的气候研究所准确给出了哪些行业在气候变化情况下获利。因此，在制定地区经济界的适应战略时，除了公共权力系统的参与，经济界的私人参与者也很重要。

根据流行的参与者三角形，图 6.4.2 将地区适应战略参与者理想化了。制定地区适应战略重要的参与者，从国有参与者（政策、行政）到不同经济领域和机构，以及社会各阶层，这里也列出了科学和媒体界。因此参与者有个人、公民、群众团体、各种协会和组织机构（政府部门、企业）。

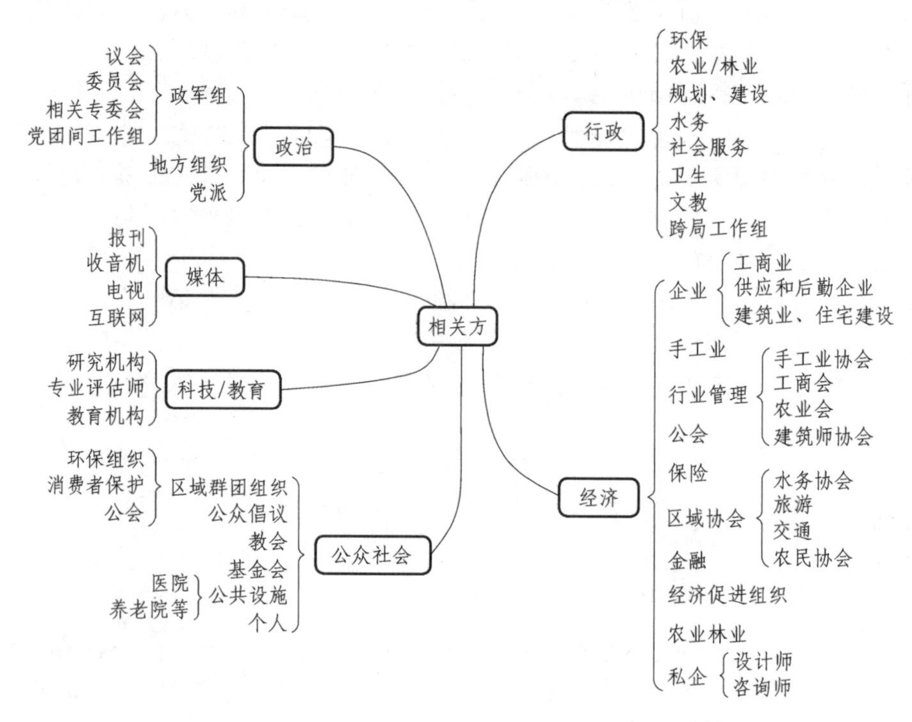

图 6.4.2 区域适应气候变化策略主要相关方分组

为什么这些参与者有其重要意义，以及他们可以带来哪些资源和能力，下面将进行讨论。政治参与者有对规划和实施的决策权，手中有经费及立法权。只有在州以下的层面上，在政治上才有人真正意识到此事的重要性并愿意促进，适应气候变化才能在政治上进入日常工作，并获得相应的手段，如具体要求、立法、条例、计划等。乡镇和地区一级的政治因素一旦参加进来，就形成一块地区走向适应战略的基石。同样重要的是各种行政因素的加入，因行政部门具备相关的专业知识，能够评估气候变化对其所在领域的影响，并且有实施的能力。如图 6.4.2 所示，对于适应气候变化这个话题，几乎所有的方面都有关联，或者直接有影响（如规划、水务、卫生），或者在信息及知识传播中有重要作用（如教育、文化）。经济界的代表（如当地企业、手工业者、保险金融、农业，林业）同样是地区气候适应战略的重要因素，只有他们可以影响产品和生产过程。普通民众防灾同样重要，他们除了具备宝贵的外行观察（当地的）经验，还有热情、动力、时间和精力。这些因子由于自身特点（热情高、社会联系广泛），是新话题的倍增器（如气候适应）。有两个因素有重要作用：其一是科学界因素（如研究机构、评估师、估价师），他们可以向地区提供气候研究的新知识，或者通过继续教育培养意识，促进知识转化和传播；其二是媒体界代表，他们在起草地区适应战略中，在传播信息和培养意识方面起中间作用。

在介绍了各色因素之后，现在可以精确分析其定位。除了诸如影响程度等一般性问题，还有网络联系、互动、角色分配、各因素的投入程度等。

6.4.2.2 因素分类

富尔斯特和舒伯特介绍了各种因素关联程度[692]。从微观到宏观层面作区分如“小集团”“社会圈子”“中心社会圈子”。小集团是微观的、小的关系网。在微观层面上，所有参与方密切合作。在类似的价值观及规范条件下，互动强烈。宏观的“社会圈子”由多个微社会“小集团”组成，他们通过单个网络成员相互联系。“中心圈子”在宏观层面乡镇和地区一级可以找到，但是不仅限于“社会圈子”可以为其提供框架。他们建立起各种地区行业和意见梳理领域的联系，因此基本上是一个“地区资源网络”。

这种做法的结果是将各种因子联络在一起。威特在其“促进者模型”里分析了“专业促进者”和“权利促进者”在革新和变化过程中的作用[693]。专业促进者是专家，主要向事情过程注入专业知识，以及主动促进事情的发展。而权力促进者是政策决策者，一般手中握有执行潜力和资源。豪斯希尔特和克希曼在上述两种促进者之外，补充了“过程促进者”，他们与专业促进者及权利促进者关系好，进行游说以克服组织和行政障碍，这样就促进事情朝着解决问题的方向发展。

在地区网络实践中发现，除了促进者和推动者，还有一些因子力度小或者不起作用。里切尔根据其热衷程度，将其区分为“总体感兴趣者”“睡觉者”和“阻碍者”。“总体感兴趣者”参与网络活动，并且联系其他网络内成员。“睡觉者”是被动参与者，借助网络，他们定期获得各种活动情况，他们却不给力，如果有新成员或者新的信息情况出现，他们有可能升级为“感兴趣者”甚至“促进者”。“阻碍者”可以起到很大的反作用，他们之所以参与，主要是不想失去行动空间，因此对整个事情有着挑剔的目光，乃至阻止决策通过[676]。

6.4.3 已建立的过程模型的潜力及界限

适应气候变化要求有动态而且灵活的战略过程，它同时可促进所确定方向的实施。因此，“适应”也是一个沟通、参与及合作的过程，有各界的广泛参与。本节建立的过程模型考虑这一挑战，它很适合建立地区适应战略，因此无论内容（适应气候变化的不同行动领域）还是强调广泛参与，它都涵盖了一体化的各种可能。对于建立适应其他变化影响，例如增长、萎缩、人口迁移等的区域发展的战略，本模型同样适用。本模型的强项在于：这些挑战均可以在地区战略发展过程中一并考虑和解决。地区层面上的一些缺失的机构，在战略过程框架内并不是弱点，而是同样作为长处。没有倒行的行政行为，可以组织必要的新的发展，视角也是从一开始就包括所有话题和因子，对问题的定位也与行政及组织界限无关。

但是仍有一个问题不清楚，地区战略过程概念引发什么问题？无论是否有必要设立一个核心战略家来协调该战略过程，这个问题都存在。这就显示了该模型的界限：它在考虑外部影响因素，而这些外部因素有时具有倡导和影响过程的作用。

考虑到战略行程及应用的过程，可以线性表述或者是适应战略，说明战略规划的各种变量，描述各层面上的学习过程（通过聚焦各个因子及其能力和资源）。因此，战略形成的内涵，内部战略联系的主要元素及过程可以一体化。下面一节通过实例检验模型。

6.5 地区适应气候变化战略的经验研究

6.5.1 方　法

通过德国地区适应战略的实例来检验理论模型。部分采用第 6.1.3 节的方法，在调查中采用“经验社会学研究的定性方法”。因为定量分析常导致的标准化在分析德国地区适应战略时并不适用。定性分析允许较好的适应气候、内在知识的使用，以及特别边界条件，这是建立地区适应战略的基础。特别是考虑到过程和内容的互相依存以及所选的前景，进行实例研究比较适合。这样的优势在于同时满足两个目的[694]：

① 通过检验假设验证理论（这里即证明过程模型的有效性）；

② 通过提出新的假设进一步发展理论。

这里取 BMBF 研究项目“气候 I ”作为实例。这些项目是一个大的应用研究计划的前置研究，已经开始实施了几年，取得的中间结果足以进行比较和评价。

第一步是在 4 个地区收集数据。第二步是分析既有研究项目现状，以此为基础进行下一步实例比较，根据斯塔克及其研究，可分为 6 个点的来源：

① 文件（如信函、报告、记录、程序、报刊文章）；

② 档案 [如档案记录、官方登记、地形图、个人档案材料（如日记、日历）]；

③ 问卷调查和采访（如书面调查、电话采访、当面采访）；

④ 直接观察（如现场踏看的印象）；

⑤ 系统观察（如较长时间内不同程度的公开形式的隐蔽观察）；

实体材料（如自身收集的能说明问题的物品）。

每个实例的研究中，并不要上述 6 个方面来源都用到，因此研究都应当有能力选择正确的知识源[695]。

本节的实例比较基于广泛的文件分析，其内容通过定性采访得到补充和拓展，在其中一个实例中还做了系统观察。在文件分析中采纳了项目介绍信息、报刊相关报道等。项目信息源自各种公开的文献、项目目录（KomPass）以及互联网介绍。

为了深入了解地区适应性战略的制定与应用过程，并问询背景信息，以定性采访的形式与专家进行了交谈，重点是其所能提供的经验及知识，以及对一些问题的解答，所采访的专家是项目负责人和项目协调人。

在采访专家时，并不试图对所有问题同样细致地了解。更多的是让采访对象自己决定重点，因此与专家的交谈是开放式的，当然事前也做过一些实验性采访。

为保证专家的讲述不受影响，并且整个采访过程可重现，所有采访都做了数字记录（音频、视频）。记事本上仅仅记录了一些重要的观点和关键词。在一些观点上产生了主动式的信息和经验交流。采访显示，加强合成研究是很需要的，对社会科学意义上的气候研究的联网也同样需要。

采访一般是在专家的办公室，时间在（1.5 ~ 3）h。经过其他信息文件对照核实后，制作出实例报告，构成 4 个实例的介绍信息（6.5.2 节）及解释（6.5.3 节）的基础。对比性的实例分析按照“类型一致”的原则，需进行理论验证。方法是对比经验与理论推导值，在本章的含义就是理论推导的过程模型要用实例给出的知识加以检验。

6.5.2 实例描述

实例的选择考虑多个条件。在德国，尽管目前有许多相关的资助研究，但是真正研究制定地区适应战略的项目很少。这类项目的特点是具有明确的地区关联性。本节根据以下条件选择项目：

① 项目框架内考察多个行动领域，目标是地区适应战略；

② 项目期多年，且已经开展了 1 年以上的时间，这样就有足够的中间结果可做比较；

③ 所研究的地区在自然条件、人居和经济结构上有代表性；

④ 项目在群众中有一定的声望和知名度，可看作样板项目。

除上述条件，研究的经济性因素也在考虑之列（对项目前期的了解，已有的给出信息交流）。所选的 4 个项目均属于 BMBF 的“气候Ⅰ”项目，其分布图见图 6.5.1：

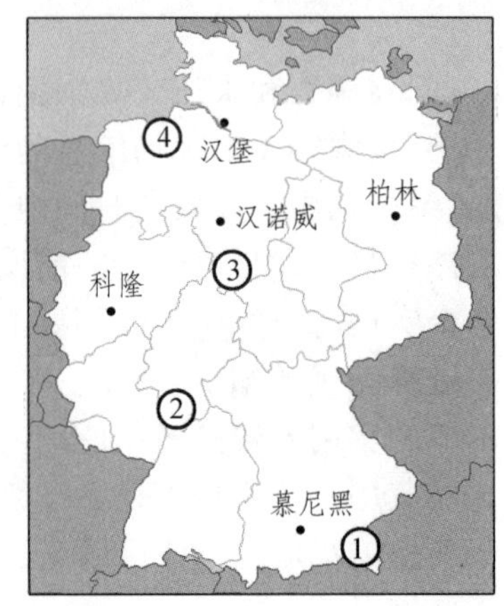

图 6.5.1　项目区分布

① 希姆高-贝尔斯特加登地区气候工作室（以下简称希姆高）；

② 圣阿肯堡地区气候适应网络（以下简称克拉拉网）；

③ 汉诺威-布伦瑞克-哥庭根气候研究管理项目（以下简称汉布哥）；

④ 威悉河下游气候化项目（以下简称威悉下游）。

6.5.2.1 希姆高气候工作室

该地区位于巴伐利亚州第 18 规划区（图 6.5.2），“上巴伐利亚东南部”，位于慕尼黑和萨尔茨堡之间，包括罗森海姆市等 5 个城市和地区，有 80 万人口，面积 5 250 km^2，主要是农牧地区，人口密度较低。该地区经济结构健康，属于创新和活力型经济。与全国大趋势相反，该地区人口逐渐轻度减少。经济特点是以中小企业为主（主要是食品业、信息产业、材料加工及旅游业），也有大型企业如化工、电子、机械制造等。该地区有山区、丘陵和沼地等丰富的地貌。

图 6.5.2 巴伐利亚州东南部项目区

由于地貌丰富，气候变化的影响也会多样。为了评估这些影响，项目成立之初，就建立了工作室，研究多种可能的气候场面。以由此获得的知识为基础，预期中气候变化对该地区的负面影响如下：

① 风暴次数增加，相应的损失增加，主要损失来自大风、作物减产、建筑物受损等；

② 降雨量和次数增加、降雪减少、降雨增多，导致洪水条件增加；

③ 农业林业用地上的生态系统由于干旱、森林大火、害虫、植物种类变化等发生改变；

④ 可用的水资源和地下水减少，对饮用水、水电、电厂冷凝水和农业均有影响。

与这些风险相对，也存在着机遇，这一点值得强调，因此项目的目的之一是研究有哪些机遇，以及如何利用（如能源、食品、旅游业等）。

项目总体目标是使该地区居民整体变得对气候变化有意识和敏感性。为此目标，当地的各种因素被调动到参与气候变化适应与保护中，并形成活力及合力。项目提供信息和经验交流的平台。由此建立了一个样板项目，将该地区变成其他地区的样板。

工作室的一个特别标志是个性化的准则，每个因素有适合其特点的方式。为了调动居民参与气候变化辩论，选择了不同的途径资助当地气候变化研究项目、各种信息传播活动，具体行动如骑车游，这些活动把不同的目标人群调动起来。

具体的气候保护与适应措施，通过许多中试项目实施。项目初期找到了很热心的因素（参与者）。他们主动制作中试设备，并且拉上其他人一起干。慕尼黑工业大学作为项目牵头单位，向他们传授了专业知识，使其可以自主实施项目。当地项目的选择，由一个班子决定，其成员来自科技界、经济界、政界。选择对象考虑以下因素：

① 气候保护和适应作用显著；

② 增强地区价值和产能的潜力大；

③ 对气候工作室的象征价值大；

④ 巧妙、创新、革新；

⑤ 适合联网；

⑥ 调动各方面积极性，效果好；

⑦ 成效易于眼见；

⑧ 面向目标人群。

项目涉及“能源和手工业”“农业和水务”，或者行动领域“调动积极性和消费行为”。例如，中试项目“希姆高阳光房”在风格上是传统的当地建筑，但是受到当地的建筑法规和规划的限制。该中试项目就是尝试克服这些不利于气候保护和适应的限制。在中试项目“建筑学+技术进学校”中，建筑师、能源顾问和教师一起制定了该地区学校适应气候变化的项目。有一项“倡议地区乡镇采用生物质取暖”的行动，从设计到实施，受到了3个乡镇的支持。这个项目一方面调动了人们对气候保护的积极性，另一方面促进使用当地的能源，实现分散供能。在另一个项目中，当地的单位支持“有居民参加的地方气候保护联盟”。例如，老艾庭的气候联盟已经成立。气候工作室框架内的独立能源咨询项目在当地已经开花结果：希姆高能源互助会已经成立，将在该地区建立一个网络，包括能源咨询者、协会、事业单位和企业，进一步推进合理使用能源和能源咨询。在农业和水务方面，气候工作室倡导了“增强绿色土地地区论坛”，将更好地实现水务和农业网络化。地区水资源保护咨询者和对饮用水问题敏感的乡镇政府得到进修和联网机会，使其对气候变化的后果有所准备。增强绿色土地，以确保其多重功能及资源和社会保护，是地区论坛各种信息传播活动和工作组的内容。在行动领域“鼓励（调动）和消费行动”中，地区的因素被纳入网络。网络的目标是：提供和尝试各种沟通与参与方式，以利于居民和消费者意识到气候变化带来的机遇与风险。在此基础上，应当把各种人群发动起来，为预防性措施献计献策。通过措施可以实现最大的消费行为改变，而且措施很容易融入日常生活中，这一点在分析了一批挑选出来的“试验消费者”的习惯后得出，试验期为 6 个月。试验分成 4 个组，参与的家庭先接受日常涉及气候的行为方面的咨询（暖气、用电、出行、食品、营养），使其对易于实现的日常行动改变产生敏感。每个参与者给出个人实验数据显示，通过简单的行动改变每个居民的 CO_2 排放量平均减少 13%。

在 2010 年年初 BMBF 资助的项目结题以后，已建立的自我维持网络将继续运行。对各个项目和参与者通过不同的渠道实现其规范化。上述“希姆高能源互助组”就是一个例子。为了维持气候工作室的章程，获得地区新项目的启动经费支持以及实施具体项目，他们在探讨成立基金会。

6.5.2.2 圣阿肯堡地区气候适应网络（克拉拉项目）

该项目位于黑森州南部莱茵河、美茵河及内卡河之间（图 6.5.3），包括达姆施塔特、迪堡、大盖饶、古商道及奥登森林，面积 2 600 km^2，人口约 100 万。该项目在经济上属于以法兰克福为中心的莱茵-美茵大地区，在自然空间条件和经济上与外界交流很广。其空间特点是集中及很集中，大部分是城市化区域，有部分农村。

气候变化对该地区的不利影响表现在：

① 洪涝次数和强度均增加，造成大的经济和社会损失，主要原因是沿河岸人口密度大；

② 暴雨事件频发造成损失，由此引发其他地方的崩塌；

③ 地下水位波动，造成建筑物受损；

④ 夏季通风和空调能耗增加；

⑤ 农业灌溉用水增加；

⑥ 干旱、暴雨和风暴造成农业减产/绝产和森林受损。

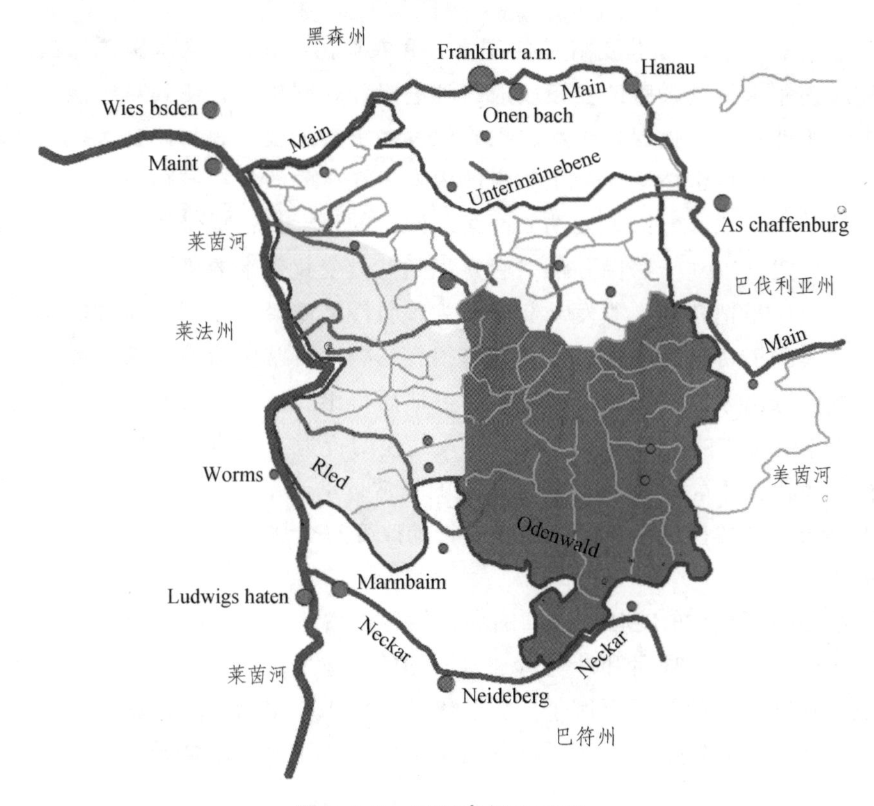

图 6.5.3 圣阿肯堡项目区

除此不利影响以外，项目内容还包括研究可能的机遇。例如，在农业和葡萄酒业中可以尝试以前只能在靠南部地区种植的品种。同理，该地区作为旅游目的地，夏季更暖，日照更长，其吸引力将增加。

克拉拉网的目标是推动各种领域制定和推广更好的手段方法用于：

① 环境预报；

② 减灾防灾战略；

③ 具体的适应气候变化的可能性。

为达此目的，该网推动和鼓动当地因素一起制定地区专业网。该网是知识交流的平台，也是对气候变化的共同反应。通过制定地区适应战略，当地参与者对气候变化影响的意识得以加强，各方共同制定不同领域适应气候变化的行动概念，适应气候变化措施的实施通过法规及合作手段得以加快。为了检验是否达标，可以零星发放一些问卷进行自评。

在启动克拉拉网之前，项目负责方进行了一次因素及动机分析，以确定建网的合适因素，并说服其参加建网。公开举办活动以方便介绍活动项目。

另一方面，向关键因素提供宣扬其对气候影响的看法的可能性，并介绍其加入克拉拉网的动机。通过这种主动交流，最后成立了 4 个讨论组：“卫生健康”“农林及葡萄种植”“旅游业”及“土木、水务和规划”。2006 年秋开始工作，项目负责人为此提供数据和前景图像。在此基础上，各组研究气候趋势及其对该地区的影响，亦由此决定各有关因素的行动需要。为了避免重复工作，使跨专业网络实现透明化，额外建立了一个协调组。各组获得的知识由其代表传达给这些协调组，后者分析评价后连同意见反馈给组里。通过协调组，各组之间也可以直接进行专业上的交流。直到 2010 年春，共进行了 13 次各组会议、8 次协调组会议，地点在该地点轮流。

第一阶段（2006 年 6 月—2008 年 1 月）项目运转情况证实，将地区关于自下而上（Bottom-up）的准则知识纳入到项目中很有意义，这样可以挖掘潜力，并获得重要倍增效果。同时也说明，上一级立法层面的计划可以通过自上而下（Top-down）的准则纳入。在第二阶段（2008 年 2 月—2011 年 1 月），也因此制定了战略规划，与地区立法要求一致，还共同制定了适当的方法，以加快适应措施的实施应用。因此，克拉拉网的工作不仅限于开发具体产品，而且在当地正在运作的项目里发挥作用。例如，该网通过自身的态度，促进气候适应这一话题融入当地的计划、规划及规章。此外，该网还和黑森州环保局下属的“气候变化专业中心”建立了合作关系。项目具体产品之一是古商道—奥登森林自然保护区的泉水自助旅游线路。这是一条 12 km 长的环形旅游路线，目的是提醒公众注意气候变化可能导致该地区泉眼干涸。该项目结合了运动休假与“水”这个话题，是适应气候变化的中心话题。另一项目是乡镇适应气候变化的工作内容清单及说明。当地建筑业、水务、规划部门（地区、乡镇）和自然保护协会共同打造了热门话题“建筑、水务及规划”，指出如何在乡镇层面上与变化中的气候打交道。

为了将上述话题确定出来的挑战及行动内容向公众推广，克拉拉网采用各种沟通措施。例如小册子《走向适应气候变化的步骤》，以及流动展览等。此外，2008 年秋以来，制定了跨学科的行动概念，参与者来自经济界、政界、科技及行政部门决策层。概念的项目实施范围在格施普林茨河流域，是一条美茵河的支流。成立了行动联盟，由 21 个乡镇组成，还有自然保护区、林业、农业、地区政府的代表等。一开始，各方合力绘制了一份该流域的风险分布图。概念工作集中在基于风险分析的行动领域：居民区如何应对强降雨，外围区域如何应对洪水及强降雨，温度更高更干燥的情况如何设计城市，风景区的干旱，森林随气候的变化，等。在这些领域行动联盟制定了目标和措施，作为行动概念的内容。同时准备其他具体项目，它们是：① 气候变化对豌豆溪流域景观水务以及土地利用的影响；② 将气候变化的话题与旅游项目“格施普林茨河亲水经历游”融为一体；③ 在学校新校舍建设中全程陪同。此外，流域内每个乡镇收到一份短的书信，介绍当地气候现状以及简单易行的适应措施。2011 年 3 月，在深入推进工作中，BMBF 的资助到期了，各方在探讨申请欧盟的项目。

6.5.2.3 汉布哥气候影响管理项目

项目区面积 48 213 km^2，人口 390 万。有中心城市，也有农村（哈尔茨山脉）。基本上可分为两部分：北部的城市和南部的农村。经济结构多样性，主要是生产型企业（主要产品农业及食品业、机械制造、汽车、航空、能源以及卫生）、贸易和交通业。自然地貌：从西北部的平原到中部山区及哈尔茨山脉，见图 6.5.4。

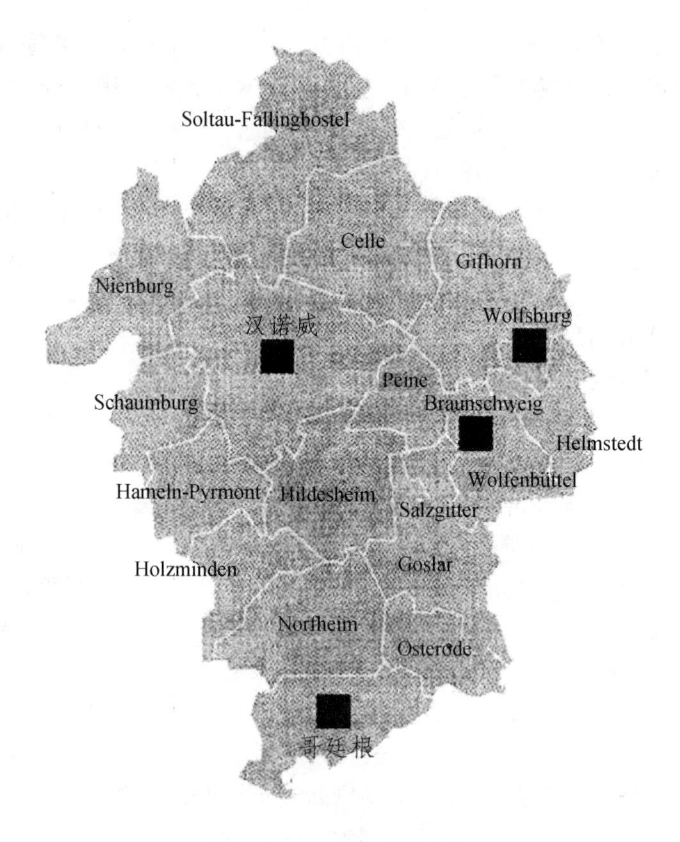

图 6.5.4 汉布哥项目区

就预期的气候变化影响而言，该地区是全德受气候变化影响最小的。即使如此，温度上升（主要是冬季温度大幅上升）和降水分布的变化（降水量未变，但是冬季降水量增加，夏季减少）产生各种后果，为分析这些后果，设立了 7 个子项目，对其做准确分析。

这些子项目选择的基础是 9 个月的前期调研，从 2006 年 9 月到 2007 年 5 月（第一阶段）。其目标是：确定气候变化对中心城市各领域的影响，找出有行动需求的领域。设定了两个工作室：第一个是“思想库”，出点子的；第二个是协调和记录项目进展情况的。在这两个工作室框架内，来自政界、规划、科技和工业界的参加者形成合力。

在项目的前期调研阶段，地区内各种因素广泛参与（第一次工作室会议有 130 人参加），这与本节提及的其他项目一样。在正式研究阶段，气候后果管理相当于传统的研究联合体。它由若干子项目组成，各有独自工作的研究团队。气候后果管理的行动主要分成若干部分融入行动计划：“当地气候变化（FE-1）”，它将气候及气象条件的基本信息作为其他子项目的基础，这些子项目包括“能源植物（FE-2）”“农田喷淋灌溉（FE-3）”“自然保护（FE-4）”“水务（FE-5）”，还有两个子项目“基于互联网信息和沟通平台（I&K 平台）”，以及“进修及继续教育（FE-7）”。

研究联合会的目标是：在各子项目框架内，考虑气候变化情况下进行各种空间和土地利用的专业分析及评价。这样，今后中心城市地区的规划与决策过程均基于知识及信息。为了实际应用各子项目中获得的成果，成立了一个非正式的项目理事会，是一个“指导委员会”（Steering Committee），其成员包括乡镇县和中心城市。这个理事会伴随各子项目，并参与互联网平台建设。

例如，现有的成果包括中心城市地区气候变化数据（形式是卡片、地图、图标、文字等）的制作和发行。通过使用中等尺寸地区模型 FITNAH 建立的地区气候与模型 CLM 被进一步细化，这样可以对每平方千米的范围作出预测（成果 FE-1）。在此数据基础上，项目组制定一个考虑了气候变化因素且适合本地的规划概念，用于指导能源植物种植和利用（成果 FE-2），并且制定了一个“气候变化和自然保护管理”的地区级概念（成果 FE-3）。在研究田野喷灌以补给地下水的潜力（成果 FE-4），以及动态水循环模型（成果 FE-5）时，基础模型是子项 FE-1 里的地区气候模型知识。地区气候数字是信息和沟通平台的内容（成果 FE-6），这是一个基于互联网的决策辅助手段，目的是将项目成果知识用适合于各参与方的形式呈现出来。目前，I&K 平台调试版正在运行中，各目标群有相应的权限（如政府机构等）。网站设计得很灵活，整个项目期内，新的成果可以随时送上网（成果 FE-7）。

2011 年 4 月，资助结束，研究项目也结题。所取得的成果将作为背景知识用于合理的规划和决策，而能否实现这一点，很大程度上取决于成果的知名度、使用的方便性以及可用性。

6.5.2.4 威悉河下游气候变化项目

威悉河下游的主要城市有不莱梅和奥尔登堡，面积 1 900 km^2，人口 85 万。大部分是农村地区，产业主要有生产型企业（食品、畜牧、能源、车辆制造，特别还有造船）。大城市以服务业为主，包括海湾餐饮接待，见图 6.5.5。

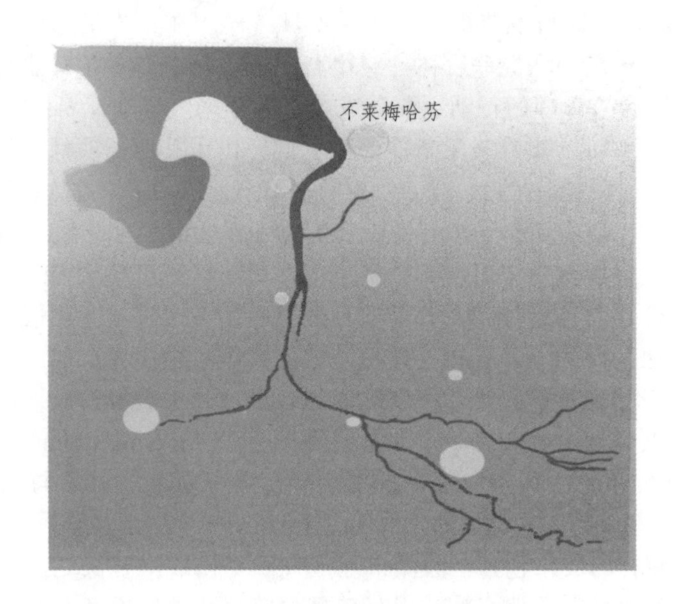

图 6.5.5 威悉河下游地区项目区

由于以前有过一些先期项目，气候变化对本地区的影响并不陌生，不莱梅大学的项目 KRIM，KLIMU，INNIG，RETRO 等是重要的现状基础，可依此估计气候变化的影响。气候变化的不利影响包括：

① 海平面上升；

② 洪涝强度和次数均有增加；

③ 冬春季节降水量增加，排水会出现问题，洪水危险增加；

④ 冬季风暴增加；

⑤ 夏季干旱期加长。

威悉河下游项目同样探讨气候变化会带来哪些机遇。气候变化会导致：① 夏季一些南方地区的传统客人到北方海滨；② 绿地生物质产量增加。

作为行动研究项目，威悉河下游项目吸纳了当地各因素参加到行动战略、沟通战略和适应战略中。项目收集了主因素的主观理论并将其与气候研究的科学知识进行综合，主要目的之一是树立气候变化机遇及风险意识。根据目标人群的不同，项目组选择了个性化的沟通方式，如来自旅游业、地市各级规划部门和农业等。这样做的目的是克服实施适应行动的障碍，提高其对适应战略的接受程度。

在选择地区参与者的时候，基于严格的特点分析，同时考虑其参加后续项目及工作的条件，包含以下因素：

① 切身相关（相关人员来自或者源自本地区，气候变化对经济、社会及环境发展的影响与其相关）；

② 社会代表性（相关人员代表地区内某一个参与者群体，如重要组织或协会的代表）；

③ 带动效应（乘数效应或者倍增效应，相关人员有能力将本项目的成果及行动建设向其他机构传递）；

④ 影响潜力（相关人员尽可能对决策过程有一定的影响潜力，主要是涉及项目区范围内的经济、社会及生态发展的决定）；

⑤ 专家地位（相关人员与环保有关，或者“通用型环保”，或者环保某个方面的专家）；

⑥ 多样性（社会各阶层均有代表）；

⑦ 连续性（相关人员要能够连续参加活动）；

⑧ 性别（遵循“男女搭配，干活不累”）。

一个特别有效的简便方法是通过已有地区网络（其他事情的）筛选，如教育地区网、地区 21 世纪议程等。

在项目第二阶段开展“目标群对话”，即 2007 年 11 月到 2008 年 2 月期间，在涉及的三个领域，即旅游业、城市和地区规划以及农业，设立工作室系列，邀请各因素主动参与气候变化对该领域影响的辩论。所提的口号是“认识—了解—行动—生产—交流”，每个目标群有 4 个半天的工作室时间，结束时，本地区所有的目标群和子项区域举行“大团圆”活动。第一次工作室“认识”，内容是：让参与者知道气候变化对本行业的影响，他们有哪些预备知识以及想知道哪些知识。在工作室“了解”中，满足参与者的上述知识需求，方式是将最新知识以参与者容易接受且易于应用的方式介绍。在工作室“行动”中，参与者在已有知识和以前工作的基础上，列出自己的行动计划。在最后一次工作室“生产”中，定出具体操作内容，以推进获得认可的行动计划。工作室系列结束后，就过渡到转化阶段，其特点即上述“大团圆”。

项目第三阶段，时间大约 1 a，内容是收集总结经验，交流学习效果。将各工作室完成的项目及生产建设具体化，以备实施。这个任务由一些“热心的参与者”负责，他们一般有网络，借此作为项目和生产的带动者。在选择项目时，采用此前选择参与者的方法，设定一些特点要求，作为考量要点。这些特点要求包括：

① 对“适应气候”的革新性理解；

② 公众感兴趣；

③ 所预期的项目成果，有转化潜力和样板作用；

④ 参与资助，负责生产。

这项目第三阶段的成果有 6 个产品，可促进气候变化的风险和机遇意识的培养，涉及的行动领域即上文提到的农业、旅游及地区和城市规划。例如，用于农业基础教育的教学模型“气候适应”就是与农业经营者及州政府合作建设的，且通过实例展示气候变化及其对农业生产的意义，以及农业经营者可以发挥的作用等。“规划过程中的气候适应”作为指针，是为城市和地区规划者准备的。它观察既有区域规划手段并检验其是否适用于适应气候变化的措施。指针给出了具体要点，用于景观规划、城市规划、人居规划、防洪和海岸保护等行动领域。旅游口号性线路“气候变化游”，目的是提醒游客和就近休假的人注意气候变化对浅海和海岸的影响。这一方面可以形成新的旅游线路，另一方面增强游客和当地居民对气候变化的敏感性。目前已提出了三条这样的“口号线路”。此外，“旅游业气候合格性培训”对经营者普及（旅行社、餐饮业、酒店）气候变化影响的知识，如短训班等。“水务管理”项目设立了一个长期展览，用 3 种方法直观说明了气候变化对本地区水资源的影响，以及水务管理对本地区小气候的作用。目前，土地利用者、公众和学校可以使用该展览，今后根据需要也可以办成流动展览。特别有特点的是与各方及编剧剧院合作，创作了一出互动式剧目，阐明气候变化的影响。该剧目今后将在德国北部巡演。

威悉河下游项目已经结束。经验、知识以及项目网络作为后续项目的基础和大地区项目的组成部分，将继续存在下去。该地区展示了其应对和掌握气候影响的能力，并将其融入当地规划中。

6.5.3 实例比较分析

上述 4 个实例，因地理、人口、产业结构等因素不同，气候的影响及当地的适应措施及战略也不同，以下的比较仍然按照前文提及的过程模型进行：模型外壳（第 6.4.1.1 节）、模型核心（第 6.4.1.2 节）和参与者（因素）观察（第 6.4.2 节）。

6.5.3.1 模型外观

此前，研究观察的各种活动和举措是一种地区网络，其生命来自各因素的参与，并吸纳其相关知识和资源。所建立的网络通过问卷和采访等形式将各方联系在一起。工作室、报告会和讨论活动网站等，使气候变化方面的知识和信息得以传播。至于各项目是否取得了培养公众意识的效果，各专家的意见并不一致。但是通过项目引发了当地的热烈讨论，在这一点上所有的专家一致。4 个项目中，有 3 个明确表示在适应气候变化的沟通上有了好的经验。

在能力建设方面，所有项目的长期目标都是增强当地适应能力，促进经济社会可持续发展。

6.5.3.2 模型核心

（1）情势分析：威悉河下游项目在以前项目（KRIM，KLIMU，INNIG，RETRO）的基础上开展，具备较好的知识和信息准备。克拉拉则充分利用联系及州政府的服务。一方面，可以利用圣阿肯堡地区气候研究项目的成果；另一方面，可以利用黑森州气候变化专业中的成果和资料。气候工作室和气候后果管理项目选择了自己的气候研究项目内容。

（2）信息：在涉及决策者及公众对气候变化影响的信息方面，所有 4 个项目采用类似的准则，投入了各种媒体，组织了各种公开活动。3 个项目拥有项目网页，内容除了研究项目本身之外，还有诸多丰富的涉及气候变化、气候保护及气候适应方面的内容，当然还有许多引用链接。

在网络项目（气候工作室、克拉拉网、威悉河下游）中，有一点得到了证实：在地区参与者网络中，有关气候发展趋势的说明（尤其是夏季平均气温上升、夏季降水量减少、暴雨暴雪量增加等）不需要准确的气象数据，而只要讲明气候变化的后果就可以成功发起对机遇和风险的讨论。气候影响评价成果的针对性（针对项目及行动领域）诠释并将其“翻译”成大众语言，意义特别大。

这里所采用的方法涵盖了所有面对面及非接触信息传递方式。

（3）脆弱性分析：4个项目均没有开展名称“脆弱性”方面的分析，但是均有对这方面知识和情况分析的深入探讨。每个项目中涉及的行动领域，均有对当地“易受伤性”或者“脆弱性”这类字眼。这一步骤的中心任务是寻找和讨论气候变化可能的风险和机遇，在4个项目中均如此。对于数字化出现的概率以及可能的损失并没有做研究。不过在克拉拉网项目中，在中试区开展了定性的脆弱性分析。同样地，I&K平台将气候影响管理作为决策支持系统，其构架设计上考虑了随时可以加入新的栏目及内容。这样，如果要拓展气候变化的影响或者人口迁移，或者社会经济变化，或者其他影响到地区的事情，均可以在I&K平台上得到一体化解决和进行评价。

各实例间进行的对比说明，这一重要步骤（即脆弱性分析，即使字眼没有在评价中直接出现）在项目管理中必须很好地准备。工作的复杂性以及人们对“脆弱性”概念“象牙塔”属性的认知，都使其在与参与者的合作定位和处理中难度增加。例如：在一个项目中就有参与者明确拒绝“脆弱性”概念的报道，在另一个项目中，从一开始就有意避免这一概念，取而代之的是风险和机遇方面的论述。在进行脆弱性评价时，紧密结合当地的例子和情况明确叙述以及将专家吸收进来，是很有用的做法。

（4）主线和行动领域：4个项目均没有明确的主线，在讨论如何理解具有适应能力和恢复力的地区这个问题时，“主线”隐含在战略过程的各个阶段，且形式多样。例如，在“气候后果管理”中，这个词在项目的第一阶段工作室框架内作为建设收集的一部分出现。在其他3个项目中，这一问题在涉及地区适应目标和措施的主题讨论中定期出现在各工作小组中。此外，他们在介绍自己时，运用具有主线作用的口号，不过由项目管理给定，而不是在项目进程中才制定。这些口号是“采取行动，应对气候变化”（威悉河下游），“在气候变化中潇洒生活”（克拉拉网），“做点什么”（气候工作室）。在克拉拉网项目中，一开始也多次引用了中国谚语“风吹来的时候，有人建造防护墙，有人建造风车”，并且印在传单及张贴在墙壁上。

在行动领域方面，除了克拉拉项目，其余项目均显示各地区对热点和行动领域的集中迫切的关注。气候工作室，气候后果管理和威悉河下游项目均涉及3～4个行动领域。克拉拉网项目涉及的行动领域包括：卫生、农业林、旅游业、水务、防洪、建设、城市规划/地区规划/土地利用规划等。行动领域的选择取决于项目管理和资助前提。不过有一个共同的原则，只有得到热心的参与者合作的话题才能获得支持。在气候工作室项目和气候后果管理项目中，就出现了旅游业“落选”的情况，尽管事先项目管理方很看好旅游业，但落选的直接原因就是没有落实当地的热心合作。所有项目中，中途都有可能加入新的话题和项目（事项），不过均没有出现项目进程中加入新的行动领域的情况。原因不在于项目构架死板，而在于经费的限制。

（5）目标及措施筛选：各项目间差异很大。在气候后果管理项目中，7个子项目的目标在前期项目申请中就已界定清楚。措施的确定基于对研究一些问题的回答，如：气候变化对汉布哥中心城市地区影响的分析，以及试点行动向其他行动领域的推力。在其他三个项目中，主要目标均已在项目申请阶段交代清楚。有些很通用的目标如下：

① 将气候变化的结果与地区参与者（因素）一起解剖，并发起知识交流（克拉拉网、威悉河下游）；

② 调动地区因素，强化其气候变化影响意识，并建立不同的行动领域的个性化适应方式（克拉拉网、气候工作室）；

③ 这些目标被面向实施具体化和步骤化，3个项目均采纳有争论的话题，制定措施时，或者按照当地惯例，或者按照“不后悔”原则；

④“气候验证”的准则在几乎所有项目中有应用，例如在克拉拉项目中，它就引出了地区内域市达姆施塔特等对地区规划的表态。

（6）行动概念：各项目均实施行动概念的内容，并在其框架内由专家进行措施评估。在各实例中，均尝试将不同阶段建立的措施建设方案具体化，且部分基于中试应用进行试验。这种方式部分源于以下事实：各实例均为研究项目，必须完成申请书规定的内容，在克拉拉项目中决定不按照原先的项目计划制定全面的全地区行动概念，而仅制定局部的。在经验性实例中，没有行动概念，由此可以推论，模型在这里不实际。地区适应战略是否体现在行动概念中，很大程度上取决于其是否是已规定的任务。

（7）实施监控：项目的总体目标以及各行动领域的部分目标并没有操作程序化（步骤的分析和措施的筛选）。项目中制定的措施的实施仅部分定在项目期内。因此4个项目（实例）中没有实施监控。

（8）评价：在两个项目（威悉河下游、克拉拉网）中进行了评价。由于4个实例均为研究项目，且规定了期限，也没有必要进行评价。因此在所有的项目中没有追求“战略循环”。所建设的地区参与者网络化，3个网络项目中得到激烈讨论。解决途径类似，有的是保留“气候 I ”项目的单个元素，并有新资助，有的建立新的地区组织。

6.6 结 论

6.6.1 几个基本问题

问题 1：在地区适应气候变化战略的制定、实施和应用中有哪些因子？

通过前文的讨论可知，地区适应战略中的因子群是多样的，这一点可通过经验实测得到证实。因此，对此问题的回答是：因子是指众多的群体，来自经济界、科技界、媒体、政界、行政以及公众。

与此相关的问题：谁是“战略家”？谁是“棋子”？可以通过观察不同因子在战略过程中的角色得出结论。“推动者”可以看成“战略家”，他们是专业促进者，对实行推进具有特殊意义。在制定战略时，倡议者和活动支持者同样可看成战略家。

问题 2：在战略过程中，哪些因子何时发挥作用？

我们在第 6.4.2.1 节中讨论了各因子群在战略过程中发挥的作用。可以看出，除了模型核心的实际步骤，战略过程具有不同的阶段，各参与因子在不同阶段发挥的作用不同，这些阶段包括：① 启动过程；② 由下至上的股东和加入；③ 补充由上至下的部分；④ 地区转变及渗透过程。公众宣传是一项连续的工作，因此每个阶段均有。在第一阶段，专业推动者是主要的倡议者。在第二阶段，要有不同的因子加入。一般情况下，该阶段由过程推动者发起并主持。第三阶段中，自上而下的途径可以确保气候适应措施落实到规划、行动计划和法规中，这需要权力推动者。在第四阶段，各个因子再次进入状态，主动因子发挥乘数作用，将适应气候变化的各种要求在网络内传递。

问题 3：谁为谁作战略规划？谁制定规划？谁实施？

如果地区适应战略是在战略层面做出的，则规划与实施之间、规划与应用之间的界限已模糊。因为在这类层面上学习过程具有核心的作用，使各参与者在信息和经验交换中互相学习，这样可形成一致的观点。协调不同的做法以及推广好的学习例子就为地区因子提供了丰富的学习吸引力。战略平台是可以拓展的有参与者的知识基础，并影响因子的观点和价值取向。从战略规划到实施各种气候适应措施，从集体行为到个人行为的畅通过渡，体现了规划中“共有共享”和“人人为己”的精神。

问题 4：如果既有规划中需要加入紧急动议，如何调控其措施？

既不存在纯粹的随意规划的战略，也没有纯粹紧急产生的战略，在规划的战略过程中也可以出现一定的被动。如果出现新的议题并有新的因子加入战略形成过程，这种被动可以产生好的作用。另一方面，如果推动者离去或者变动太大，就会出现新的战略。因子的被动总可以使过程有活力，另一方面也可以阻止过程。各个战略步骤以叠加的方式展开，就容易对边界条件的变化做出反应。

问题 5：如何启动这样一个战略？

本章主要讨论适应性战略，即便如此，地区适应气候变化战略形成中仍需要有发起活动，而且一般情况下由国家出台促进政策或具有吸引力的措施，例如设置研究计划、资助计划，或者竞赛等。没有这样的吸引力，就不会启动涉及面很广的战略形成过程。

在第 6.3.2 节已指出，适应气候变化要求有循环性的灵活战略过程。地区层面上的战略组织形式以网络形式为好，较灵活。循环性的想法一方面基于战略形成中的实质步骤，它们之间互相叠加形成总的循环；另一方面基于因子网络，后者需时常激活。

6.6.2 形成地区适应气候变化战略的建议

6.6.2.1 地区气候变化适应性战略的挑战

制定地区气候适应性战略是必要的，符合政治上的要求，但是其实施常遇到障碍。为克服此障碍并制定地区适应性战略，非正式类似网络的沟通方式来协调私人、集体及个人因子是适当的。

用网络形式制定地区规划的方法被多次证明行之有效，其优缺点也清楚。如果此方法用在制定地区适应气候变化战略中，必须清楚地知道，有一些对当地发展至为重要的领域，可能并未获考虑开发，因为缺少相关的推动者。这一挑战源自参与者属于志愿者的属性。同时，一般情况下网络里寻求共识，不会限制行动能力成长。如果制定的适应战略很大程度上由“不后悔”措施构成，这样做是值得肯定的，因为“不后悔”措施原则上具有高的可接受性，因此得到实施的机会就高。另一方面，如果能将有争议的事情纳入解决，并解决土地利用的矛盾，那么形成地区适应气候变化的过程就可以看作成功的。

6.6.2.2 成功的因素和建议

本章的研究显示，有一系列因素影响成功，在今后制定地区适应战略时值得考虑，包括：

（1）形成地区合作构架一般是有利的，即通过工作磨合形成参与者和组织机构间好的工作关系，因此建议有目的地将既有地区网络纳入。

（2）地区的大小和范围可根据目的做不同评价。一般情况下，按自然地区空间功能边界划分比较有益。但是如果还考虑地区其他因素变化（如人口变化），那就不应以自然空间为界，而应以其他（如行政界）界限为基础。如果适应战略要发挥地区合作载体的作用或者要促进地区身份认可，建议选择较大的区域。

（3）建议纳入广泛的因子。原因之一是在专业内和非本专业的交流中出现多种学习的机会适合各种参与者；其二是这些参与者今后扮演促进者的角色，可以将气候变化对地区影响的信息和知识带回其活动领域并传播。

（4）一般情况下，有必要由工程促进者作主持人。

（5）请当地有名望的科研机构参加可以增强社会对活动的接受程度。同样地，当地的名人也可以纳入。

（6）建立当地气候模型可增加大众对气候数据和信息的接受程度。

（7）在讨论机遇和风险时，仅仅说明变化趋势即可，在制定和实施具体适应措施时，常常需要可信的精确的数字。在启动讨论时，仅讲气候变化趋势及其对本地区的影响即可，而在制定措施时需要翔实的气候数据。

（8）地区脆弱性分析不是简单的事情，而是非常重要的。在分析中首先要考察多个领域，以获知影响程度。其次必须注意使用入乡随俗的语言和具体的例子。

（9）在科学结论基础上，使用清楚而易懂的语言是一种挑战，必须在整个过程中重视。

6.7 总 结

气候的变化对地区的影响各不相同，地区的易受挫性取决于自然空间、现有居住分布和基础设施。IPCC 发布的气候变化要求各级机构毫不犹豫地采取适应措施。本章讨论了如何制定地区适应气候变化战略。因为不同行业已有不少的相关知识，讨论的重点不在于适应战略的内涵，而是形成地区战略的过程，关键是谈论不同因子在战略形成和实施中的作用。各因子之间的网络化、互动、职责分配和积极介入具有特别意义。为此建立了一个地区适应气候变化战略的过程模型，其基础是社科研究相关概念讨论中的共识。这个过程模型描述了关键因素、实际规划步骤以及一个广泛因子群。

模型的有效性通过实例分析得到验证，在此框架内，深入研究了实际的建立地区适应气候变化战略过程。通过对比实例，核实了参与者的广泛性。所分析的项目涉及多个领域，吸纳了来自政策研究、行政、经济、科学、媒体和大众的众多参与者。分析显示，所有参与者都是必要的，包括那些不太热心的，因为每个人都发挥了作用，从积极推动者，到支持者，至旁观者。在进程中，参与者的构成有所变化，焦点也有所转移，有从上而下，也有自下而上的模式，后者被看成有利于制定地区适应战略。而在规划、行动计划和立法中增加自上而下的内容有利于确保将以后变化落实下去。

参考文献

[601] IPCC. Intergovernmental Panel on Climate Change（2007）：Climate Change，2007. Synthesis Report，Summary for Policymakers. Cambridge.

[602] BARDT HUBERTUS. Klimaschutz und Anpassung：Merkmale unterschiedlicher Politikstrategien. Vierteljahreshefte zur Wirtschaftsforschung，2005，74（2）：259-269.

[603] STERN，NICHOLAS. Stern Review on the Economics of Climate Change. Cambridge.

[604] MÜLLER BENITO. Intematipnal Adaptation Finance：The Need for an Innovative and Strategie Approach. Working Paper，Nr. 42，Oxford：Oxford Institute for Energy Studies.

[605] Kommission der Europäischen Gemeinschaften，Grünbuch der

Kommission an den Rat, das Europäische Parlament, et al. Anpassung an den Klimawandel in Europa - Optionen für Maßnahmen der ELF. Brüssel，2007-06-29.

[606] Kommission der Europäischen Gemeinschaften. Weißbuch Anpassung an den Klimawandel - Ein europäischer Aktionsrahmen. KOM（2009）147 endgültig. Brüssel，2009-04-01.

[607] REESE MORITZ. Nationale Anpassungsstrategien an den Klimawandei in Europa：Vortrag im Rahmen der Reihe "Anpassungen an den Klimawandel"，Vorlesungszyklus Wissenschaft am UFZ，27. Januar 2009，Leipzig.

[608] SWART ROB，BLESBROEK ROBBERT，BLNNERUP SVEND，et al. Europe Adapts to Climate Change：Comparing National Adaptation Strategies. PEER-Report，H. 1，Helsinki.

[609] Akademie für Raumforschung und Landesplanung （ARL）. Klimawandel als Aufgabe der Regionalplanung. Positionspapier aus der ARL，Nr. 81，Hannover，2009.

[610] BAURIEDL，SYBILLE. Adaptive capacities of European city regions in climate change：On the importance of govemance innovations for regional climate policies，November 2-6，2009[C/OL]. Klima2009 - online Konferenz，http：//www.klima2009.net.

[611] OVERBECK GERHARD，SOMMERFELDT PETRA，KÖHLER STEFAN，et al. Klimawandel und Regionalplanung，Ergebnisse einer Umfrage des ARL-Arbeitskreises "Klimawandel und Raumplanung". Irr Raumforschung und Raumordnung，2009，67（2）：93-203.

[612] GÜNTHER ELMAR，KIRCHGEORG MANFRED，WINN MONIKA I. Resilience Management：Konzeptentwurf zum Umgang mit Auswirkungen des Klimawandels. Uwf-UmweltWirtschaftsForum，2007，15（3）：175-182.

[613] FAHL ULRICH，KOSCHEL HENRIKE，LÖSCHEL ANDREAS，et al. Regionale Klimaschutzprogramme-Zur integrierten Analyse von Kosten des Klimawandels und des Klimaschutzes auf regionaler Ebene. Vierteljahreshefte zur Wirtschaftsforschung，2005，74（2）：286-309.

[614] Umweltbundesamt（UBA）. Klimafolgen und Anpassung an den Klimawandel in Deutschland-Kenntnisstand und Handlungsnotwendigkeiten. Hintergrundpapier，September，2005. Dessau.

[615] Umweltbundesamt（UBA）. Anpassung an Klimaänderungen in Deutschland-Regionale Szenarien und nationale Aufgaben. Hintergrundpapier，Oktober，2006. Dessau.

[616] GLASER RÜDIGER. Klimageschichte Mitteleuropas：1200 Jahre Wetter，Klima，Katastrophen. Darmstadt，2008.

[617] IFOK GMBH. Schwimmende Häuser und Moskitonetze：Weltweite Strategien zur Anpassung an den Klimawandel. Nationale Strategien und Projektbeispiele. Bensheim，2009.

[618] RITTER ERNST-HASSO. Klimawandel-eine Herausforderung an die Raumplanung. Raumforschung und Raumordnung，2007，65（6）：531-538.

[619] BROOKS NICK，ADGER W NEIL. Assessing and Enhancing Adaptive Capacity//LIM BO，SFANGER-SlEGFRlED ERIKA. Adaptation Policy Frameworks for Climate Change：Developing Strategies，Poücies and Measures. Cambridge，2004：165-181.

[620] ADGER NEIL W，BARNETT JON. Four reasons for concern about adaptation to climate change. Environment and Planning A，2009，41（12）：2800-2805.

[621] PRESTON BENJAMIN LEE，WESTAWAY RICHARD，DESSAI SURAJE，et al. Are We Adapting to Climate Change? Research and Methods for Evaluating Progress//The 89th American Meteorological Society Annual Meeting，Fourth Symposium on Policy and Socio-Economic Research，January 10-16，2009. Phoenix（Arizona）.

[622] REPETTO ROBERT. The Climate Crisis and the Adaptation Myth. New Haven：Yale School of Forestry and Environmental Studies，Working Paper，Nr. 13，2008.

[623] EASTERUNG WILLIAM E，HURD BRIAN H，SMITH JOEL B. Coping with global climate change：The role of adaptation in the United States. Report，Pew Center on Global Climate Change，Virginia Arlington，

2004.

[624] VAN DE VEN, ANDREW H. Engaged scholarship. A guide for organizational and social research. Oxford，2007[u.a.].

[625] HILDENBRAND BRUNO. Anselm Strauss//IRR FLICK UWE, KARDOFE ERNST von，STEINKE INES. Qualitative Forschung. Ein Handbuch. Reinbek bei Hamburg，2000：32-42.

[626] GLASER BAMEY G，STRAUSS ANSELM L. The discoveiy of grounded theory. Strategies for qualitative research，Chicago，1967.

[627] BURTON IAN. Deconstructing adaptation - and reconstructing. Delta，1994，5（1）：14-15.

[628] UNFCCC：Klimarahmenkonvention der Vereinten Nationen，1992 [EB/OL]. http：//www.unfccc.int.

[629] SCHIPPER E LISA F，BURTON IAN. Understanding Adaptation：Origins，Concepts，Practice and Policy//SCHIPPER E LISA F，BURTON IAN. The Earfhscan Reader on Adaptation to Climate Change. London：Earthscan，2009：1-8.

[630] KATES ROBERT W. Climate change 1995：Impacts，adaptations and mitigation. Environment，1997，39（9）：29-33.

[631] KLEIN RICHARD J T，MAClVER DONALD. Adaptation to climate variability and change：meteorological Issues. Mitigation and adaptation strategies for global change，1999，4（3-4）：189-198.

[632] PlELKE ROGER A. Rethinking the role of adaptation in climate policy. Global Environmental Change B，1998，8（2）：159-170.

[633] SMIT BARRY，WANDEL JOHANNA. Adaptation，adaptive capacity and vulnerability. Global Environmental Change，2006，16（3）：282-292.

[634] SCHRÖTER DAGMAR，et al. Advanced Terrestrial Ecosystem Analysis and Modelling. ATEAM Final report 2004[R/OL].（2008-03-18）. http：//www.pik-potsdam.de/ateam.

[635] SMIT BARRY，PLLLFOSOVA OLGA. Adaptation to Climate Change in the Context of Sustainable Development and Equity//MCCARTHY JAMES J，CANZIANI OSVALDO F，LEARY NEIL A，et al. Climate Change 2001：Impacts，adaptation and vulnerability. Cambridge，2001：

877-812.

[636] YOHE GARY W, XOL RICHARD S J. Indicators for Social and Economic Coping Capacity, Moving Towards a Working Definition of Adaptive Capacity. Global Environmental Change, 2002 (12): 25-40.

[637] PLATT RUTHERFORD H. Disaster and Democracy: The Politics of Extreme Natural Events. Washington D C, 1999.

[638] GROTHMANN TORSTEN, PATT ANTHONY. Adaptive Capacity and Human Cognition. Global Environmental Change, 2005, 15 (3): 199-213.

[639] ADGER NEIL. Scales of Govemance and Environmental Justice for Adaptation and Mitigation of Climate Change. Journal of International Development Journal of International Development, 2001, 13 (7): 921-931.

[640] SMITH JOEL B, SCHELLNHUBER HANS-JOACHIM, QADER MIRZA M MONIRUL. Vulnerability to Qimate Change and Reasons for Concem: A Synthesis//MCCARTHY JAMES J, CANZIANI OSVALDO F, LEARY NEIL A, et al. Climate Change 2001: Impacts, adaptation and vulnerability. Cambridge, 2001.

[641] BIRKMANN JÖRN. Measuring vulnerability to promote disaster-resilient societies: Conceptual frameworks and definitions//BIRKMANN JÖRN. Measuring Vulnerability to Natural Hazards. Towards disaster resilient societies. Tokyo, 2006: 9-54.

[642] KATES ROBERT W, AUSUBEK JESSE, BERBERIAN MIMI. Climate Impact Assessment: Studies of the Interaction of Climate and Society. ICSU/SCOPE Report No. 27, 1985.

[643] FEENSTRA JAN F, BURTON IAN, SMITH JOEL B, et al. Handbook on methods for climate change impact assessment and adaptation strategies. Amsterdam, 1998.

[644] Organisation for Economic Co-operation and Development (OECD). Integrating climate change adaptation into development co-operation, Policy guidance. Paris, 2009.

[645] HOLLING, CRAWFORD STANLEY. Resilience and Stability of

Ecological Systems. Annual Review of Ecology and Systematics 4, 1973：1-23.

[646] BERKES FIKRET，COLDING JOHAN，FOLKE CARL. Navigating Social-Ecological Systems. Cambridge，2003.

[647] BEERMANN MARINA（2009）. Unternehmerische Mitigations- und Adaptationsstrategien im Kontext von klimawandelbedingten ökologischen Diskontinuitäten//MÖRSDORF FRANZ LUCIEN，RINGEL JOHANNES，STRAUß CHRISTIAN. Anderes Klima，Andere Räume! Zum Umgang mit Erscheinungsformen des veränderten Klimas im Raum. Norderstedt：Books on Demand，Schriftenreihe des Instituts für Stadtentwicklung und Bauwirtschaft an der Universität Leipzig，2009，19（S）：125-135.

[648] AGUIRRE BENIGNO E. On the Concept of Resilience，Disaster Research Center，University of Delaware，2006.

[649] HOLLNAGEL ERIK，WOODS DAVID D，LEVESON NANCY. Resilience engineering. Concepts and precepts，Aldershot，2006.

[650] GALLOPlN GILBERTO C. Linkages between vulnerability，resilience and adaptive capacity. Global Environmental Change，2006，16（3）：293-303.

[651] CARPENTER STEPHEN，WALKER BRIAN，ANDERIES JOHN，et al. From Metaphor to Measurement：Resilience of What to What?. Ecosystems，2001（4）：765-781.

[652] PELLING MARC. The Vulnerability of Cities：Natural Disasters and Social Resilience. London，2003.

[653] MCCARTHY JAMES J，CANZIANI OSVALDO F，LEARY，NEÜ A，et al. Climate Change 2001：Impacts，adaptation and vulnerability. Contribution of Working Group II to the Third Assessment Report of the Intergovernmental Panel on Climate Change. Cambridge，2001.

[654] UNFCCC. Action .pledges：making a dlfference on the ground，A synthesis of outcomes，good practices，lessons leamed，and future challenges and opportunities[EB/OL]. [2009]. http：//unfccc.int/resource/docs/publications/09 nwo action pledges en.pdf.

[655] CHANDANI ACHALA，HARMELING SVEN，KALOGA ALPHA

OUMAR. The Adaptation Fund：a model for the future?. IIED Briefing Paper，August，2009.

[656] LIM BO ，SPANGER-SIEGFRIED ERIKA. Adaptation Policy Frameworks for Climate Change. Developing Strategies，Policies and Measures. Cambridge，2004.

[657] DAS. Deutsche Anpassungsstrategie an den Klimawandel. Vom Bundeskabinett am 17. Dezember 2008 beschlossen.

[658] GROTHMANN TORSTEN，GÖRG CHRISTOPH，DASCHKEIT ACHIM，et al. Anpassung an den Klimawandel-Herangehensweisen und Zukunftspotenziale sozialwissenschaftlicher Forschung in Deutschland. Entwurf eines Positionspapiers. 2. Workshop Sozialwissenschaftliche Anpassungsforschung，Januar 11/12，2010，Oldenburg.

[659] BIEKER SUSANNE，FROMMER BIRTE. Potenziale flexibler integrierter semizentraler Infrastruktursysteme in der Siedlungswasserwirtschaft. Neue Handlungsspielräume für die Infrastrukturentwicklung in der Bundesrepublik Deutschland?. Raumforschung und Raumordnung; H. 4，2010：311-326.

[660] FLEISCHHAUER MARK，BORNEFELD BENJAMIN. Ansatzpunkte der Raumordnung und Bauleitplanung für den Klimaschutz und die Anpassung an den Klimawandel. Raumforschung und Raumordnung，2006，64（3）：161-171.

[661] FÜRST DIETRICH. Raumplanerischer Umgang mit dem Klimawandel//TETZLAFF GERD，KARL HELMUT，OVERBECK GERHARD. Wandel von Vulnerabilität und Klima：Müssen unsere Vor sorge Werkzeuge angepasst werden? Workshop des Deutschen Komitee Katastrophenvorsorge e.V. und der Akademie für Raumforschung und Landesplanung am 2006-11-27/28 in Hannover. Bonn Schriftenreihe des DKKV，2007，35.

[662] GREIVING STEFAN，FLEISCHHAUER MARK. Raumplanung：in Zeiten des Klimawandels wichtiger denn je!. Größere Planungsflexibilität durch informelle Klimarisiko- Govemance-Ansätze. Raumplanung，2008（137）：61-66.

[663] GREIVING STEFAN. Klimawandel als deutsche und europäische Herausforderung für die Raumplanung//MÖRSDORF FRANZ LUCIEN，

RINGEL JOHANNES, STRAUß CHRISTIAN. Anderes Klima, Andere Räume! Zum Umgang mit Erscheinungsformen des veränderten Klimas im Raum. Norderstedt: Books on Demand, Schriftenreihe des Instituts für Stadtentwicklung und Bauwirtschaft an der Universität Leipzig, 2009, 19: 43-54.

[664] BIRKMANN JÖM. Globaler Umweltwandel, Naturgefahren, Vulnerabilität und Katastrophenresilienz: Notwendigkeit der Perspektivenerweiterung in der Raumplanung. Raumforschung und Raumordnung, 2008, 66 (1): 5-22.

[665] RITTER ERNST-HASSO. Zur Neubewertung von Raumnutzungen// Verein zur Förderung des Instituts WAR der Technischen Universität Darmstadt. Klimawandel - Markt für Strategien und Technologien?! 84. Darmstädter Seminar Abfalltechnik und Umwelt-und Raumplanung. Inst. WAR, Darmstadt Schriftenreihe WAR, 2008, 196: 23-31.

[666] HECHT DIETER. Anpassung an den Klimawandel-Herausforderungen für Gesellschaft, Wirtschaft und Staat. Raumforschung und Raumordnung, 2009, 67 (2): 157-169.

[667] OVERBECK GERHARD, HARTZ ANDREA, FLEISCHHAUER MARK. Ein 10-Punkte-Plan "Klimaanpassung11. Raumentwicklungsstrategien zum Klimawandel im Überblick. Informationen zur Raumentwicklung, 2008 (6/7): 363-380.

[668] KROPP JÜRGEN P, DASCHKEIT ACHIM. Anpassung und Planungshandeln im Licht des Klimawandels. Informationen zur Raumentwicklung, 2008 (6/7): 353-361.

[669] KILPER HEIDEROSE. Komplexe Emeuerungsprozesse steuern - Erfahrungen an der Emscher: Folgerungen für die Steuerungstheorie// SELLE KLAUS. Planung neu denken, Bd. 2. Zur räumlichen Entwicklung beitragen. Konzepte. Theorien. Impulse. Dortmund, 2006: 131-145.

[670] NEUMANN INGO. Szenarioplanung in Städten und Regionen. Theoretische Einführung und Praxisbeispiele. Dresden.

[671] BMVBS/BBSR. Entwurf eines regionalen Handlungs- und Aktionsrahmens

Klimaanpassung ("Blaupause"). = BBSR-Qnline-Publikation , Nr. 17/2009.

[672] BMVBS / BBSR. Klimagerechte Stadtentwicklung-"Climate-Proof Planning". = BBSR-Online-Publikation，Nr. 26/2009.

[673] KNIELING JÖRG. Leitbildprozesse und Regionalmanagement：Ein Beitrag zur Weiterentwicklung des Instrumentariums der Raumordnungspolitik. Frankfurt/Main.

[674] ZARTH MICHAEL. Was macht Regionalkonferenzen erfolgreich?. Informationen zur Raumentwicklung，1997（3）：155-160.

[675] LÖB STEFAN. Regionalmanagement//Akademie für Raumforschung und Landesplanung（ARL）. Handwörterbuch der Raumordnung. Hannover，2005：942- 949.

[676] RIECHEL ROBERT , FROMMER BIRTE , BUCHHOLZ FRANK. Anpassung an den Klimawandel durch regionale Netzwerke - die unterschiedlichen Akteursrollen in der Netzwerkarbeit//MÖRSDORF FRANZ LUCIEN , RINGEL JOHANNES , STRAUß CHRISTIAN. Anderes Klima，Andere Räume! Zum Umgang mit Erscheinungsformen des veränderten Klimas Raum. Norderstedt：Books on Demand，= Schriftenreihe des Instituts für Stadtentwicklung und Bauwirtschaft，2009，19：359-370.

[677] KÜNZLER MARION，SCHOLZE MICHAEL，FRÖDE ALEXANDER. Climate Check：Development of Climate Proofing and Emission Saving in GTZ. Fact Sheet.

[678] BIRKMANN JÖM，FLEISCHHAUER MARK. Anpassungsstrategien der Raumentwicklung an den Klimawandel：Climate Proofing" - Konturen eines neuen Instruments. Raumforschung und Raumordnung，2009，67（2）：114-127.

[679] SCHLIPF SONJA，HERLITZIUS LENA，FROMMER BIRTE. Regionale Steuerungspotenziale zur Anpassung an den Klimawandel. Möglichkeiten und Grenzen formeller und informeller Planung. Raumplanung，2008（137）：122-127.

[680] RIBEIRO MARIA，LOSENNO CINZIA，DWORAIC THOMAS，et al.

Design of guidelines for the elaboration of Regional Climate Change Adaptation Strategies Study for European Commission - DG Environment [EB/OL]. (2009-10-12). Wien: http: / /www.ecologic.eu.

[681] RITTER ERNST-HASSO. Strategieentwicklung heute. Zum integ// SELLE KLAUS. Planung neu denken, Bd. 1. Zur räumlichen Entwicklung beitragen. Konzepte, Theorien, Impulse. Dortmund, 2006: 129-145.

[682] DANGSCHAT JENS S, FREY OLIVER, HAME DINGER ALEXANDER. Strategieorientierte Planung im kooperativen Staat. Herausforderungen und Chancen// HÄMEDINGER ALEXANDER, FREY OLIVER, DANGSCHAT JENS S, et al. Strategieorientierte Planung im kooperativen Staat, Wiesbaden, 2008: 352-367.

[683] FALUDI ANDREAS. Conformance versus performance: implications for evaluations. Impacts Assessment Bulletin 7, 1989: 135-151.

[684] KÜHN MANFRED. Strategische Stadt-und Regionalplanung. Raumforschung und Raumordnung, 2008, 66 (3): 230-243.

[685] HUTTER G£RARD. Strategische Planung und Bestandsentwicklung. Anregungen zur Weiterführung der Diskussion. PNDonline-eine Plattform des Lehrstuhls für Planungstheorie und Stadtentwicklung mit Texten und Diskussionen zur Entwicklung von Stadt und Region, Ausgabe III/2007, RWTH Aachen.

[686] MINTZBERG HENRY. Die strategische Planung: Aufstieg, Niedergang, und Neubestimmung. München, 1995.

[687] WIECHMANN THORSTEN. Planung und Adaption. Strategieentwicklung in Regionen, Organisationen und Netzwerken. Dortmund, 2008.

[688] BISCHOFF ARIANE, SELLE KLAUS, SlNNING HEIDI. Informieren. Beteiligen. Kooperieren. Eine Übersicht zu Formen, Verfahren Methoden und Techniken. Dortmund, 2005.

[689] CONDE CECILIA, LONSDALE KATE. Engaging Stakeholders in the Adaptation Process//LIM BO, SPANGER-SIEGFRIED ERIKA. Adaptation Policy Frameworks for Climate Change: Developing Strategies, Policies and Measures. Cambridge, 2004: 47-66.

[690] HEALEY PATSY，KHAKEE ABDUL，MOTTE ALAIN，et al. Making Strategie Spatial Plans. Innovation in Europe，London，1997.

[691] STRAUß CHRISTIAN. Integrative und kooperative Steuerung im klimatischen Wandel. Zur Kopplung neuer Planungsaufgaben mit dem Stadtumbau. Raumplanung，2008（137）：88-92.

[692] FÜRST DIETRICH，SCHUBERT HERBERT. Regionale Akteursnetzwerke. Zur Rolle von Netzwerken in regionalen Umstrukturierungsprozessen. Raumforschung und Raumordnung，1998，56（5/6）：352-361.

[693] WITTE EBERHARD. Organisation für Innovationsentscheidungen - Das Promotoren- Modell. Göttingen，1973.

[694] EISENHARDT KATHLEEN M. Building theories from case study research. Academy of Management Review，1989，14（4）：532-550.

[695] TELLIS WINSTON. Introduction to case study. The Qualitative Report（Online serial），1997，3（2）.